혁신의 뿌리

혁신의 뿌리

—

2021년 9월 1일 초판 1쇄 발행

—

지은이 이안 블래치포드, 틸리 블라이스
옮긴이 안현주
펴낸이 김정수, 강준규
책임편집 유형일
마케팅 추영대
마케팅지원 배진경, 임혜솔, 송지유, 이영선

—

펴낸곳 (주)로크미디어
출판등록 2003년 3월 24일
주소 서울시 마포구 성암로 330 DMC첨단산업센터 318호
전화 02-3273-5135
팩스 02-3273-5134
편집 070-7863-0333
홈페이지 http://rokmedia.com
이메일 rokmedia@empas.com

—

ISBN 979-11-354-6793-6 (03400)
책값은 표지 뒷면에 적혀 있습니다.

—

• 브론스테인은 로크미디어의 과학 도서 브랜드입니다.
• 잘못 만들어진 책은 구입하신 서점에서 교환해 드립니다.

혁신의 뿌리

예술과 과학이 일으킨 혁신의 역사,
계몽주의에서 암흑물질까지

이안 블래치포드, 틸리 블라이스 지음
안현주 옮김

The Art of Innovation

BRONSTEIN

저자 _ 이안 블래치포드Sir Ian Blatchford

이안 블래치포드 경은 런던 과학박물관 관장이며 영국 과학박물관 그룹Science Museum Group의 회장이다. 그는 옥스퍼드 대학교 맨스필드 칼리지에서 법학을 공부했고, 런던 대학교에서 르네상스 연구로 석사 학위를 받았다. 그는 영국 문화예술위원회에서 재정 부국장으로 역임했고, 이후 왕립예술원 이사로 활동했다. 2002년부터 빅토리아 알버트 박물관에 합류했고, 2004년에는 부관장을 역임했다. 그는 유물과 역사에 대한 연구와 지식의 장려와 발전을 돕는 학회인 런던 골동품학회Society of Antiquaries의 회원이자 과학, 예술, 문화 등 분야에서 뛰어난 업적을 이룬 사람들에게 허락된 애서니움 클럽Athenaeum Club의 회원이다. 2015년에는 러시아로부터 푸시킨 메달을 수여받았고, 2017년, 국립박물관장위원회 의장으로 선임됐다. 그는 2019년에 문화 교육에 힘쓴 공로를 인정받아 기사 작위Knight Bachelor를 받았다.

혁신의 뿌리

저자 _ **틸리 블라이스**Tilly Blyth

틸리 블라이스 박사는 런던 과학박물관의 수석 큐레이터 겸 학예실장으로, 전시 기획, 연구, 기록 보관, 장서 관리의 책임자다. 그녀는 맨체스터 대학에서 물리학을 공부했다. 이후 동 대학에서 과학기술정책으로 석사 학위와 기술 역사 및 사회학 박사 학위를 받았다. 그녀의 팀은 수학, 로봇, 우주비행사: 러시아 우주탐험 이야기Mathematics, Robots, Cosmonauts: the Russian Space story와 인도를 재조명하다: 인도 과학기술의 500년Illuminating India: 500 years of science and technology와 같은 다양한 주제로 수상 경력에 빛나는 전시회를 개최했다. 그녀는 영국 과학박물관의 정보화 시대Information Age 갤러리의 수석 큐레이터이기도 하다. 그녀는 영국 영화텔레비전 예술아카데미의 회원이자 학교와 개발도상국에 기초 컴퓨터 과학 교육을 보급하는 데 앞장서고 있는 라즈베리 파이 재단의 이사이기도 하다.

역자 _ **안현주**

이화여자대학에서 영문학과 미술사학을 전공하고 동 대학원에서 국제학을 전공했다. 외국 공공기관에서 10여 년간 정책 분석을 하였고, 현재 프리랜서 번역가로 활동하고 있다.

저자·역자 소개

이 책에서는 예술과 과학의 관계가 18세기 중반부터 20세기 초반까지 어떻게 진화하여 표현됐는지 다룰 것이다. 과학 기술 분야에서의 독창성이 어떻게 예술로 승화되었는지, 또 역으로 창조적 행위가 과학 기술의 혁신을 어떻게 자극하였는지 살펴보고자 한다. 예술가들이 과학에 이끌리는 이유는 무엇일까? 과학과 느슨히 연결된 은유나 비유가 과연 예술가들이 할 수 있는 전부였을까? 아니면 예술가들이 과학적 연구 대상에 대한 아이디어나 주제를 제공할 수도 있었을까? 과학자들은 예술가들의 제안을 받아들였을까? 예술적인 방법을 차용하면 세상을 이해하는 데 도움이 되었을까? 예술과 과학 두 분야에서의 협업은 간접적으로 이루어졌지만, 때로 강렬한 결과를 낳기도 했다.

이 책은 과학사나 미술사 자체의 대서사를 다루는 책이 아니다. 과학과 미술이 어떻게 세상을 바꾸었는지 보여 주기보다는, 두 분야의 물질적, 시각적, 텍스트적 차원의 관계가 역사 속 특정 시점에서 어떻게 표현되었는지에 대한 일련의 이야기들을 정리했다. 가끔 '과학이 무엇을 하는지', '예술이 무엇을 하는지'에 대해 거창하게 논하려는 경향이 있는데, 이 둘 사이에 일반화된 공통점을 찾으려는 시도는 '예술과 과학이 어떻게 같은 것을 두고 다른 방법으로 보여 주려' 노력했는지를 두루뭉술하게 설명하며 끝나는 경우가 많다. 하지만, 예술가와 과학자는 공히 그들이 속한 시대의 사회적, 철학적, 기술적 맥락 속에서 각자의 자리에서 많은 노력을 기울였다는 것을 기억하자. 과학자와 예술가가 서로에게 어떤 이야기를 했고, 이런 대화는 어떻게 시작됐는지 등과 같은 작은 디테일을 찾아보면, 좀 더 정확한 큰 그림을 그려 낼 수 있을 것이다.

과학자들은 흔히 시각적으로 사고하고, 현상을 이해하고 설명하는 데 예술적인 방법을 사용한다. 예술가들도 세상을 관찰하고 탐험할 때 과학과 자연철학에서 영감을 받았다. 예술은 과학의 관찰자이자, 비평가였고, 친구이기도 했다. 예술가들은 과학이 진보를 이룰 때마다 기존에 쓰지 않던 도구를 이용하여 세상을 다른 방식으로 보면서 과학과 보폭을 맞추었다.

예술과 과학의 심장부에는 개인의 상상력이 있다. 예술이야말로 상상력이라는 인간 특유의 능력을 가장 잘 발휘할 수 있는 분야라고 흔히 생각하지만, 과학 또한 불꽃같은 창조성을 동력 삼아 도약하는 경우가 있다. 영국의 시인 윌리엄 블레이크William Blake가 18세기 말에 읊었듯, '현재 증명된 것은 한때 오직 상상 속에서만 존재한 것'이다.[1] 뻔한 말이지만, 아인슈타인의 일반상대성이론부터 표준 모형의 기본 입자, 힉스 보손 입자의 발견에 이르기까지, 이런 예는 반복적으로 과학사에서 일어났다. 뛰어난 상상력을 발휘해 후세에 영감을 주는 도약의 순간은, "유레카."라고 외치면서 깨달음을 한 순간에 얻는 신화적인 모습으로 나타난 적이 없으며, 과학자를 둘러싼 주변의 문화와 떼어 내어 볼 수도 없다.

혈액순환론으로 잘 알려진 17세기 영국의 생리학자 윌리엄 하비 William Harvey의 예를 보자. 하비가 수많은 해부를 하면서 모은 미가공의 데이터들은 하비가 살았던 당시 문학적, 종교적, 예술적 사고의 틀에서 비로소 형태를 갖추게 되었다. 하비의 르네상스적 세계관에서는 원을 완벽한 형태로 보았으며, 순환과 질서에 대한 관념은 고전적 유산의 일부분이었다. 하비는 실험실에서만 생각하는 과학자가 아니었고, 시골 영지에서 독서와 사색을 하며 시간을 보내거나 다양한 분야의 친구들과 토론하며 생각을 다듬는 부류에 속했다. 천문학자 토마스 라이트Thomas Wright가 재치 넘치는 책 《순환Circulation》에서 적은 바와 같이, 하비는 그가 살았던 시대 언어의 영향을 받았다. 17세기는 물리학적 개념이 문화와 언어에 침투했던 시대로, 전기회로를 뜻하는 'circuit'이나 'circuitous' 같은 단어가 일상적인 영어에 사용되기 시작한 때였다. 요약하면, 하비의 문화적 생활은 그의 과학적 관찰만큼이나 인체의 혈액순환에 대한 이론을 정립하는 데 기여했다고 볼 수 있다.

만약 시대적 정신이 지적 탐구의 물줄기를 변화시킬 수 있다면 개인의 정신적 세계가 기발한 사상적 발전을 일으킬 수도 있지 않을까? 사람들은 혁신가를 반항아라고 생각하는 경향이 있다. 규칙을 파괴한 창조적 개인의 전형이라고 할 수 있는 낭만주의 시인 바이런 경Lord Byron은, '본인과 같은 사람들이 일견 이상한 관점[2]을 고집하는 것처럼 보이는데, 이는 사회적 합의에서 벗어나 전통에 반反하기 때문'이라고 하면서, 이들이 가진 반짝이는 상상력이야말로 새로운 사고의 조류를 만들어 내는 힘이라고 주장했다. 예술가들이 전통에 불복종한다고 생각하는 것은 어렵지 않으나, 직업적 기준을 충족시키면서 학계 동료를 설득해야 하는 과학자는 어떨까? 과학계에서도 혁신가는 규칙과 전통을 깨는 경향이 있다! 바이런 경의 딸인 수학자 에이다 러브레이스Ada Lovelace 백작부인의 경우를 살펴보자. 러브레이스 부인은 여자가 수학을 연구하는 것이 사회적 규범에 맞지 않던 시대에 살았다(그녀의 어머니가 딸이 수학을 연구하도록 힘을 실어 주긴 했다). 심지어 도박을 수단 삼아 수학을 연구했다(그녀의 어머니가 그렇다고 딸에게 도박을 하라고 한 것은 아니었다). 환경 과학계의 이단아로 불리는 제임스 러브락James Lovelock의 예를 봐도 그렇다. 러브락은 독립적인 사고방식을 유지하기 위해 전통적인 과학자로서의 커리어를 거부했다. 독창적인 과학자들은 여타 대다수와 다른 방식으로 생각하고 현상을 보는 능력을 가졌기 때문에 찬사를 받는다.

물론, 혁신가를 우상파괴주의적 반항아로만 봐서는 안 된다. 새로운 아이디어와 발견은 예술가와 과학자가 세심하게 오랜 기간

공을 들인 힘든 작업 끝에 이루어지기도 한다. 이러한 작업에 임할 때 예술가와 과학자들은 매우 정확히, 조심스럽게, 수없이 반복적으로 현상을 관찰하기 마련이다. 영국의 풍경화가 존 콘스터블John Constable은 1821년과 1822년에 하늘 풍경을 스케치하기 위해 비가 오든 눈이 오든 개의치 않고 수백 번을 야외로 나갔다. 엑스선 결정학자들은 혼자서 수 시간에 걸친 계산을 통해 데이터를 모두 읽어 내면서 분자 구조를 이해하려 애쓴다. 예술에서든, 과학에서든, 혼자서 하든, 팀을 이루어서 하든, 디테일과 씨름하며 심혈을 기울이는 작업은 솟구치는 상상력과 용기 있는 우상파괴적 행동만큼이나 필수불가결한 부분일 것이다.

이 책에서 다루는 20개의 이야기에서 보여 주듯 사상가들, 그리고 그들이 했던 생각은 역사적 맥락에서 이해해야지, 우리의 맥락으로 이해해선 안 된다. 현대에는 대담한 창의성을 보면 환호하지만, 계몽주의자들은 자연철학자들이 자신들의 이론에 대해 과도한 자신감을 가질 위험이 있으며, 이론을 자연 법칙으로 착각할 수 있다고 믿었다. 18세기 영국의 시인 새뮤얼 존슨은 '상상력의 병'에 대해 경고하며 냉철한 이성과 판단력만이 이를 제압할 수 있다고 주장했다.[3] 역사학자 크리스틴 맥러드Christine MacLeod는 발명가에 대한 신화가 빅토리아 시대 진보적 영웅 서사와 맞닿는다고 보았다. 예술과 과학을 기발한 방법으로 발전시킨, 시대를 관통하는 특정한 유형을 설정한 데 만족하지 말고, 혁신가들이 어떻게 출현하였고 그들이 속한 사회와 문화에 어떻게 녹아들었는지를 생각해 봐야 할 것이다.[4]

혁신의 뿌리

이 책에서 다루는, 1750년대부터 현재까지 과학과 시각 예술 사이의 진화하는 관계를 보면 반복되는 모습을 찾을 수 있다. 새로운 아이디어나 발명은 널리 알려야 할 대상이었다. 그러기 위해 퍼포먼스를 하거나 구경거리로 관객을 유인하여 보여 주는 방식이 자주 사용되었다. 자연을 관찰하고 이를 기록하는 데 있어 표현이 얼마나 적합한지가 관건이었고, 당연히 표현 기교에 대한 의문이 늘 제기될 수밖에 없었다. 과학과 기술은 시간에 대한 전통적인 개념에 대해서도 도전을 제기했다. 새로운 패턴과 형태가 만들어지면 그것의 미학적 가치에 대한 논쟁이 뒤따랐다. 인간과 기계의 관계는 큰 변화를 겪었고, 이 주제는 마치 실처럼 이어져 시대를 관통하여 흐른다. 과학과 시각 예술 사이의 일반적인 분위기나 서로에 대한 전망도 변화했다. 이 책에서 앞으로 전개될 내용의 시대 구분은 크게 낭만의 시대, 열정의 시대, 그리고 모호성의 시대로 하고자 한다.

낭만의 시대

18세기 계몽주의 시대는 참신함과 흥분으로 가득 찬 시대로, 근대 과학이 만들어 낸 약속의 땅처럼 보이던 때였다. 하지만 분열과 애매함도 필연적으로 존재했다. 과학 -사실 이 시기 과학은 과학이라는 이름을 부여받기 전으로, 자연철학이라 불렸다- 과 합리적 연구는 자연과 우주에 대한 경험적 지식에 답하기 시작했다. 이런 발견들이 현실적 혹은 도덕적인 선택에 대해 답을 주진 않았지만, 자연철학자들과 예술가들은 '사실성'을 바탕으로 하여 세계를 물질적으로, 또, 도덕적으로 이해하게 되었다. 예술가들은 과학적 진보를 이해하고, 포용하고, 그에 관한 질문을 던지는 데 있어 탁월한 능력을 발휘했다. 빛과 자연의 표현 방식에 집중하면서, 예술가들은 과학과 나란히 움직였고, 과학적 혁신, 기술적 발전, 고도로 산업화되고 있던 사회와 경제 구조 속에서도 예술이 유의미해지도록 노력했다고 할 수 있다.

18세기 후반부터 19세기 중반까지, 서구 세계의 과학자들은 (19세기 중반 즈음에서야 비로소 과학자라고 불리기 시작했다) 합리적이고, 정확하고, 경험적이며 보편적인 지식을 추구했다. 스웨덴 식물학자 칼 폰 린네Carl von Linné(본인의 이름을 라틴어로 Carl Linnaeus로 썼다_역자 주)가 창시한 생물 분류학에서는 지구상 생물의 위계질서를 매겨 분류하였는데, 이 방식은 자연이 이해 가능한 것이고, 과학적 분류를 통해 자연을 통제할 수 있다는 인식을 내포하고 있었다. 린네의 생물 분류는 학계를 비롯하여 제도권 과학자와 아마추어 과학자 모두를 감화시켰고, 이들은 동식물뿐 아니라 광물부터 자연 현상에 이르기까지 세상 곳곳을 분류하기 시작했다.

18세기 말이 되면 과학적 발견이 전환적 기술 진보를 가져오게 된다. 이탈리아의 화학자 알레산드로 볼타Alessandro Volta가 1800년에 만든 초기 형태의 전지인 전기 파일(볼타 파일Volta Pile이라고도 불린다_역자 주)이나 콘월Cornwall 출신 엔지니어 리처드 트레비식Richard Trevithick

혁신의 뿌리

줄리어스 이벳슨(Julius Ibbetson)의 작품 〈성조지 필드에서 날
린 루나르디의 두 번째 풍선〉: 일반 대중을 대상으로 한 열기
구 비행 행사를 그린 작품. 이런 행사는 대기 중 기체에 대한
당대의 일반인들의 관심을 반영하는 것이기도 했다.

이 1803년에 만든 최초의 고압 증기 엔진이 대표적인 예라고 할 수 있을 것이다. 1807년 런던에서는 험프리 데이비Humphry Davy가 볼타 파일을 이용해 생성한 전기로 칼륨potassium과 나트륨sodium을 최초로 분리하는 데 성공했다. 과학 분야의 새로운 아이디어는 책, 강연, 시연을 통해 알려져 대중들을 열광시켰고, 이런 행사에 다니는 것이 지적이고 사회적인 삶에 있어 가장 중요한 특징이 되었다. 훌륭한 쇼를 만들 줄 아는 과학자는 스타가 되었다.

이 시대에는 철학적인 주제를 다루는 이벤트나 학회에서 대중의 토론이 활발히 이루어지기도 했다. 영국의 왕립 연구소The Royal Institution of Great Britain는 1799년에 런던 사교계에 과학적 지식을 보급할 목적으로 설립되었다. 협회에서의 강연이나 시연은 날이 갈수록 화려해졌고, 사회적으로도 찬사를 받았다. 과학적 공연을 위한 극장은 엔터테인먼트를 위한 곳이자 동시에 교육의 장으로 기능했다. 좀 더 널리 대중에게 접근하면서, 문학 혹은 철학 협회, 역학 연구 기관이 영국 전역의 도시와 산업의 요지 곳곳에 생겨났다. 도서관이나 커피숍, 혹은 강연 홀도 새로운 과학적 발견에 대한 토론의 장이 되었다. 과학이 이렇듯 대중의 열광과 감탄을 불러일으키긴 했지만, 과학의 문화적 가치는 아직 완전하지는 못했다. 유행을 타던 과학과 그에 심취한 사람들은 다른 종류의 유행도 종종 그러하듯 조롱의 대상이 되기도 해서, 유명한 풍자만화가 제임스 길레이James Gillray 같은 이들의 날카로운 펜을 피할 수 없었다.

혁신의 뿌리

이 시기 과학과 예술은 모두 오늘날보다 더 넓은 범위를 내포하고 있었다. 둘 다 자연 세계에 대한 흥미, 기술, 제조의 의미도 포함하고 있었기 때문이다. 신사라면 (과학은 아직 주로 신사의 영역이었다) 두 영역 모두 정통해야 한다는 일정 수준의 사회적 기대치가 있었다. 누군가가 과학 논문도 쓰고 시도 쓴다고 했을 때, 이상하다고 여기는 사람도 없었다. 1780년에서 1837년 사이 왕립학회Royal Society와 왕립 미술 아카데미Royal Academy of Arts는 런던의 서머셋 하우스Somerset House 건물의 한 동을 같이 썼다. 이 두 집단 사이에 추상적인 대화를 넘어선 구체적인 생각의 교류가 이루어진 것은 당연하다고 볼 수 있다.

합리성이 이 시대의 유일한 원칙은 아니었다. 18세기 후반부터 19세기 초반까지 서양 예술 및 지성의 조류는 낭만주의로 특징지을 수 있을 것이다. 낭만주의에서는 이전 시대의 고전주의나 신고전주의와는 반대로, 합리성과 질서를 최고의 우선순위에 두지는 않았고, 오히려 인간의 감정을 포용했다. 어찌 보면 이것은 막 태동하는 과학적 합리주의와 가속화되어 가는 산업화의 소용돌이 속 풍경의 변화에 대한 반응이기도 했다. 영국 낭만주의 시인들이 자연과 인간의 감정을 찬미하면서, 초자연적인 현상에 대한 취향도 점차 생겨났다.

이런 맥락에서, 이 시기에 예술적 세계관과 과학적 세계관 사이에 긴장 관계가 형성됐다는 것이 놀랍지는 않을 것이다. 의대를 나온 시인 존 키츠John Keats는 과학적 유형화나 합리성에 대해 경계심을 가지고 있었다. 1817년 12월 28일, 낭만주의 동료 작가들과 가진

디너파티에서 키츠는 다음과 같이 말했다.[5]

"17세기 과학 혁명의 대표 주자라 할 수 있는 아이작 뉴턴이 무지개를 프리즘으로 만든 색이라고 치부한 까닭에, 무지개에 대한 시는 파괴되어 버렸다."

1820년 키츠는 그의 시 〈라미아Lamia〉에서 더 노골적으로 과학이 상상력의 파괴자라고 비판했다. 하지만 예술가들 중 새로운 과학적 사고를 환영한 이들도 있었다. 존 콘스터블은 풍경화가 자연 과학의 연장선상에 있다고 생각했다. 낭만파 시인 퍼시 비시 셸리Percy Bysshe Shelley는 키츠의 〈라미아〉가 발표된 바로 그해에, 구름의 분류 시스템을 처음으로 만든 루크 하워드Luke Howard에게 헌정하는 시로 보이는 〈구름The Cloud〉이라는 시를 썼다. 오늘날 우리가 익숙히 쓰는 여러 구름의 이름은 하워드가 만든 것이다. 셸리는 하워드의 분류법에서 보여 주는 구름의 변화무쌍함이 자연의 순환을 은유한다고 보았다. 셸리는 다른 글에서 "나는 변한다, 하지만 나는 죽을 수 없다."라고 쓰기도 했다.[6] 독일의 국민 작가이자 박식한 자연주의자 요한 볼프강 폰 괴테Johann Wolfgang von Goethe도 하워드가 도입한 새로운 기상학 명명법에 완전히 매료되었다.

이 시대 예술가와 시인은 과학적 논쟁과 발견에 대해 입장을 취해야 한다고 느끼고 있었다. 이들 모두가 적극적으로 나서서 새로운 발견의 형이상학적 측면을 표현하기 위해 언어의 한계선을 확장하려 노력했다. 화학자 험프리 데이비Humphry Davy와 그의 시인 친구 새뮤얼 테일러 콜리지Coleridge와 로버트 서디Robert Southey는 새로 발견

혁신의 뿌리

한 아산화질소의 효과를 탐구하면서 '시로 쓴 과학poetical science'을 시도했다. 에이다 러브레이스도 어머니에게 편지를 보낼 때 은유와 방정식을 함께 사용하여 수학을 묘사하면서 '시로 쓴 과학'의 필요성에 대해 언급한 적이 있다.

과학 분야의 전문화나 분류를 위해서는 표현하는 방식의 수준도 높아져야 했고, 이를 위해선 매우 세부적인 사항에 대한 꼼꼼함도 요구됐다. 식물학자 애나 앳킨스Anna Atkins는 청사진법을 활용해 아름다운 해조 표본을 만들었다. 수많은 예술가들과 과학자들이 (두 직업이 구별 가능한 선에서) 개별적이고 가변적인 표본들에서 정수를 뽑아 하나의 이상화된, 객관적인 본질을 나타낼 수 있는 원형을 만들어내고자 애썼다. 자연을 분류하고 유형화하는 과정에서 긴장 관계도 나타났다. 합리성의 시각에도 부합하고 자연 현상에도 꼭 들어맞게 이 작업을 완성하는 일이 쉽지 않았기 때문이다.

열정의 시대

19세기 후반에는 과학 분야의 세부 학문 종류가 급증했고, 이에 따라 예술과 과학의 관계도 새롭게 정립되었다. 전자기파, 엑스선, 전자와 방사선의 발견은 물리학의 새로운 장을 열었다. 플라스틱, 합성 섬유, 강판 같은 신소재의 개발은 제조업과 공학 분야에 획기적인 기회였다. 근대 화학이 탄생하여 처음에는 합성염료가 개발되고, 나중엔 화학 회사가 제약 회사가 되어 아스피린 같은 신약을 생산하기 시작했다. 전기의 보급은 가정에 신기술을 보급했으며, 전보나 전화 혹은 라디오와 같은 새로운 통신 수단도 도입되었다. 1851년 런던 세계 박람회Great Exhibition를 시작으로 과학 기술이 삶에 가져다줄 수 있는 것에 대한 기대와 흥분이 들끓었다.

이러한 발전은 시각 예술과 과학 기술 간의 관계에도 큰 전환을 가져왔다. 기술자였던 제임스 나스미스James Nasmyth는 1850년대 스스로 관찰했던 천문학적 현상을 바탕으로 달의 표면에 대한 통찰력을 얻었고, 상상력을 동원해 모형을 제작했다. 손기술이 자연을 이해하는 데도 중요한 요소였던 것이다. 나스미스는 종이와 회반죽, 사진을 동원해 달의 이미지를 세부적으로 구현했는데, 후세 사람들은 그 정확도와 사실성에 찬사를 보냈다.

하지만 이 시기부터 과학자들은 관찰자의 주관성을 배제하고 '역학적 객관성'을 보장하기 위해 전문적인 지식이 있어야 다룰 수 있는 기구를 사용하기 시작했다. 기술이 개입하면서 관찰 및 재현하는 행위로부터 인간이 한 발짝 떨어지게 된 것이다. 이런 추세는 자연이 스스로를 밝히도록 하겠다는 과학자들의 야망이 반영된 것이었다. 현실이라는 것은 더 이상 인간이 볼 수 있는 것이 아니라, 기구와 기술로 밝혀내고 기록하는 것이 되었다. 사진과 엑스선이 인간의 눈으로 판별할 수 있는 이상의 것을 보여 주었듯이 말이다. 점점 더 과학

혁신의 뿌리

자들은 객관성을 중요시하게 되었는데, 이런 시대적 분위기는 경험과 감정을 찬미하던 낭만주의 시대와는 확연한 대조를 이루었다.

예술가에게 이것은 딜레마였다. 스스로 본 것을 작품으로 만들 것인가, 아니면 과학 기술이 존재한다고 하는 것을 묘사할 것인가? 풍경화가 에드워드 마이브리지Eadweard Muybridge와 생리학자 에티엔-줄스 마레Étienne-Jules Marey는 이 역설적 상황으로 뛰어들었고, 육안으로 관찰하기에 너무 빠른 인간과 동물의 움직임을 카메라를 이용하여 짧은 순간에 연속적으로 잡아내는 데 성공했다. 새로운 예술 사조인 모더니즘이 출현하여 예술가들이 진정한 현실보다는 감정이나 아이디어에 집중하게 되는데, 이것은 사실 이런 객관성을 중시하는 추세에 대한 반작용이었다. 동시에, 모더니즘에서 보여 주는 추상적인 형태와 힘의 묘사는 과학적 발견이 가져다준 반향이라고 볼 수도 있다.

마이브리지와 마레가 개발했던 인간의 움직임을 연속적으로 분할하는 기술은 산업 현장에도 영향을 미쳤다. 1870년대부터 일부 과학자들이 이론을 산업 현장에 적용하기 시작했다. 미국의 기계 공학자 프레드릭 W. 테일러Frederic W. Taylor는 산업 공정의 효율화를 꿈꾸는 사람이었고, 영향력이 가장 큰 사람 중 하나였다. '과학적 관리법scientific management'이라고 명명한 이 방식은 작업 흐름과 근로자들의 움직임을 분석하는 것을 기반으로 했다. 이것은 마치 기계 기능의 최적화를 모색하는 것과 흡사하게 근로자들을 연구 대상으로 보

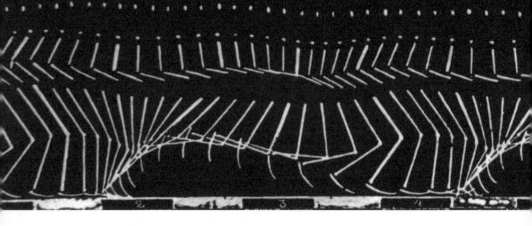

에티엔-줄스 마레가 포착한, 달리는 사람의 움직임. 흰 줄이
그인 검은 정장을 입은 남자가 움직이는 것을 기록한 것이다.

는 접근법이었다. 시간이 지나면서 과학적 관리법에 이어 산업 심리
학industrial psychology도 창시되는데, 이는 근로자들의 만족도와 복지를
작업 효율성과 조화되도록 고안된 것이었다.

이 모든 과학 기술에 대한 낙관주의와 긍정적인 영향력에 대한
기대는 1차 세계대전이 불러온 대학살로 산산조각이 나 버렸다. 생
화학 무기, 철조망이나 기관총, 탱크 같은 대량 생산된 무기로 치러
진 1차 대전은 전례 없던 규모의 죽음과 파괴를 가져왔다. 국가의
승인하에 대량 살상만을 목적으로 제작된 가공할 파괴력을 가진 무
기 체계는 과학자와 예술가 모두에게 극심한 혐오를 불러일으켰다.
과학의 힘을 등에 업은 집단 광기에 대한 가장 강렬했던 반작용으로
다다이즘Dadaism을 꼽을 수 있을 것이다. 다다이즘은 합리성이라는

개념을 전면적으로 부정하고, 과학 기술의 족쇄를 던져 버렸으며, 예술적 무정부주의를 추구했다.

모호성의 시대

1차 세계대전으로 확산된 과학 기술에 대한 부정적 인식은 좀처럼 사라지지 않았다. 1940년대 영국에서는 과학과 기술이 통제 불가능하다는 우려가 팽배했고, 2차 세계대전이 끝날 즈음에는 이런 공포가 당연히 더 심해졌다. 새로 개발된 핵무기와, 소련과 미국 사이에 시작된 냉전은 과학과 기술의 진보가 결국 지구를 멸망시킬 것이라는 전망을 낳았다.[7] 그럼에도 2차 대전은 사회에 지대한 공헌을 하는 기술적 발전을 촉진시켰는데, 제트 엔진과 원자력 발전이 바로 그것이다. 우주 비행과 전자 컴퓨터의 보급도 뒤따랐으니, 상대적으로 이들의 성과를 측정하기엔 너무 작아 보일 수는 있겠다.[8]

모호성의 시대 동안, 예술가들은 작품의 재료를 선정하고 표현 기교에 반영할 목적으로만 과학을 바라보지 않았다. 예술가들은 과학 자체에 대한 예술의 입장을 취했고, 과학 연구의 주제에 대해서도 주장을 펼쳤다. 따라서 복잡하고 다면적인 관계가 예술과 과학 사이에 형성되었다. 한편으로 예술은 종국적으로는 과학이 세계의 번영을 가져올 것이라는 신뢰를 보였지만, 다른 한편으로는 과학이 전쟁 동안 보여 주었던 파괴력에 대한 경계심도 늦추지 않았다.

전간기 동안, 경제 대공황과 나치즘의 등장으로 수많은 예술가들과 과학자들이 영국과 미국으로 건너갔다. 이들은 형태와 공간에 대한 새로운 아이디어를 가지고 있었고, 예술과 과학이 혼란의 시기를 극복하는 데 어떻게 이용되어야 할지에 대해서도 치열히 고민했다. 예술가들은 아인슈타인의 상대성이론, 엑스선 결정학이 밝힌 분자 구조, 수학 모형과 기하학에 대해 크게 영감을 받았다. 구성주의 운동Constructivist movement은 러시아 조각가 나움 가보Naum Gabo를 비롯한 예술가와 과학자가 참여하는 운동이었는데, 이 중에는 결정학자 존 데스몬드 버날John Desmond Bernal도 포함되어 있었다. 이들은 서로의 작업에서 영감을 받는, 정치적 이데올로기뿐 아니라 기하학과 패턴과 형태에 대해서도 관심을 공유하는 집단이었다. 이들은 예술과 과학이 사회적으로 유용해야 한다는 믿음을 가지고 있었는데, 가보는 이를 이렇게 표현했다.

"예술과 과학은 2개의 다른 조류지만, 창조적 원천에서 솟아나 공통된 문화로 흘러간다. 하지만 이 두 물줄기는 다른 강바닥을 지나간다. 과학은 가르치고, 예술은 주장한다. 과학은 설득하고, 예술은 행동한다. 과학은 탐험하고 이해하며, 알려 주고, 증명한다."[9]

이런 예술과 과학의 상호 연관 관계는 1951년 영국제Festival of Britain 기간에 명백히 볼 수 있었다. 미술, 건축, 과학, 기술, 산업 디자인이

혁신의 뿌리

모두 전시된 이 야심찬 축제는 전쟁 후 팽배했던 준엄한 사회적 분위기 속에서 진보에 대한 인식과 낙관주의를 전달하고자 했다. 영국제 총감독이었던 제럴드 배리Gerald Barry는 이 축제가 '영국에게 바치는 토닉 한 잔'이라고 했다.[10] 이는 예술과 과학 사이의 진정한 동맹 관계를 보여 주는 완벽한 자리였다. '영국제 스타일'은 현대적이었고, 예술가들은 최신 화학, 생물, 물리학의 위에 그림을 그렸다. 이들이 만들어 낸 것은 장식적인 동시에 민주적인 것이었고, 대중 소비자를 겨냥한 것이었다. 과학자들과 예술가들은 여기서 의기투합했다. 이 시기의 위대한 지성인 야코프 브로노프스키Jacob Bronowski는 과학자와 예술가는 항상 같이 걸어왔으며, 과학은 단지 인간 행위 전체 중 일부라고 보았다.[11] 브로노프스키의 희망적인 관점에 따르면, 과학과 예술은 동일한 상상 속의 비전을 만들었고, 이 둘 사이의 관계가 나빠지는 것은 단지 우리 문화 속에 일반적이고 넓은 의미를 가지는 언어가 부족하기 때문이라고 했다.

어떤 이들은 20세기에 이 두 분야의 거리가 멀어졌다고 평가하기도 한다. 과학자이자 소설가인 C. P. 스노우Snow는 1959년에 있었던 '두 문화The Two Cultures'라는 제목의 강연에서 과학이 문화적 담론에 더 편입되어야 할 필요성이 있다고 지적했다. 문화적으로 탁월하다는 평가를 문학이나 예술에 부여하는 것만큼이나 과학의 가치에 대해서도 동일한 인식이 필요하다고 스노우는 지적했다. 두 분야 모두에 대한 지식이 있어야 전인교육을 할 수 있다는 말이었다. 스노우는 영국의 공무원으로 재직한 적이 있고, 과학 기술에 대한 지식이 모자라는 정치인이나 정책 입안가와 씨름해야 했다. 하지만 과학과 예술의 통합의 중요성을 강조하면서 그가 들었던 문제점들은 문학, 미술, 음악을 등한시한다는 것이었는데, 이 주장은 그다지 설득력이 있지는 않다. 오늘날 역사가들은 스노우의 입장이 "기억하기 쉬운 단순화된 변증법적 논증을 사용해서, 분야별로 구분하는 문화를 마치 불필요한 파벌처럼 치부해 버렸다."라며 묵살하곤 한다.[12] 이들은 스노우가 아무도 필요로 하지 않았던 구분법에 집착했고, 두 문화를 통합하려는 잘못된 시도를 하면서 상황을 악화시켰다고 본다.

20세기 후반에 이르러서는 기술에 대해 대중이 느끼는 불편한 인식이 더욱 증폭되었다. 특히, 화학 오염 물질이 증가하고, 교통량이 많아지고, 에너지 생산이 확대되면서 환경 파괴에 대한 우려가 증폭되었다. 현대 환경 보호 운동은 해양 생물학자 레이첼 카슨Rachel Carson의 1962년 베스트셀러 《침묵의 봄Silent Spring》의 출판과 함께 태어났다. 살충제 남용이 가져온 생태학적 위기와 인류가 지구 환경에 미치는 영향의 심각성을 고발하는 책이었다. 원자력을 둘러싼 비밀스러움은 공포를 넘어 편집증적 반응을 불러일으켰다. 환경 과학은 스스로를 위한 학문으로 떠올랐고, 해양, 대기, 지권geosphere, 생물권 biosphere의 상호작용과 지구 환경의 잠재적 취약성에 대한 인식이 높아졌다.

이런 우려는 소설, 영화, 그리고 이 시기 지배적인 문화 매체였던 TV에 반영되었다. 1980년대에도 이미 핵전쟁과 핵으로 인한 환

과학적 주제를 성경의 서사와 나타낸 그림. 과학자이면서 BBC 방송 진행자였던 야코프 브로노프스키가 조각가였던 아내 리타(Rita)에게 주려고 만든 크리스마스카드이다.

경 재앙을 다룬 작품은 많았다. BBC가 제작한, 전쟁으로 야기될 수 있는 핵겨울에 대한 과학적 예측을 다룬 『그날 그 이후Threads』는 포스트 아포칼립스적 다큐멘터리 드라마의 대표작이다. 미국 ABC 방송이 만든 TV 영화 『그날 이후The Day After』도 핵전쟁의 결과에 대해 환기시킨 작품이다. 세련되게 시적인 암시로 이러한 주제를 파고든 BBC TV 시리즈 『엣지 오브 다크니스Edge of Darkness』는 제임스 러브락James Lovelock이 주창한 가이아Gaia 이론(지구가 하나의 생명체처럼 자기 조절이 가능하다는 관점), 미국 로널드 레이건 대통령의 '스타워즈' 미사일 방어 시스템에 이르기까지 다양한 컨텐츠를 엮어 다루었다.

무해하게 보이는 20세기 기술적 혁신은 예술가나 디자이너들에게 새로운 가능성을 제시했다. 테릴렌terylene, 레이온, 나일론 같은 합성 섬유는 저렴하고 편리하면서도 편한 새로운 패션 스타일을 탄생시켰다. 물론 최근에는 이런 합성 섬유가 환경에 유해하고 상스럽다는 사람들이 생겨났고, 이 역시 기술에 대한 사람들의 모호한 입장을 보여 주는 예가 되겠다. 폴라로이드 카메라도 처음에는 사진의 질을 조금 희생시키더라도 사진술을 대중화하는 기기로 찬사를 받았다. 예술가들 중에는 아무도 기대하지 못한 방법으로 이 기술을 활용하는 사람도 있었다.

20세기 말 사람들의 삶을 획기적으로 바꾼 장본인은 디지털 컴퓨터라고 할 수 있겠다. 알고리즘과 인공지능 덕에, 과학과 예술의 경계나 인간과 기계의 경계는 흐려졌다. 과학은 점점 더 컴퓨터 모델링과 계산에 의지하게 되었다. 컴퓨터가 데이터를 처리할 수 있는 양은 이미 인간이 이해할 수 있는 수준을 넘어섰고, 인간은 컴퓨터 기술이 드러내는 것을 이해하려고 애써야 하는 지점에 이르렀다. 관찰자 인간의 새로운 역할은 이제 데이터 수집과 분석이 아니라 숙달된 판단력을 행사하는 것이 되었다.[13] 이제 엑스선 결정학, 영상 의학, 기상학, 입자 물리학에서 인간의 기술로 미가공 데이터를 적절히 걸러 낸 후, 어떤 형태로든 시각화를 구현하게 되었다. 데이터의 시각화는 의미를 창조하는 데 있어 '교육받은 주관성'이라는 요소가 다시 과학에 필요해진 것을 보여 준다. 이런 기술적 발전은 예술가들이 의미를 조사하고 비판할 여지를 더 주었으며, 그리고 비평이 이전보다 훨씬 중요해졌다.

알려진 것과 알려지지 않은 것

우리가 이 책에서 소개하는 20개의 에피소드는 19세기 후반부터 21세기 초반까지를 배경으로 한다. 처음과 마지막 이야기들은 순환적이면서도 극적인 대조를 이룬다. 조셉 라이트Joseph Wright의 《태양계 모형에 대해 강의하는 자연철학자(1766)》는 계몽주의 시대의 유산으로, 과학 강연을 들으러 온 가족들의 얼굴로 과학이 지식의 빛을 비추는 장면을 그린 작품이다. 라이트의 작품에서 태양계 모형 중간에 태양처럼 전구가 있어 여기서 나오는 빛이 폭발의 잔해인 행성을 비추는데, 현대 작품인 코넬리아 파커Cornelia Parker의 《차가운 암흑 물질: 분해도Cold Dark Matter: An Exploded View (1991)》에서도 빛과 그림자는 매우 중요한 역할을 한다. 하지만 파커의 작품은 과학적 진실을 드러내는 순간을 묘사하는 것은 아니었다. 불가사의한 암흑 물질 개념과 우주 형성 과정에서의 암흑 물질의 역할을 환기시키면서 파커는 보는 이로 하여금 아직 알려지지 않고, 측정 불가능하며, 직접 탐지할 수도 없는, 오직 상상만 할 수 있는 존재를 표현했다.

낭만의 시대 동안 있었던 예술과 자연 과학 사이의 논쟁은 활발했고, 에너지가 넘쳤다. 예술가와 자연철학가 모두 상상력을 동원했고, 주변 세계를 반영하여 미학적으로 대응했다. 자연을 면밀히 관찰하는 능력은 합리적 우주에 대한 새로운 아이디어가 쏟아지는 시대에 더없이 중요했다. 새로운 분류법이 생겨나고, 이전과는 다른 방식으로 세계를 묘사하는 데에도 당연히 중요한 능력이었다. 과학은 무미건조한 학술 영역이 아니라, 사람들이 빠져드는 강연의 주제이자, 극장에서는 볼거리를 제공하는 주체였고, 활기찬 토론을 이끄는 신나는 탐험의 장이기도 했다.

열정의 시대는 새로운 도구의 도입 덕분에 이전과 다른 방식으로 세계를 바라볼 수 있게 된 시대였다. 측정 도구의 정확도는 날로 높아져서, 보이지 않는 것을 측정할 수도 있고, 시간을 멈추듯 짧게 분할할 수도 있게 되었다. 인간의 감각이 현실을 결정하는 시대는 지나갔으며, 현실이라는 것은 이전보다 모호한 것이 되었다.

우리가 현재 살고 있는 모호성의 시대는 대조, 부조화의 병렬, 끊임없는 불확실성으로 점철되어 있다. 과학과 기술이 인류에게 막대한 부를 가져다주고, 소비자에게 이전과는 비교할 수 없을 만큼 광범위한 선택지를 준 것은 사실이다. 물론 이런 이익은 언제나 민주적으로 배분된 것은 아니었다. 모호성의 시대는 더 빨리, 더 멀리 여행하여 별에 닿고 말겠다는 프로메테우스적인 야망의 시대다. 하지만 여기에도 치러야 하는 대가가 있다. 지구 환경이 떠맡아야 하는 부담이 그 예다. 우리는 이제 어마어마한 양의 데이터를 수집할 수 있게 되었지만, 그 압도적인 양의 데이터를 처리하여 해석하려면, 컴퓨터 모델링과 근사approximation 기법, 알고리즘과 인간의 판단력을 동원해야 한다. 데이터라는 것이 증거의 파편들인지, 아니면 세계에 대해 그저 기록된 정보인지 여부는 이제 분명하지 않다. 이런 적용 방식을 통해 우리가 데이터 과학을 통제하는 것이 아니고 데이터 과학이 우리를 통제하는 것 아닐까?

과학과 예술의 관계를 환원주의적이고 단순화된 공식처럼 정의하기는 쉽겠지만, 위험한 일이기도 하다. 하지만 어느 정도의 일반화는 타당할 것이다. 두 분야 모두 호기심과 창의력, 새로운 것을 탐구하는 열정, 그리고 실험이 필수 불가결하다. 두 분야 모두 각자의 역사적 조건과 맥락에 놓여 있는 것이 당연하고, 두 분야 모두 진보적인 감각을 포용하거나 때로 이에 이의를 제기하기도 한다. 부인할 수 없는 차이점도 있다. 과학적 진보에 있어 중립적 발견과 이해가 활력을 불어넣는 원동력이다. 예술적 진보에 있어서는 특정한 방향성에 변화를 가져오려는 의지가 그런 역할을 한다. 예술과 과학은 세계를 서로 다른 방식으로 상상하고 그에 대해 행동한다. 둘 사이의 상호작용은 긴장과 갈등을 야기하기도 하고, 그들의 언어가 항상 같은 것도 아니다.

하지만 이 둘 사이의 복잡한 관계는 새로운 무언가를 이끌어 낼 수 있다. 서로를 향상시키고 인간의 경험과 통찰력을 넓혀 주는 기회 말이다. 예술의 기본적인 기능이 과학을 돕거나 설명하는 것은 아니고, 과학의 기능도 예술을 명확히 하고 상세히 보여 주는 데 있지 않다. 하지만 예술은 과학과 기술에 있어 인간적인 의미가 무엇인지를 보여 줄 수 있고, 넓은 의미에서 본질적인 비판의 목소리를 낼 수 있다. 과학은 자연의 다양한 차원을 드러내면서, 예술에 영감을 불어넣는 역할을 하며, 새로운 과학적 기법과 도구는 과학자들이 꿈꾸지도 않았던 새로운 방식으로 예술에 사용되기도 한다.

우리는 짧은 시간에 일어난 예술과 과학의 풍요로운 상호 관계를 둘러볼 것이다. 사회와 문화 전반에서 차지하던 이 두 분야의 중요성에 초점을 맞추었다. 이 책에서 다룰 20개의 이야기는 인류가 보다 나은 길을 나아가고, 이해하고, 꿈꾸기 위해 창의성과 상상력이 얼마나 중대한지 보여 줄 것이다.

혁신의 뿌리

차 례

PART 3.

모호성의 시대 291

The
Age of
Romance

낭 만 의   시 대

예술가와 자연철학자들은 자연계에 집중하여 풍경, 식
물, 천체를 탐구하게 되었다.

이들의 관찰 활동은 이상화된 세상의 모습을 만들어
냈으며, 이렇게 생성된 이미지는 또다시 합리성, 질서,
진보에 대한 새로운 아이디어를 제기하도록 설득하는
역할을 했다.

과학적 토론과 논쟁, 시연이 열정적으로 벌어졌던 시
대였다.

1 7 5 0 – 1 8 5 0

1.

과학적 숭고미

암흑으로부터 온 지식

신이시여, 어떤 발명이, 어떤 기지가, 어떤 수사학이, 어떤 형이상학이, 어떤 기계론이, 어떤 화려한 기술이 셔틀콕처럼 날아오르고 철학자들이 주고받게 될 것인가.[1]

에라스무스 다윈, 1778, 월광협회(Lunar Society)에 대해
매튜 볼튼(Matthew Boulton)에게 쓴 글

18세기 계몽주의 시대를 맞은 사람들이 과학에 거는 기대는 하늘을 찔렀다. 합리적 이성에 호소하면서도 실험과 관찰에 기반을 두는 근대 과학의 근간은 이전 세기에 이미 마련되어 있었고, 이제는 과학으로 설명하지 못할 현상이나 답할 수 없는 질문은 없어 보였다. 세계는 질서와 이성으로 지배되는 듯했고, 경험철학이 해야 할 남은 일은 법칙을 발견하여 인류의 이익을 위해 적용하는 것이었다. 철학자이자 동물학자인 에라스무스 다윈은 화학자 조세프 프리스틀리Joseph Pristley에게 다음과 같이 쓴 적이 있다.

"과학은 세계가 생각을 하고 합리적으로 판단하게 유인함으로써, 망상으로부터 인류를 조용히 구할 것이며, 나아가 미신의 제국을 결국 정복할 것이다."[2]

'더비의 라이트'라고도 불리는 영국 화가 조셉 라이트Joseph Wright의 작품인 〈태양계 모형에 대해 강의하는 자연철학자〉만큼 이런 영광스러운 세계 질서에 대한 믿음을 잘 보여 주는 예도 없을 것이다. 자연철학자와 강의를 듣는 사람들은 평화롭고 규칙적으로 움직이는 태양계 모형을 집중하여 바라보고 있다. 태양계 모형은 과학적 예측력에 대한 은유이기도 하고, 과학적 지식이 가지는 경이로운 숭고미를 표현하는 것으로도 볼 수 있겠다. 어두운 배경 속에서 자연철학자는 마치 빛의 전령처럼 밝게 그림의 중심에 서 있는데 반해, 태양계 모형을 바라보며 설명을 들으려 모여 있는 여성, 어린이, 남자들은 마치 신의 손길이 얼굴에 닿아 깨달음을 얻는 것처럼 얼굴이 빛나고 있다. 태양계는 우주의 법칙을 드러내기 위해 행성들이 힘을 합치는 이론과 실험 모두가 구현된 경이로운 메커니즘이다.

하지만, 이 장면은 냉철한 합리성을 보여 준다기보다는 연극적 퍼포먼스로 지식이 드러나는 신나는 사건에 가깝다. 여기서 예술과 과학은 논리와 상상력과 힘을 합쳐 사람들을 계몽시키는 동맹이다. 이러한 인식은 이전에 없었고, 사람들을 흥분시켰다.

더비의 라이트

18세기 중반 예술가가 생계를 유지하는 가장 좋은 방법은 재력가 집안의 초상화가로 알려지는 것이었다. 하지만, 조셉 라이트는 런던에서 초상화가 토머스 허드슨Thomas Hudson 밑에서 2년간 그림을 배운 뒤, 1753년에 고향 더비로 돌아왔다. 귀향 후 라이트는 부유한 가문을 위해 그림을 그리지 않았다. 역사가 프랜시스 클링엔더Francis Klingender의 표현에 의하면 '산업혁명의 정신을 표현한 최초의 직업화가'가 되었다.[3] 라이트의 작품은 작업현장에 나타난 새로운 힘의 존재와 이에 대해 사람들이 느끼는 경이로움과 두려움을 생생하게 잡아냈다. 라이트의 일생 동안 기술은 영국을 완전히 탈바꿈시켰다. 무쇠 생산은 완전히 산업 공정에 의해 이루어졌다. 따라서 주물 공정으로 생산할 때보다 금속은 더 단단해졌다. 라이트가 화가로 활동하는 동안 최초의 철교와 공장이 세워졌다. 이제 막 생겨난 면화 산업에서 작업 공정이 체계화되고, 새로운 도시에서 인력 재배치 수요가 높아지면서 새로운 공장들이 속속 들어섰다. 별명이 '코튼 폴리스Cottonpolis(면화의 도시라는 뜻)'가 된 맨체스터는 영국 섬유제조업의 중심지가 되었다. 무쇠 주조 공장이나 방적 공장은 증기를 이용해 가동시켰다. 이는 수백 년 동안 엔진을 돌릴 수 있는 연료라면 바람, 물, 인력 등 무엇이든 사용하던 관행을 타파한 것이었다.

하지만 상품을 제작하는 옛날 방식이 하룻밤 사이에 사라진 것은 아니었다. 공장은 오랫동안 자리 잡고 있던 작업장 주변에 생겨났는데, 구식 작업장에서도 소규모 제품 제작이나 수작업이 계속 이루어졌다. 증기기관은 19세기로 들어설 때까지 물레방아 발전 장치의 건방진 경쟁자로 취급받았다. 산업 혁명이 이루어진 블랙컨트리, 맨체스터, 스완지 밸리와 같은 지역은 철로 된 변화의 손길이 뻗치지 않은 시골 지역 옆에 있다.

더비는 이 당시 새로운 아이디어, 선지자, 미래의 전조가 함께 들끓는 곳이었다. 조셉 라이트처럼 재능 있는 젊은 예술가가 커리어를 펼치기에 이상적인 곳이기도 했다. 1796년에 시인 새뮤얼 테일러 콜리지는 "더비는 호기심, 면화, 실크 방적기, 화가 라이트, 그리고 가장 창의적인 철학자인 다윈 박사로 발 디딜 틈이 없다."라고 썼다.[4] 이 다윈 박사는 의사이자 자연철학자였던 에라스무스 다윈 박사로, 찰스 다윈의 조부이다. 더비 근처에는 산업혁명의 중심지인 미들랜

CHAPTER 1. 과학적 숭고미-암흑으로부터 온 지식

램프가 태양의 자리에 놓인 태양계 모형에 대해 강의하는 자연철학자: 조셉 라이트의 그림에서 합리적 우주관의 경이로움을 강조하고 있다.

즈의 버밍엄이 있었다. 버밍엄은 금속 거래의 중심지였을 뿐 아니라, 그 시대 철학적 논쟁의 장이었던 월광협회Lunar Society가 기반을 둔 곳이기도 했다. 에라스무스 다윈을 비롯하여, 증기기관의 아버지 제임스 와트, 모험을 즐기는 실업가였던 매튜 볼튼, 도자기 장인 조시아웨지우드, 철학자이자 화학자이자 정치적 급진주의자였던 조셉 프리스틀리가 월광협회의 주요 회원이었다. 조셉 라이트는 월광협회의 회원이었던 적은 없었지만, 이들의 진보적인 관점을 공유하였으며, 일부 회원과 교류하며 지냈다. 라이트는 다윈의 환자이기도 했으며, 라이트의 친한 친구인 존 화이트허스트도 협회의 회원이었다. 철학과 실용주의적 면모를 모두 갖추고 있던 월광협회는 라이트의 작품세계에 반복적으로 나타나는 주제가 형상화된 단체라고 하겠다.

지식의 빛

역사가 폴 듀로는 조셉 라이트의 작품의 특징이 어둠과 빛, 이성과 상상, 이론과 경험을 보여 주는 이분법적 양극성이라고 한 바 있다.[5] 라이트의 작품 중 가장 유명하다고 할 수 있는 〈태양계 모형에 대해 강의하는 자연철학자〉 그림도 예외가 아니다. 장면 자체는 매우 분위기 있다. 과학자가 소수의 청중을 대상으로 강의를 하고 있다. 강연을 하는 과학자는 붉은색 로브를 걸치고 태양계 모형 뒤에 서 있다. 태양계 모형은 행성의 움직임을 보여 주기 위해 톱니바퀴를 사용한 정교한 장치이다. 영어로 '오러리Orrery'라 불리는 이 모형은 4대 오러리 백작의 이름을 땄다. 오러리 백작이 18세기 초에 시계공 조지 그레이엄에게 이 장치를 제작해 달라고 주문했기 때문이다. 회전하는 바퀴는 수일 혹은 수년에 한 번씩 일어나는 천문학적 현상을 보여 준다. 지구, 태양, 행성의 움직임, 달의 세차운동, 심지어 목성과 토성의 위성들의 움직임도 구현할 수 있었다.

조셉 라이트가 작품에서 사용한 빛은 태양계 모형 자체만큼이나 중요한 의미를 가지고 있다. 한밤중에 빛 한 덩어리가 깊고 어두운 그림자에 둘러싸여 있다. 어둠 속의 빛이라는 모티프는 라이트의 다른 작품에서도 나타난다. 수력으로 작동하는 망치로 담금질하기 위해 놓아둔, 불에 달구어진 하얀 무쇠 덩어리, 작업장을 밝히는 초, 대장간 창문 밖으로 비치는 달처럼 말이다. 〈태양계 모형에 대해 강의하는 철학자〉에서는 작품 중앙에 있는 램프가 등장인물을 드라마틱하게 비추는 방식으로 어둠 속의 빛을 표현했다. 명암이 극명한 대비를 이루는 부분도 있고, 어둠이 아직 반쯤 남은 부분도 있으며, 완전히 어둠 속에 남아 실루엣만 보이는 부분도 있다.

이 작품에서 표현하는 극적인 장면은 폴 듀로가 '과학적 숭고미'라고 일컬은, 18세기 사람들이 과학에 대해 느꼈던 경이로움을 보여 주는 훌륭한 예라고 하겠다. 듀로는 라이트의 작품에서 '인간은 단지 숭고한 사건의 목격자일 뿐'이라 했다. 조셉 라이트의 다른 대표작 〈공기 펌프 속의 새 실험〉에서는 유리 플라스크에 있는 공기 펌프를 이용해서 플라스크 안을 진공 상태로 만들어 새를 희생시키는 실험을 보여 주고 있다. 듀로는 이 작품이 생명의 유한성에 대해 언뜻 보여 주기도 하지만, 〈태양계 모형에 대해 강의하는 철학자〉처럼 '관객들로 하여금 무한의 만족감'을 느끼게 할 것이라 보았다.[6] 라이트가 태양계를 묘사하는 방식이 전반적으로 정확하지만, 태양계 행성들과 지구와의 상대적 위치를 설정하는 수평선을 빠트렸는데, 이 기준선이 없으면 태양계 모형은 끝없는 시간, 즉 무한의 우주를 보여 주게 된다.

이 작품은 죽음, 무한함, 창조, 우주의 질서와 같은 근본적인 문제에 대해 과학이 던진 질문을 표현했다. 인간이 과학에 대해 이해하면서 생긴 형이상학적 인식의 변화를 반영한달까. 17세기부터 자연철학자들은 우주를 창조하고 유지하는 신의 역할에 대해 의심을 품기 시작했다. 초자연적인 설명은 설 자리를 잃었고, 실험으로 증명된 기계론적 법칙들이 받아들여졌다.

그렇다면 이 과정에서 신의 지위는 어떻게 되었을까? 당시 유럽인들 대부분이 그랬던 것처럼, 자연철학자들도 독실한 기독교도였다. 하지만 자연철학자들은 신이 모든 우주의 작용에 개입하지 않고, 우주가 시계처럼 움직이도록 설계했다고 보았다. 따라서 자연철학자들은 신을 불필요한 존재라고 규명하는 게 아니라, 시계처럼 움직이는 우주를 보여 주면서 신성한 계획을 규명하려 했다. 아이작 뉴턴이 '부수적 요인secondary causes'이라고 불렀던 수학 법칙과 원리들은 중력과 같은 현상이 나타내는 효과를 설명하는 것이었고, 이에 비해 궁극적 요인ultimate cause은 신에게 남겨 두었다. 1756년에 스코틀랜드의 천문학자 제임스 퍼거슨James Ferguson이 쓴《천문학의 이해 Astronomy Explained》는 이러한 사상을 중산층에게 보급하는 역할을 했다. 책은 다음과 같이 호소력 있는 주장으로 시작한다.

> 인류가 구축해 놓은 모든 과학 중, 천문학은 의심의 여지없이 가장 숭고한 과학이다. … 천문학에서 파생되는 지식을 통해 우리의 능력은 확장되고, 정신은 고양된다. 신의 존재, 신의 지혜와 힘, 선善, 불변성을 이해할 수 있음은 물론, 신이 우주를 감독하고 있다는 것도 알게 된다.[7]

흥분으로 가득한 이 새로운 세계를 함께 탐험하고자 하는 이들이 학술 협회를 설립하기 시작했다. 최초의 단체 중 하나가 17세기 중반에 세워진 왕립학회Royal Society이다. 애초에 이런 협회는 제한된 계층을 대상으로 했지만, 18세기에 이르러서는 협회에서 주최하는 강연이 대중에게 더 널리 열리게 되었고, 대중들도 새로운 담론에 참여할 수 있게 되었다. 이런 과정은 〈태양계 모형에 대해 강의하는 철학자〉에도 생생히 묘사되어 있다. 강의에 참석한 사람들은 철학자가 태양계 내에서 작용하는 태양의 중력 효과를 설명하는 것을 집중해서 듣고 있다. 태양이 주변의 어둠을 밝혀 주듯, 철학자도 그림 중간에서 그가 새로이 발견한 지식을 설파하고 있다. 한 참석자는 그의 오른팔을 태양계 모형에 걸친 채로 건너편에 앉은 사람과 이야

CHAPTER 1. 과학적 숭고미-암흑으로부터 온 지식

기하면서 필기를 하고 있다. 두 어린이는 태양계 모형이 신기하다는 듯 바라보고, 다른 쪽 여자와 남자는 모형에 완전히 몰입해 설명을 듣는 중이다. 1721년 작가 조셉 애딩턴Joseph Addington은 새로운 과학에 대해 감탄하며, "지구와 천체에 대한 이론이든, 돋보기를 이용해 관찰한 발견이든, 아니면 단순히 자연에 대한 사색이든, 자연철학에 관하여 글을 쓰는 사람들만큼 우리의 상상력을 충족시키고, 또 확장해 줄 사람은 없다."라며 자연철학자를 칭송했다.[8]

조셉 라이트의 시대는 영국 전역에서 이런 종류의 흥분을 느끼고 있던 때였다. 카페, 극장, 마을 회관, 사교계 만남의 장, 이 중 어디를 가든 과학에 대한 토론을 들을 수 있었다. 18세기 후반에 연구된 대상 중 전기야말로 단연 가장 인상적인 현상으로 받아들여졌는데, 조시아 웨지우드는 전기 시연회를 묘사하면서 이런 사회적 분위기를 잘 표현했다.

"하늘에서 치던 벼락은 공포의 대상이었으나, 이제는 땅으로 내려와 아낙네와 딸들이 즐겁게 차 쟁반이나 크리스마스트리 방울을 장식할 수 있도록 도와주고 있다."[9]

과학, 협회, 예술과 기교

조셉 라이트의 작품에 나온 태양계 모형은 단순히 시연을 위해 제작된 기술적 실험 도구로 봐서는 안

되고, 보는 이들로 하여금 상상력을 발휘하게 고안된 장치로 봐야 할 것이다. 작품 속을 자세히 들여다보면, 이 모형 전체를 지탱해 주는 아래 쪽 받침대도 그렇고, 행성들이 반사되어 비치는 모형 위쪽의 니스 칠이 된 반짝이는 부분까지 흠잡을 데 없이 꼼꼼하게 그려져 있다. 이렇듯 작품에 들어갈 내용을 모두 세심히 조사하여 캔버스에 표현했던 조셉 라이트는 '이미지의 설계자'라는 명성을 얻었다.[10] 아마 라이트는 퍼거슨이 1762년 7월 과학 강연차 더비를 방문했을 때 태양계 모형을 보았을 수 있다. 아마추어 천문학이 유행하던 이 시기에, 퍼거슨은 정식으로 수학 교육을 받지 못한 일반인들도 뉴턴의 성과를 이해할 수 있도록 전국을 돌며 강연을 다니곤 했다. 아니면, 조셉 라이트와 성이 같은 토마스 라이트Thomas Wright가 포츠머스Portsmouth에 있는 왕립 해군사관학교Royal Naval Academy를 위해 '대 태양계 모형Great Orrery' 판화를 제작한 적이 있다. 1730년대에 첫 발행한 이 판화는 18세기 내내 복제되고 유통되었는데, 어쩌면 이것에 기반을 두고 모형을 그렸을 가능성도 있다.

태양계 모형 자체를 떠나서, 작품의 다른 부분에도 작가가 비슷하게 신경 쓴 단서가 또 있어 전체적인 메시지를 읽기는 어렵지 않다. 예를 들어 왼쪽에 있는 여성은 고급스러운 레이스와 진주를 두르고 당시 유행하던 모자를 쓰고 있고, 필기하는 남성은 조끼를 입고 있으며 어린이들의 코트에는 좋은 단추가 달려 있다. 이렇게 세세한 디테일은 모두 새롭게 등장한 중산층의 소비문화를 보여 주기 위한 것인데, 이 자체가 산업 혁명의 산물이다.

달리 말하면, 이 시기의 과학은 이미 무역, 상업, 소비, 산업 등 사

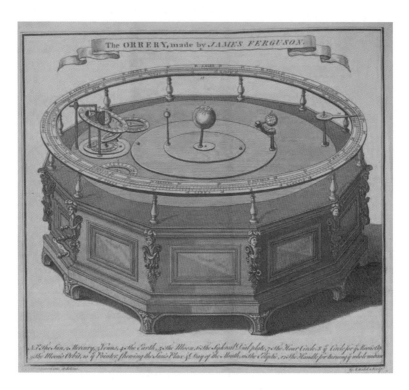

제임스 퍼거슨이 쓴 《아이작 뉴턴 경의 프린키피아(Principles)
에 기반을 둔 천문학의 이해》는 새 시대의 과학 지식을 좀 더
많은 독자에게 소개한 책이었다.

회 전반에 긴밀히 내재된 요소였다. 과학자들은 가게, 관광지, 공장, 작업장, 정원, 극장 등이 있는 구역에서 일을 했다. 라이트의 작품은 '과학적 숭고미'를 묘사한 것이지만, 이런 현실을 반영한 것이기도 했다. 태양계 모형을 둘러싼 사람들은 모두 선하고, 품위 있고, 예의 바르게 행동하려 노력하는 듯 보이고, 주변 세계에 적용할 수 있는 새로운 지식을 배우면서 자기 계발을 하려는 중이다. 우리가 살고 있는 근대 지식 경제 사회의 시작이었던 셈이다.

라이트 자신은 이런 새로운 사회의 적극적인 참여자였다. 라이트 는 측량사이자 지도 제작자면서 상업에 종사했던 피터 퍼레즈 버뎃 Peter Perez Burdett과 친하게 지냈고, 버뎃은 〈태양계 모형에 대해 강의 하는 자연철학자〉를 포함한 라이트의 작품 세 군데에 나온다(이 그림 에선 필기를 하는 남성이다). 버뎃은 라이트가 다른 일을 계획하도록 도 와주기도 하고, 러시아 여제 에카테리나 2세를 비롯한 라이트 작품 고객들의 중개자 역할도 했다. 라이트는 대영제국 예술가 협회Society of Artists of Great Britain의 회원이기도 했는데, 이 협회는 왕립 아카데미 Royal Academy보다 덜 엘리트주의적이면서도 민주적인 단체였다. 라 이트는 그의 작품에서 상업 협회 회원들 또한 많이 그렸으며, 이 중 에는 면화 산업의 거물 리처드 아크라이트Richard Arkwright도 포함되 어 있다. 목사 데이비드 제닝스David Jennings가 1752년에 태양계에 관 해 쓴 책에 나오는 표현을 빌리면, 라이트는 '세속적인 비즈니스 현 장에서 삶을 좇으면서도, 이 행성 너머 멀리 있는 세상에 대해 볼 줄 아는, 큰 영혼을 가진' 사람이었다.[11] 라이트의 삶에서 예술과 과학,

공예와 상업은 한데 엮인 것이었고, 〈태양계 모형에 대해 강의하는 자연철학자〉는 이를 표현한 것이었다. 이러한 맥락에서 보면 과학적 숭고미는 상업과 연결된 것이기도 하지만, 나아가 축적된 전통 기술, 특히 수공예 기술과, 장인들이 가진 세속적인 지혜에 기대고 있다고 봐도 과언이 아니다. 수공예 장인들은 단추나 고급 섬유 같은 사치품에 속하는 상품은 물론, 과학 도구를 제작해 낼 수 있는 사람들이었다. 역사학자 셀리나 팍스Celina Fox는 이를 '장인 문화의 실용적 사용 방법'이라 불렀다.[12]

라이트는 스스로를 장인이라고 생각했을 수도 있다. 우연이지만, 라이트Wright 자체가 영어로 기교가, 창조가, 제조자를 뜻하는 말이다. 라이트는 어려서부터 수공예 기술에 흥미를 느끼고 습득하고 싶어 했다. 그의 형 리처드Richard는 동생 조셉이 "활발한 정신을 유지하면서 방과 후 여가 시간에는 가게를 돌아다니며 사람들이 일하는 장면을 보러 다니곤 했고, 또 집에 돌아와서는 그날 본 목공품, 서랍장, 시계, 방적기, 총 등과 같은 것을 만드는 일을 비슷하게 따라 해서, 마치 이 분야에 숙달한 사람처럼 보였다."고 쓴 적이 있다. 조셉 라이트는 최소한 5개의 대장간 그림을 남겼고, 리처드 아크라이트가 더비셔Derbyshire 크롬포드Cromford에서 소유하고 있던 수력 방적기를 비롯하여 여러 가지 산업적인 주제를 다루었다.[13] 라이트가 미술 작품을 제작하는 방식은 조사에 중점을 두고 숙련된 기술로 디테일을 완성하는 장인의 방식과 비슷했고, 이 기술은 당연히 과학과 기술의 세계에서도 동일하게 필요한 것이었다.

공예 장인의 기술은 영국의 새로운 경제력의 근간으로 인정되었

제임스 퍼거슨은 행성의 움직임을 보여 주기 위한 대중 강연에서 위의 나무 태양계 모형을 이용했다.

다. 아크라이트의 변리사였던 제임스James Adair는 1785년, "예술과 제조업의 모든 분야에서 가장 쓸모 있는 발견은 방에 틀어박혀 추측만 일삼는 철학자들이 해낸 것이 아니라, 실무에 능한 기발한 기계공들에 의해 이루어졌다."라고 썼다.[14] 그보다 40년 전, 계몽주의자이면서 방에 틀어박혀 추측을 일삼던 철학자 데이비드 흄David Hume도 이러한 기술자들에 대해 존경을 표하면서 이렇게 썼다.

"이 장인을 보라, 그는 볼품없고 모양이 이상한 돌덩이를 고귀한 금속으로 만드는 사람이다. 그는 정교한 손으로 금속을 틀에 넣어 그에게 필요한 온갖 기구를 다 만들어 낸다."[15]

라이트의 1771년 작품 〈대장장이의 가게〉에서는 금속의 모양을 잡기 위해 가하는 신체적 힘뿐만 아니라 대장장이의 집중력과 판단력을 얼굴에서 표현하고 있다. 연장자로 보이는 남자가 다른 쪽에 앉아 대장장이에게 조언을 주려 하고, 두 명의 어린 소년들은 모루 가까이에 앉아 금속에서 튀는 불꽃을 막으려고 눈을 가리고 있다.

장인의 작업장은 감탄의 대상일 뿐 아니라, 상상력을 자극시키는 장소이기도 했다. 1790년, 아크라이트의 크롬포드 방적기를 보고 매료된 어떤 이는 "이 방적기들은 전쟁에서 볼 수 있는 일류 전사를 연상시킨다. 어두운 밤, 불이 켜지면 방적기는 아름답게 빛난다."라고 썼다.[16] 미국의 기행 작가 자베즈 모드 피셔Jabez Maud Fisher는 매튜 볼튼이 버밍엄 근처에 소유했던 소호 제조소Soho Manufactory를 방문하고는 흥분하여 썼다.

"이곳은 마치 공작 나리를 위한 위풍당당한 궁전과 같다. 이 제조소 전체가 마치 하나의 비즈니스 극장과 같고, 하나의 메커니즘처럼 작동이 된다. 공기는 다양한 소리를 내며 웅웅거린다. 이 모든 것이 거대한 하나의 기계와 같다."[17]

과학처럼, 산업 또한 매혹과 경이의 대상이었다.

라이트의 〈태양계 모형에 대해 강의하는 자연철학자〉는 그런 경이로움을 불러일으키는 탁월한 작품이면서도, 당시의 소비문화와 장인 문화에 대한 간결한 논평이기도 하다. 이 작품은 과학을 통해 변모하기 시작한 영국을 그려 냈다. 이 작품의 빛은 마치 지성적 계몽주의가 산업혁명으로 가속하는 과정에서 생겨난 새로운 소우주를 밝혀 주는 것처럼 보인다.

2.

CHAPTER

스펙터클의 대가

슈롭셔Shropshire 제련소

콜브룩데일Coalbrookdale은 정말이지 로맨틱한 장소다. 대장간이나 방적기 소음 같은 예술이 여러 가지 공포와 함께 어우러져 과도하게 아름답다. 거대한 기계와 어우러진 용광로에서 석탄을 태우며 내뿜는 불꽃과, 석회 가마에서 나오는 연기는 숭고하기까지 하다. 이 모든 것이 우락부락하고 나무 하나 없는 거대한 바위와 잘 어울린다.[1]

농업 기자 아서 영(Arthur Young), 1776

PART 1. 낭만의 시대

런던 과학박물관의 보물 중 하나로 필립-자크 드 루테르부르Philippe-Jacques de Loutherbroug의 〈콜브룩데일의 밤 풍경Coalbrookdale by Night〉을 들 수 있다. 이 작품은 슈롭셔 세번 강River Severn 옆의 도시 콜브룩데일에 있는 철 제련소의 베들럼Bedlam 용광로를 묘사한 것이다. 우울한 듯 보이는 달이 뜬 밤, 연기와 불꽃이 용광로에서 피어오르고 있다. 마차와 사람들이 한편에서는 용광로에 연료를 넣기 위해 분주히 움직이고 있고, 다른 한편에서는 작업장에서 완성된 제품을 실어 나르고 있다. 그림같이 펼쳐진 주변의 자연은 열기와 힘에 위협받는 듯 보이고, 이것은 마치 산업화가 가져온 격동과 드라마를 보여 주는 듯하다. 이 작품을 포함한 시각적 구성, 연극적인 화면, 신비로운 종교, 자연 풍광과 산업을 다 같이 극적으로 보여 주는 드 루테르부르의 작품들은 산업화 국가의 탄생을 보여 준다.[2]

드 루테르부르는 혼란과 모순을 형상화하여, 유행이 지난 듯한 신비로운 아이디어들을 합리성, 기계 장치, 현대성의 실재로 바꾸었다. 루테르부르의 그림은 이런 긴장 관계를 보여 주는 전형적인 예다. 예술가와 기업가들은 이런 근본적인 시대적 변화를 눈을 뗄 수 없는 장관으로 재현해 냈다.

철교

산업혁명은 철의 시대였고, 콜브룩데일은 18세기 제철업의 수도였다. 슈롭셔의 세번협곡 주변을 이제는 아예 아이언브릿지Ironbridge('철교'라는 뜻_역자 주)라고 부른다. 석탄, 석회석, 모래, 진흙 같은 자연 자원이 풍부하고 세번강이 있어 교통이 편리했던 이 지역은 이미 16, 17세기부터 산업의 중심지였다. 철광석을 최초로 추출한 것은 13세기로 기록되어 있지만, 18세기 초 산업가인 에이브라함 다비Abraham Darby가 코크스(석탄을 고열에서 구워 불순물을 제거한 것_역자 주)를 사용한 제철 기술을 개발하게 되면서 콜브룩데일이 산업 시대에 부상한다.

다비는 이 지역의 탄광에서 만든 코크스를 전통적인 숯 대신 제철 작업에 사용했다. 이는 생산되는 철의 양과 질을 모두 개선시켰고, 콜브룩데일의 공장들은 철을 좀 더 많은 용도로 사용할 수 있었다. 베들럼 같은 용광로에서는 모래로 된 틀로 철 '돼지pigs', 즉 무쇠pig iron를 만들었다. 이것은 편리하게 옮기고 쓸 수 있도록 고안된, 작은 크기의 막대 모양 덩어리를 일컫는 표현이었다. 드 루테르부르의 그림은 맹렬한 불꽃이 튀어 오르는 달군 철을 냉각하기 위해 '돼지 침대'pig bed(쇳물을 받아내는 작업을 하는 주상柱上을 일컫는 표현이다. -편집자 주)로 불리던 곳에 흘려보내는 순간을 포착했다.

〈콜브룩데일의 밤 풍경〉이 왕립 아카데미에서 전시되던 1801년까지 무쇠는 온갖 종류의 가내 연장, 농업 및 산업 도구를 만드는 데 쓰였는데, 그 지역에서 쓰이던 회계 장부를 보면 150가지의 해당 물품이 기록되어 있다.[3] 용광로에서 제작되던 무쇠는 버밍엄의 작업장으로 보내져 연장이나 장식품을 만드는 데 쓰였는데, 특히 철로 만든 장식물을 건축물에 넣는 일이 많다. 콜브룩데일에서 주조된 철은 또 기찻길, 다리, 배, 기관차 등에도 쓰였다.

강에 근접한 위치가 이점인 것이 분명했으나, 세번강의 경우 장애물이기도 했다. 이유인즉슨, 물품과 사람을 실은 배가 강을 반복해서 건너야 했는데, 콜브룩데일에서 가장 가까운 다리는 상류로 2마일 올라간 빌드워스Buildwas와 하류로 9마일 내려간 브릿지노스Bridgnorth밖에 없었다. 1750년쯤 철 생산이 증대하면서 새로운 다리의 필요성이 분명해졌다. 콜브룩데일 제철업의 거물이자 코크스 제철법을 만들어 낸 에이브라함 다비의 손자인 에이브라함 다비 3세는 새로운 교량 건설을 감독해 달라는 의뢰를 받았다. 토머스 파놀스 프리처드Thomas Farnolls Pritchard의 설계를 바탕으로 한 경간짜리 교량 건설이 계획되었고, 주조 공장의 감독이자 패턴 제작자인 토마스 그레고리Thomas Gregory가 세부 사항을 맡게 되었다. 이 교량 전체가 철로 제작될 예정이었는데, 이것은 그야말로 경천동지의 기술 혁신이었다. 새 교량 건설 계획은 1776년 의회가 법으로 승인했고, 베들럼 용광로는 교량의 리브rib를 제작할 수만큼 큰 주조 시설을 수용할 수 있게 확장하도록 했다. 착공은 같은 해에 시작했고, 1779년 교량이 드디어 완공됐다. 최종 디자인은 석조 교량의 아치를 차용하면

드 루테르부르의 〈콜브룩데일의 밤 풍경〉은 오랫동안 지속된
산업혁명의 극적인 이미지를 표현했다.

서도, 목재 건축에서 쓰는 장부이음이나 열장이음 방식과 쐐기를 본 떠 철재로 만들어 사용했다. 그레고리가 새로운 건축 자재를 쓰면서도, 오랫동안 검증된 방식을 사용해 교량을 세운 것은 분명했다. 하지만, 다른 이들은 무엇이 필요한지조차도 몰랐으며, 그레고리는 후대 철교 건설업자들이 필요하다고 생각하는 것보다 훨씬 더 정교한 부품을 만들어 냈다.

콜브룩데일의 철교는 과학이 가져다준 장관의 한 예이다. 이 아름다운 모형은 런던의 관객들에게 선보이기 위하여 제작된 것이다.

세계 최초의 철교는 엄청난 화제가 되었다. 교량이 건설되는 동안에도, 완성된 이후에도 방문객이 끊이지 않았고, 베들럼 용광로는 다리에서 가까웠기 때문에 방문객에게 가장 인기 있는 장소가 되었다. 베들럼이라는 이름은 16세기에 있던 근처 저택에서 따왔으나, 공교롭게도 런던의 악명 높았던 정신병원 베들레헴 병원의 별명도 베들럼이었다. 그래서인지 비인간성과 소란스러움을 떠올리게 하는 이미지가 연상되었다. 낭만적인 자연 경관과 어우러진 산업혁명의 장관은 마침 유럽 대륙이 전쟁으로 휩싸여 귀족들이 여행을 갈 수 없던 때 대체 관광지가 되었고, 저명한 인사들도 콜브룩데일 방문에 동참했다. 오늘날 관점으로 보면 이상하겠지만, 중공업의 도시가 최신 유행의 관광지였던 시절이었다.

콜브룩데일은 산업의 현장일 뿐 아니라, 극장이기도 했다. 지역 제철 업계 거물들이 방문객을 위한 체험 기회를 마련했고, 경관이 멋지게 펼쳐지는 전망대를 염두에 두고 산책 코스를 만들었다. 그뿐만 아니라, 관광객들이 철을 주조하는 순간이나 용광로에서 주물이 흐르는 순간을 볼 수 있게 세심하게 타이밍을 맞추었다. 1794년 7월, 자연주의 기행 작가 캐서린 플리플리Katherine Plymley는 친구와 이 지역을 둘러본 뒤 일기장에 이렇게 남겼다:

수많은 불꽃이 다 함께 아름다운 효과를 냈다. … 싱그러운 녹색의 식물들이 작업 현장의 연기와 그렇게 가까이 있는 것도 신기할 따름이다. … 낭만적인 시골 풍경과 바쁜 삶의 현장을 모두 볼 수 있는 편리한 위치에 의자도 마련되어 있다. 이런 대조되는 풍경을 함께 본다는 건 참 재미난 경험이다.[4]

물론, 시각적으로나 개념적으로나 가장 중요한 스펙터클은 새로운 철교 그 자체다. 1781년 1월에 교량 소유주들이 화가 마이클 안젤로 루커Michael Angelo Rooker에게 교량의 풍경을 주제로 한 작품을 의뢰했다. 판화로 만든 루커의 이 작품은 그해 5월에 판매되었다. 루커는 런던의 헤이마켓 극장Haymarket Theatre에 소속되어 무대 배경을 그리던 화가였는데, 이런 경험을 살려 무대 배경 같은 철교 풍경을 만들어 냈다. 루커는 작품에서 산업 현장을 뒤쪽에 배경으로 놓고, 중간에 철교를 놓은 다음, 양 날개 부분에는 강둑을 그려 넣었다. J. M. W. 터너Turner, 토마스 로왈드슨Thomas Rowaldson, 폴 샌디 문Paul Sandy Munn, 존 셀 코트먼John Sell Cotman, 조셉 패링턴Joseph Farington 같은 화가들도 몰려들어 이 낭만적인 장면을 작품으로 남기고자 했고, 작가들도 그림 같은 풍경과 과열된 산업 현장의 풍경의 초현실적인 병존을 묘사했다.

1784년 그레고리는 이 철교 구조의 모형을 마호가니로 만들었는데, 모든 건설 구성 요소가 꼼꼼하게 재현된 뛰어난 작품이었다. 에이브라함 다비 3세는 1786년 런던 플릿 스트릿Fleet Street 183가에 있는 방을 빌려 이 모형을 전시했고, 방문객들은 감탄을 금치 못했다. 이듬해 10월에 다비 3세는 이 모형을 예술, 제조업, 상업 협회 Society of Arts, Manufactures and Commerce(통상 '예술학회'로 불리기도 함_역자 주)에 기증했고, 이 모형은 다른 드로잉, 모형 등과 함께 협회에서 주최하는 시상식의 후보로 올라 한 달 뒤엔 금메달을 수상했다. 이제 철교 모형은 슈롭셔만의 자랑거리가 아니었고, 최첨단의 유행을 이끄는 런던의 관객들도 열광하며 소비한 작품이 되었다.

스펙터클의 대가

필립-쟈크 드 루테르부르는 바로 이 분야에 뛰어났다. 드 루테르부르는 스위스의 모형 화가의 아들로 태어난 덕에, 어려서부터 계속해서 미술과 과학 두 분야에 대한 흥미를 가지고 살았다. 15세가 되던 해 파리로 가서 세밀화의 대가이던 칼 반 루Carle van Loo와 전쟁화로 유명했던 프랑소와 조셉 카사노바François Joseph Casanova 밑에서 그림을 정식으로 배웠다. 드 루테르부르는 또 시간에 따른 빛의 변화를 포착하는 데 탁월한 재능을 보였던 해양화가 클로드-조셉 베르네Claud-Joseph Vernet의 영향도 받았다. 드 루테르부르는 프랑스에서 빨리, 그리고 크게 성공을 거두었는데, 1766년에 궁정화가로 임명되었고, 1767년에는 왕립 회화 및 조각 아카데미Académie Royale de Peinture et Sculpture에 27세의 나이로 최연소 회원이 되는 기록을 세웠다. 아카데미의 회원 자격은 원래 30세라는 사실을 감안하면, 이는 놀라운 성취다. 1771년 영국으로 건너간 드 루테르부르는 런던에서 성공적으로 데뷔하여 1781년 영국 왕립 아카데미 회원이 되어 정기적으로 유화 전시회를 하고, 런던 예술계에 일고 있던 혁명적 기운에 힘을 불어넣는 인사가 되었다.

1771년부터 드 루테르부르는 런던의 드루리 레인 극장Drury Lane Theatre의 예술 고문으로 채용되었다. 당시 유명 인사였던 주연 배우이자 극장의 매니저였던 데이비드 게릭David Garrick, 극작가 리처드 브린슬리 셰리던Richard Brinsley Sheridan이 일하던 극장에서 드 루테르부르는 의상을 디자인하고 무대 배경을 그렸다. 이렇게 세 명은 팀으로서 각자의 기술적 재능에 더해 기계 장치, 움직이는 배경 풍경, 관객을 놀라게 하는 조명과 음향 효과를 모두 탁월하게 다루어 이름을 날렸다. 드 루테르부르는 그야말로 무대 예술을 혁명적으로 바꾸었다. 배우들이 배경 앞에 선 사람으로 스스로를 인식할 것이 아니라, 창조된 하나의 캐릭터를 무대에서 녹여 낼 수 있도록 만들었다. 극장은 점점 더 어두워졌고, 무대와 관객석은 멀어졌으며, 관객들은 연극을 하나의 종합 예술로 감상할 수 있게 되었다. 사실, 드 루테르부르 이전에 연극은 하나의 사교적 이벤트로 취급되어 관객들은 연극 중 서로 대화를 나누는 것이 일상이었고, 심지어 무대에도 스스럼없이 앉곤 했다. 1776년 모닝 크로니클Morning Chronicle 신문에서는 드 루테르부르에 대해 이렇게 호평했다.

그는 빛과 그림자, 원근법을 관리함으로써 연극 작품이 마치 자연 속에서 이루어지는 것처럼 관객의 눈을 속일 수 있다고 극장 감독들에게 일깨워 준 최초의 아티스트다.[5]

더비셔의 경이(The Wonders of Derbyshire)는 드루리 레인에서 올려 흥행에 성공한 연극이다. 드 루테르부르의 무대 디자인은 낭만적인 자연 풍광과 극적인 산업 현장을 결합한 것이었다.

경이로운 무대

드루리 레인 극장에서 일하면서 드 루테르부르가 가장 신경 쓴 것은 본 행사인 작품이 끝난 후 나오는 '엔터테인먼트'였다. 국가적 행사나 유명한 자연 풍광을 극화해서 보여 주는 것이었는데, 드 루테르부르는 빛, 그림자, 원근법에 통달해 있었기 때문에 관객의 경외심을 불러일으킬 만큼 지형지물이나 날씨나 이벤트를 현실감 있게 표현할 수 있었다. 1779년 1월 드루리 레인 극장에서는 〈더비셔의 경이〉라는 작품을 올렸는데, 이 작품이

CHAPTER 2. 스펙터클의 대가-슈롭셔(Shropshire) 제련소

야말로 드 루테르부르와 그의 팀이 무대 효과 기술을 유감없이 발휘한 예로 손꼽힌다. 일단, 세트는 드 루테르부르가 1778년 여름에 그 지역으로 여행을 가서 만든 세밀한 스케치를 기반으로 만들었다. 팬터마임 극이었지만, 본질적으로는 피크 디스트릭트Peak District 여행기였기 때문에 숭고미를 느낄 수 있는 자연 풍광과 싹 트고 있던 산업현장을 같이 담았다. 연극은 챗스워스 하우스Chatsworth House (더비셔에 있는 캐번디쉬 가문의 저택_역자 주), 도브데일을 비추는 달빛, 매트록의 석양과 납 광산 장면을 포함하고 있었다. 피크스 홀Peak's Hole은 밧줄을 생산하던 중심지로서 비중 있게 세세히 다루어졌고, 주변의 그림 같은 풍광도 빠지지 않고 묘사되었다. 아름다운 경치로 이미 정평이 났던 곳이고, 아직 거칠다고 알려진 주민들, 그리고 지역에서 태동하던 산업이 어우러져 더비셔는 예술가와 관객 모두에게 콜브룩데일 같은 인상을 주었다. 펜싱의 달인이자 런던 사교계의 유명 인사였던 헨리 엔젤로Henry Angelo는 드 루테르부르가 더비셔를 재현한 것에 대해 이렇게 평을 남겼다:

"이토록 낭만적이고 아름다운 그림이 극장에 전시된 적은 없었다. 관객들에게 아름다운 산과 폭포가 훌륭한 풍경을 만들어 낸다는 게 어떤 것인지를 생생히 보여 준다."[6]

벅스턴Buxton 끝자락에 있는 석회석 동굴인 풀스 홀Poole's Hole이 나오는 장면에도 드 루테르부르는 관심을 쏟았다. 마술사는 어두운 동굴을 빛나는 궁전과 정원처럼 만들었다. 1장에서 보았듯, 어둠과 빛은 계몽주의 시대 때 다양한 의미를 가지고 있었고, 다방면에 관심이 많았던 드 루테르부르도 신비감을 주는 함축적인 표현을 하고 싶어 했다. 드 루테르부르는 카발라Kabbalah라 불리는 고대 히브리 사상, 성경의 예언, 연금술 등을 공부한 적이 있었다. 1787년부터 1년 동안 드 루테르부르는 초자연적 주술사로 악명을 떨치던 알레산드로 카글리오스트로 백작Count Alessandro Cagliostro과 잠깐 영국을 떠났고, 1800년 즈음 다시 화가로 돌아오기 전에는 최면을 이용한 치료술을 배웠다. 드 루테르부르는 장미 십자회, 스베덴보리 추종자, 베흐메니스트에 관한 장서를 구비하고 있었다. 훗날, 런던에서 프리메이슨 회원이 되기도 했다. 이 모든 것들은 독일 루터주의 신비주의자 야콥 뵘Jakob Boehme의 영향을 받은 사상들이었다. 뵘은 빛이 신성한 사랑의 표현이라고 보았고, 인간의 삶은 암흑과 빛, 신과 성령의 영원한 순환 속에 있다고 보았다. 따라서 산업 현장의 불꽃으로 표현되었든, 달빛으로 표현되었든, 회화 작품에서든, 극장 배경에서든, 빛은 드 루테르부르의 작품을 이해하기 위한 열쇠라고 볼 수 있다.

1781년 드 루테르부르는 드루리 레인을 떠났고, 완전히 새로운 경험을 선사하기 위한 장소를 준비했고, 런던 레스터 스퀘어 Leicester Square 근처에 아이도푸시콘Eidophusikon을 열어 큰 성공을 거두었다. 아이도푸시콘은 그리스어로 '유령'과 '이미지'를 뜻하는 말로, 오늘날로 치면 몰입형 극장의 초기 형태라고 할 수 있다. 극장은 130명의 관객을 수용할 수 있었고, 표는 한 장에 5실링이었다. 현재까지 남아 있는 극장 세트의 그림은 화가이면서 일러스트레이터였던 에드워드 프란시스코 버니Edward Francisco Burney가 그린 것으로, 그림 속 극장에는 가로 6피트, 세로 4피트, 깊이 8피트의 작은 무대가 관객석과 약간 떨어진 곳에 있다. 무대는 오목하게 액자식으로 꾸며졌고, 하프시코드가 관객석과 무대 사이에 놓여 있다. 아이도푸시콘은 움직이는 장면을 보이도록 고안되었는데, 이것은 자연의 스펙터클을 보는 듯한 시각효과를 구현하기 위한 것이었다. 드 루테르부르는 이미 유사한 기술을 드루리 레인에서 쓴 적이 있었다. 복잡하고 변화무쌍한 조명 효과, 경치의 원근을 만들기 위해 겹겹이 놓은 풍경 그림들, 움직임을 보여 주기 위한 마법과 같은 기계 기술, 현실감 넘치는 음향 효과, 라이브 음악 모두를 동원하곤 했기 때문이다. 이런 방법으로 일출, 일몰, 월출, 뇌우, 난파, 불기둥까지 표현한 적이 있었고, 유러피언 매거진The European Magazine에서는 '전통적인 회화에 시간의 요소를 더해 한계를 초월한 회화의 신기원'이라며 극찬했다. 드 루테르부르의 아이도푸시콘은 현대 영화나 가상현실의 시초라고 흔히 묘사되고, 19세기 엔터테인먼트로 부상한 파노라마나 디오라마(3차원의 실물 및 축소 모형_역자 주)의 탄생을 예고한 것으로도 평가된다.[7]

드 루테르부르는 그의 재능을 십분 발휘하여 충격적인 무대 효과를 선보임으로써 무대의 한계를 뛰어넘는 분위기와 장관을 선보이기도 했다. 신비주의적 취향을 공유했던 탐미주의자인 젊은 귀족 윌리엄 벡포드William Beckford를 만나면서 드 루테르부르는 이런 기회를 얻었다. 벡포드는 자신의 스물한 번째 생일에 월트셔Wiltshire의 폰트힐Fonthill에서 축하 파티를 준비하면서 드 루테르부르에게 파티장을 만들어 달라고 의뢰했다. 1781년 12월에 사흘 연속 열리는 성대한

움직이는 그림을 보여 준 아이도푸시콘은 드 루테르부르의
명성을 더욱 견고하게 만들었다. 이 그림은 현재 남은 아이도
푸시콘의 공연 상황을 보여 주는 유일한 일러스트이다.

생일 파티였고, 이미 동양풍으로 화려하게 꾸민 방이 많았던 벡포드의 저택에서 파티 참석자들은 드 루테르부르의 작업으로 공감각적인 자극이 가득한 경험을 하게 되었다. 참석자들은 자신들이 악마 숭배 의식 자리에 있었다고 확신했기 때문에 이 파티는 후에 악명을 떨쳤다. 참석자들은 벡포드가 생일 파티를 이용해서 열세 살짜리 윌리엄 코트네이William Courtenay를 유혹하고 사촌의 아내인 루이자 벡포드Louisa Beckford와의 불륜을 저지르는 자리를 만들었다고 말하고 다녔다. 결과는 혹독했다. 윌리엄 벡포드는 거의 10년간을 사교계에서 추방자처럼 지내야 했다. 몇십 년이 지나고 벡포드는 그 파티를 회상하며 이렇게 썼다.

"드 루테르부르가 만들어 낸 이상하고 마법 같은 빛은 땅속 깊은 곳 어디엔가 어마어마한 미스터리를 안고 있는 요정, 아니 악마의 신전에 있는 것 같은 기분이 들게 했다. 그때 생각을 하면 아직도 내가 그 빛을 받고 있는 것 같고 몸이 뜨거워진다."[8]

벡포드는 그 '타락한 성인식' 이후 정신없이 폰트힐에서 런던으로 곧바로 돌아오는 중에 구상하고 쓰게 된 소설 바텍Vathek에 대한 영감을 얻었다고 했다. 현재 이라크에 해당하는 지방을 배경으로 하는 가상의 역사 소설로, 18세기 오리엔탈리즘의 요소가 있으면서 악령이 등장하는 공포 소설이었다. 이런 부류가 당시 새로 부상하던 장르이기도 했다. 벡포드의 생일 파티는 당연히 드 루테르부르에게도 적지 않은 영향을 미쳤다. 그는 런던으로 돌아와 아이도푸시콘의 다음 시즌을 준비하면서 상당히 큰 변화를 주었다. 이전 공연의 피날레는 난파선으로 장식했는데, 이를 존 밀튼John Milton의 실낙원Paradise Lost의 한 장면에서 따온 사탄의 궁전 팬더모니엄Pandemonium을 올리는 것으로 대체했다. 이것이 버니가 수채로 남긴 아이도푸시콘의 일러스트에 나오는 바로 그 장면이다. 이 장면은 드 루테르부르가 자연 경관이 아닌, 허구의 드라마를 표현한 유일한 작품이기도 하다. 몇 년 후 화가 윌리엄 헨리 파인William Henry Pyne은 이 장면이 가진 효과를 이렇게 묘사했다:

산 사이에 측정할 엄두도 나지 않을 정도로 길게 불이 붙어 있고, 우뚝 솟은 꼭대기를 향해서는 다양한 색깔의 불꽃이 일렁이고 있다. 혼란스러운 상황은 악마적인 위풍당당함이 된다. 녹은 놋쇠처럼 밝게 빛나고, 사그라지지도, 꺼지지도 않는 불꽃이다. 이 장면 전체에 영향을 주는 밝은 빛은 변화무쌍해서 푸른 유황빛이었다가, 끔찍한 붉은빛이었다가 창백한 색으로 바뀐 뒤, 종국적으로는 미스터리한 유리같이 되는데, 마치 불타오르는 용광로 속에서 금속을 용해하는 장면처럼 보인다.[9]

파인의 묘사는 드 루테르부르의 〈콜브룩데일의 밤 풍경〉에도 적용될 수 있을 것이다.

드 루테르부르는 아이도푸시콘을 그의 조수 챕맨Chapman에게 팔고 본업인 화가로 복귀했다. 그러면서도 카글리오스트로와 함께 신비주의적 치료법과 관련해서도 계속 노력을 쏟아부었다. 1786년, 1800

년에 영국 시골 여행길에 오른 그는 웨일스와 슈롭셔에 들렀고, 자연 경관과 어우러진 산업 현장에 특별히 관심을 쏟았다. 여행 중에 드 루테르부르는 콜브룩데일의 구조와 산업 현장의 활동을 넉 점의 그림으로 남겼는데, 후일 터너가 이 그림을 구입한다. 터너는 아이도푸시콘 시절에 이미 드 루테르부르의 스튜디오를 방문한 적이 있었고, 드 루테르부르가 빛을 다루는 기술에 깊이 감명을 받은 터였다.

불꽃같은 상상력

드 루테르부르가 슈롭셔를 여행하는 동안 보며 〈콜브룩데일의 밤 풍경〉에 관한 영감을 받은 것은 산업 현장의 드라마틱함만은 아니었다. 드 루테르부르가 선택한 조국 영국에 대한 애국적인 자긍심과 영국의 산업적 역량에 대한 찬사는 나폴레옹 전쟁이 시작되면서 새로운 의미를 더하게 되었다. 이 작품에는 드 루테르부르의 일생 동안 갈고 닦은 무수히 많은 기술이 집약되어 있다. 작품에서는 양옆으로 원근법을 썼고, 강렬한 역광을 넣었으며, 불꽃과 달빛이 반대편에 배치되어 있는데, 이런 구도는 드 루테르부르가 오랫동안 작업했던 무대나 효과에서 따온 것임을 확실히 알 수 있다. 구름 뒤로 피어오르는 불꽃과 연기가 탁탁 소리를 내는 것이 들릴 정도로 생생하며, 마차와 말은 계속 움직이다 아주 잠깐 멈춘 듯 보인다. 이런 장면은 아이도푸시콘에서 연극 배경으로 썼을 수도 있을 법한 것이지만 이제는 여행 상품으로 쓰이게 된 것이다.

자욱하게 피어오르는 불꽃과 연기를 내뿜는 용광로는 산업 현장에서 볼 수 있는 것이지만, 다른 한편으로는 연금술과 예언의 현장을 암시하기도 한다. 무쇠 아래에서 들끓고 있는 불꽃은 성경에 나오는 정화의 불꽃, 혹은 지옥의 불바다를 연상시키기도 한다. 사람들도 모호하다. 아이와 함께 오두막 앞에 서 있는 여성의 모습은 가정적이면서도 유행을 타지 않는 목가적인 모습이지만, 이들이 바라보고 있는 남성의 모습은 그렇지 않다. 그 시대 콜브룩데일이나 다른 산업도시에서 일하던 제철 노동자들은 보통 장시간 힘든 노동을 해야 했으며 무기 생산에 투입되기도 했다. 다른 분야에 비하면 이들 직업은 고소득 직종이었고, 그래서 노동자들은 높은 임금을 쓰며 삶을 즐기는 것으로 알려져 있었다. 사람들은 이들을 영웅이자 악마로 상상하곤 했는데, 이런 분위기가 이 그림에도 반영되어 있다.

1801~1802년에 걸쳐 콜브룩데일을 방문했던 작곡가이자 소설가 찰스 딥딘Charles Dibdin은 산업 혁명이 심판의 날에 볼 수 있는 불로 영국의 시골을 파괴할 것이라 생각했다.

만약 콜브룩데일에 대해 들어 보지 않은 무신론자가 있다면 꿈에서 가 보면 될 것이다. 그는 아마 거대한 용광로의 입에서 깨어나, 온 사방이 화염에 싸인 물건들을 볼 것이다. 평생을 난봉꾼으로 신앙심 없이 살았고, 신성모독을 일삼았다면, 상상 속의 마지막 심판이 마침내 그 앞에 모습을 드러냈다는 것에 온몸을 떨 것이다.[10]

〈콜브룩데일의 밤 풍경〉은 1952년 런던 과학 박물관장이었던 프랭크 셔우드 테일러Frank Sherwood Taylor가 매입했는데, 그 당시만 해도 과학 분야에 중점을 두고 있던 박물관 수장고 관리인들은 이를 불편하게 여겼다. 테일러가 작품을 금속 공학 컬렉션에 배치하려고 하자, 이에 대해 프레드 레베터Fred Lebeter는 "과학박물관은 과거를 정확히 보여 주는 것으로 국내외적 명성을 얻었는데, 정확도에 의심이 가는 이런 회화를 전시한다는 것은 치명적일 것이다. 이 그림은 금속 공학의 진보를 그린 것으로 보기엔 가치가 매우 적다."라고 불평했다.[11] 운 좋게도, 셔우드 테일러는 "내 생각에 이런 그림은 금속 공학의 객관적인 부분을 보충할 수 있고, 관객들의 상상력도 자극할 것이다."라고 말하며 이 의견을 받아들이지 않았다. 테일러 자신도 명망 있는 연금술 역사 연구가였고, 당연히 이 그림에서 나타나는 화염의 은유를 마음에 들어 했다. 어쨌든, 이 작품은 과학박물관의 첫 회화 컬렉션이 되었는데, 오늘날에 이르러선 과학박물관에서는 예술품 분야 컬렉션을 따로 가지고 있다.

아이러니하게도, 드 루테르부르가 세운 원본 아이도푸시콘은 1800년 3월에 일어난 화재로 파괴되었다. 드 루테르부르의 가장 유명한 극장 프로젝트는 불타 사라졌다. 그러나 베들럼 용광로에서 탄생해, 산업화의 힘으로 정화되고, 탈바꿈하는 모습을 보여준 〈콜브룩데일의 밤 풍경〉은 그의 파괴된 프로젝트의 부활이라 할 수 있지 않을까. 드 루테르부르는 극장, 자연 장관, 산업화의 드라마를 미스터리한 불꽃과 합쳐 산업혁명을 두고 골이 깊은 갈등이 생겨난 영국의 이미지를 잡아냈고, 오늘날의 관객에게도 이런 긴장을 고스란히 전해 주고 있다.

과학을 풍자하다

길레이Gillray와 웃음 가스

데이비Davy가 발견한 가스는 나를 웃게 하고, 모든 발가락과 손가락을 간지러운 느낌이 들게 했다. 데이비는 언어로 표현이 불가능한, 새로운 종류의 쾌감을 발명한 것이다. 이 가스는 사람들을 너무 행복하게 하면서도 강하게 만든다. 오, 이렇게 훌륭한 공기 주머니라니… 이 기쁨의 기체는 천국의 공기라고 확신할 수 있을 것 같다.[1]

로버트 서디(Robert Southey)가 동생 톰에게 1799년 7월에 흥분하여 쓴 편지

18세기 예술가 중 제임스 길레이James Gillray야말로 가장 재능 있는 화가 중 한 명이면서, 활발히 작품 활동을 하고 통렬한 풍자까지 할 줄 알았던 인물이었다. 그가 몰색하고, 배회하는 구역은 작았다. 유행을 선도하는 런던의 본드 스트리트Bond Street에서 세인트 제임스St. James's까지 이어지는 작은 구역이었으니까. 하지만 그의 영향력은 매우 광범위했으며, 길레이 자신도 본인이 널리 회자되면서 생겨나는 논쟁을 즐겼다. 길레이는 책상에 앉아 그가 본 모든 어리석고, 위험하고, 위선적인 동시대인을 거침없이 공격했다. 1802년 5월, 그의 펜 끝은 최근에 설립된 과학 협회를 겨냥하고 있었다. 왕립연구소는 1799년에 유용한 지식을 널리 전파하고 상류 사교계에 오락과 교육을 동시에 제공하기 위한 목적으로 세워졌다. 길레이의 작품 〈과학 연구!Scientific Researches!〉는 왕립 연구소에서 기체에 대한 화학 강의 후 일어난 일을 다루고 있는데, 관객석 앞줄에 앉은 중요한 남녀에서부터 폭발적이고 웃음이 터지는 실험의 효과까지 포착해 냈다. 그렇다. 이것은 방귀 가스에 대한 농담으로, 풍자화가들이 매우 사랑했던 모티프였다. 하지만 이것 말고도 이 그림에는 읽어 낼 것이 많다. 길레이의 판화는 새로운 과학적 아이디어와 실험이 급진적인 정치 운동과 사회적 스캔들이 뒤엉킨 순간을 잡아냈다. 풍자화는 한 장면에 이 모든 복잡한 연결고리를 압축해 나타내기에는 최적의 매체였다.

이 작품의 완전한 제목은 〈과학 연구! - 압축공기에 대한 새로운 발견!New Discoveries in Pneumaticks! - 혹은 공기의 힘에 대한 실험 강의or an Experimental Lecture on the Powers of Air〉이다. 실험 도구와 기구가 작업대에 놓여 있고, 강연자는 웃음 가스로 더 잘 알려진 아산화질소에 대해 설명하고 있다. 여기에 묘사된 강연자는 아마도 토머스 가넷Thomas Garnett일 것으로 추정된다. 가넷은 1799년 10월 처음 왕립 연구소에서 강연을 시작했고, 조수로 젊은 과학자 험프리 데이비Humphry Davy를 고용했다.[2] 웃음 가스 실험 대상은 존 콕스 히피슬리 경Sir John Coxe Hippisley으로, 왕립 연구소에 지분을 가지고 있던 사람이었다. 히피슬리 경이 방귀를 내뿜자 구경을 하던 사람들은 경악을 금치 못한 표정을 짓거나 즐거워하기도 한다. 그중에는 그 당시 잘 나가던 엘리트 스탠호프 경Lord Stanhope, 고어 경Lord Gower, 시인 윌리엄 소더비William Sotheby, 여류 지성인 페데리카 어구스타 로크Federica Augusta Locke도 보인다. 어떤 이들은 시연에 완전히 매료되어 집중하고 있고, 다른 이들은 지루해하거나, 뭔가를 열심히 쓰고 있기도 하다. 길레이는 전형적인 왕립 연구소 강의 참석자들을 정확하게 짚었는데, 초기에 참석했던 어떤 이는 참석자들 구성이 '남자는 최고의 신분과 재능을 가진 이, 청탑파blue-stockings(18세기 영국 사교계에서 문학에 취미를 갖고 있던 여성들을 조롱했던 말. 후에는 여성 참정권을 주장하는 지식 계급의 여성을 일컬음_역자 주), 그리고 유행을 따르는 여성'[3]이라고 묘사한 바 있다. 시연 의자 오른쪽에 저장소로 통하는 문이 열려 있고, 그 옆에는 연구소의 매니저였던, 럼포드 백작Count Rumford 벤자민 톰슨Benjamin Thompson이 서서 지켜보고 있다.

만화같이 유머러스하고 활기 넘치는 장면이다. 하지만 이 그림에

선 도대체 누구를, 왜 조롱하는 것일까?

_____ **무대의 과학**

　　　　　　　　시연을 통해 과학 연구를 알리는 것은 왕립 연구소가 오랫동안 했던 일이었다. 본격적으로 개척한 사람은 험프리 데이비와 그의 후계자 마이클 패러데이Michael Faraday였고, 현재까지도 크리스마스 강연으로 명맥을 유지하고 있는 중이다. 데이비는 약제상에서 견습생으로 일하다가, 1789년에 실험 화학자이자 정치적 급진주의자 토마스 베더스Thomas Beddoes가 브리스톨 인근 핫웰Hotwell에서 운영하고 있던 '압축공기 연구소Pneumatic Institution'에 들어가게 된다. 베더스는 '압축공기 의학'에 매진하고 있던 중이었는데, 공기에 대한 연구를 결핵이나 마비 증상의 치료법에 적용하는 것이었다. 그 후 3년간 베더스와 데이비는 많은 종류의 기체를 실험했고, 특히 아산화질소 연구 결과에 주목하게 된다. 꽤 복잡한 화학적 공정을 거쳐야 이 가스를 만들 수 있는데, 길레이는 강연대 작업대에 있는 실험 용품들로 이 과정을 매우 정확하게 그려 냈다. 먼저 질산 암모니아를 데우고, 수압식 풀무를 이용해 증발하는 기체를 포획하여 물에 스며들게 한 후, 저장 공간reservoir tank에 넣는다. 그다음에는 기름칠을 미리 해 놓은 녹색 실크 공기 주머니에 조심스럽게 붓는데, 이것은 베더스가 환자에게 가스를 사용할 수 있도록 제임스 와트James Watt가 특별히 고안한 장치였다.

아산화질소 실험은 애초에 매우 위험하다고 여겨졌다. 데이비 스스로 1798년 12월에 스스로 흡입해 보기 전까지, 의사들은 대부분 아산화질소가 독성이 있다고 생각했다. 하지만, 데이비가 확인한 아산화질소의 효과는 유해한 것과는 거리가 멀었다:

내 감각들은 쾌감에 젖었다. 피부에 물기라고는 전혀 없이 고르게 온기가 돌았다. 마치 와인을 조금 마시면 나타나는 활기와 비슷한 느낌이랄까. 근육이 움직이고 유쾌한 기분이 들었다. 외부의 모든 것과 내 자신이 단절됐다. 생생한 시각적 이미지가 머릿속에 빠르게 지나갔고, 단어도 연결되어 같이 움직였는데, 자극을 지각하는 방법이 완전히 새로웠다. 나는 완전히 새롭게 연결되고, 새롭게 수정된 아이디어로 가득한 세상에 있었다. 나는 이론을 제시했다. 내가 상상하기에 나는 새로운 발견을 했다.[4]

데이비의 글을 보면 어떻게 아산화질소가 '웃음 가스'라고 대중에 알려졌는지 쉽게 알 수 있다. 데이비는 이후 몇 달 동안 자신을 대상으로 반복적으로 실험을 했다. 실험하는 아산화질소의 양을 달리 조절해 보고, 다른 자극제(예를 들어 와인)와 혼합했을 때 효과가 어떤지 실험해 보기도 했다. 그는 웃음 가스가 든 가방을 들고, 달이 뜬 밤에 에이본Avon협곡으로 산책을 나가 노트에 철학적인 글이나 시를 써내려 가기도 했다. 이후에 많은 과학자들이 환각 작용을 하는 약물이 창작에 주는 효과에 매료되었듯, 데이비 자신도 그랬음에 틀림없다.

_ or _ an Experimental Lecture on the Powers of Air _

INSTITUTION

〈과학 연구!〉에서 길레이는 왕립 연구소에서 있었던 아산화질소에 대한
강연 장면을 풍자하면서 그 자리에 있던 모든 이들을 하찮게 묘사했다.

베더스와 데이비는 이 실험을 주위 동료와 친구들에게도 하기로 하고, 브리스톨 압축공기 연구소 건물의 위층에 있는 방을 '철학 극장'으로 바꾸었다. 철학 극장에는 의사, 환자, 화학자, 시인, 정치인들이 모여 본인들이 경험한 웃음 가스에 대해 기록했다. 데이비가 주로 첫 흡입을 했다. 다른 이들이 이어서 모두 흡입하고 모임을 파한 후에도 데이비는 실험을 계속했다. 이곳에서 같이 웃음 가스를 흡입한 인사로는 낭만주의 시인 로버트 서디, 새무얼 테일러 콜리지, 그리고 이후 그의 이름을 딴 동의어 사전을 만든 피터 마크 로젯Peter Mark Roget이 포함되어 있었다. 이들은 모두 이 경험이 언어적 능력으로 표현할 수 있는 한계를 뛰어넘는 것이며, 쾌락과 고통의 경험을 뛰어넘는 묘한 힘이 있다고 입을 모았다.

웃음 가스의 효과를 표현하는 데 있어서의 어려움 때문에, 일부 피실험자들은 시를 이용하기도 했다. 데이비 자신도 이 실험의 경험을 공책에 시로 쓴 적이 있는데, 이 시는 발표된 적은 없었다. 그저 그가 실제로 느끼는 것에 대해 그가 하지 않은 것들을 몇 줄씩 쓴 것이긴 하지만 말이다.

야성적 욕망이 가득한 이상적인 꿈 속은 아니지만,
나는 잠에서 깨는 듯한 황홀경을 보았다
나의 가슴은 더럽혀지지 않은 불로 타올랐지만,
나의 뺨은 장밋빛으로 붉어지며 따뜻해졌네
하지만 나의 눈은 반짝이는 윤기로 가득 찼고,

나의 입은 중얼거리는 소리로 가득 찼다

나의 팔다리 안의 혈관은 흥분했고,

새롭게 태어난 힘으로 덮었다.[5]

이 실험에 참여한 또 다른 멤버인 제임스 톰슨James Thompson은 조금 더 건설적인 방식으로 도전 과제를 묘사했다.

"우리는 이 새롭고 이상한 느낌을 묘사하기 위한 새로운 용어를 만들어 내야 한다. 그게 아니라면 우리가 이 특별한 가스의 작용에 대해 서로가 알아듣게 이야기할 수 있기 전에 새로운 개념을 옛 개념에 부여해야 할 것이다."[6]

데이비와 그의 동료들은 우리가 오늘날 '기분 전환용 약'이라고 부르는 이 놀라운 가스를 의학적 실험 물질로 사용했던 것이다.

시적인 과학

베더스와 데이비는 둘 다 개인적 후기에 가까운 아산화질소의 효과에 대한 연구 결과를 발표했다. 1800년 봄, 데이비는 《화학적, 철학적 연구: 아산화질소에 대한 연구를 중심으로, 탈플로지스톤 질소 기체와 그것의 흡입에 관하여》라는 제목의 책을 냈다. 이 책에서 데이비는 아산화질소가 가진 미학적 효과와 고통 억제 효과를 논했는데, 이것은 강한 쾌락 효과와 함께 효과에 부수적인 이점으로 묘사가 되었다. 메리 울스톤크래프트나 윌리엄 고드윈, 조셉 프리스틀리 같은 정치 사상가나 콜리지나 윌리엄 워즈워스 같은 시인의 작품을 출판한 바 있던 급진주의자 조셉 존슨Joseph Johnson이 출판을 해 주었다. 데이비의 책은 그 자신을 비롯하여 콜리지와 서디를 포함한 24명의 피실험자의 경험을 다루었다. 그래서 이 책은 화학과 주관적인 서술이 급진적으로 혼합된, 새로운 종류의 시적인 과학이라 말할 수도 있다. 데이비는 지속적으로 시를 썼고, 그가 과학적 발견을 표현할 때도 17세기 왕립 연구소에서 추구하던 객관적인 언어를 대체하는 용도로 쓴 부분도 있다. 데이비의 책은 의사와 실험 과학을 지지하는 독자층에 널리 읽혔는데, 이들 중에는 전통적인 엘리트로 분류되던 옥스퍼드, 케임브리지 출신도 아니고 왕립 학회 회원도 아닌 이들이 많았다. 이 책은 특히 신흥 산업 도시에 있는 과학 및 의학 기관에서 인기가 있었다. 대표적으로는 1장에서 다루었던 미들랜즈의 월광 협회를 들 수 있겠다. 에든버러 대학을 졸업하고 왕립 연구소 강사가 되기 전 헐Hull에서 일하고 있던 토머스 가넷 같은 호기심 많은 개인들도 이 책에 관심을 보였다.

하지만 주류 집단에서, 베더스와 데이비는 조롱과 비판의 대상이 되었다. 아산화질소의 효과가 고르지 않다는 점, 효과를 논하기 위해 사용한 감정적인 어휘는 이들의 연구가 가진 과학적 근거가 약하다는 비판을 야기했다. 설상가상으로, 보수적인 비판가들은 웃음 가스 실험이 단지 흥분과 성적인 목적을 위한 핑곗거리가 아니냐는 의심을 하기도 했다. 베더스가 〈압축공기연구소에서 진행된 몇 가지 관측 결과〉라는 제목의 논문을 발표한 이듬해인 1800년 5월에 보수파였던 '반 자코뱅 리뷰Anti-Jacobin Review'지誌에서는 풍자시를 함께 실었는데, 시는 리터드 폴리Richard Polwhele가 썼고 제목은 〈압축공기를 마시며 흥청이는 사람The pneumatic Revellers〉이었다. 당연히 이 시는 압축공기 연구소에서 있었던 실험과 연구를 조롱하기 위해 쓰인 것으로, '자연철학자들이 불꽃 튀는 상상력으로 얼마나 멀리 나갈 수 있는지'[7] 보여 준다고 하면서, 웃음 가스가 상스러운 행동을 일으킬 수 있다고 했다:

교양 있는 사교 모임에서 그것을 처음 마셨는데,
다들 술에 취한 듯한 현기증을 느끼는 것이 보인다
근엄한 중국인처럼 다들 고개를 끄덕이고 있다
시간이 지나면 자신이 깃털처럼 가볍다고 느껴지는지,
모두가 입을 맞춰 황홀한 쾌락이었다고 소리치고는
강렬한 공기를 더 깊게 한 모금 마신다.[8]

'반 자코뱅 리뷰'는 1797년에 세 명의 토리당 정치인이 창간했다. 이 셋은 훗날 총리가 되는 조지 캐닝George Canning과 찰스 엘리스 Charles Ellis, 후컴 프레어Hookham Frere였는데, 잡지를 창간한 이유는 휘그당 세력화를 막고, 토리당을 향한 정치 풍자에 맞서 싸우기 위해서였다. 잡지 이름에서부터 프랑스 혁명이 가져온 급진주의적 격변기에 대한 경계심이 드러나 있다. 반 자코뱅 리뷰 창간호의 표지는 길레이의 작품이었는데, 사실 길레이는 1797년부터 1801년까지 풍자화를 그리는 대가로 토리당 정부로부터 비밀리에 돈을 받았다. 1800년도에는 반 자코뱅 리뷰에 실을 판화 연작을 만들어 달라는 의뢰를 받았으나, 이 작업은 하지 않았다.

이 시기는 풍자화의 전성기였다고 해도 과언이 아니다. 길레이는 가장 신랄하고 재능 있는 인물 캐리커처화가로 추앙 받았다. 길레이는 데생화가로 훈련받은 덕에 그림 기술도 좋았지만, 무엇보다도 예리한 관찰력을 가지고 있었고, 재치가 있었으며, 특정 정치적, 사회적 조류에 대한 충성도는 낮았다. 따라서 모두가 길레이 풍자의 대상이 되었던 것이다. 1837년에 런던 앤드 웨스트민스터 리뷰London and Westminster Review지에 글을 실은 한 비평가는 다음과 같이 쓰기도 했다.[9]

"길레이는 우스꽝스러운 것이 숭고함과 사실은 분리될 필요가 없다는 것을 보여 주었다. 그 둘은 섞이기도 하고 서로를 휘감기도 한다."

길레이는 왕립 아카데미에 판화를 배울 목적으로 1778년 입학해서 1780년대 대부분을 판화에 매진했다. 1791년에는 판화 판매상인 해나 험프리스Hannah Humphreys에게 독점적으로 작품을 팔기 시작했고, 남은 생애 내내 -처음엔 올드 본드 스트리트Old Bond Street, 그 후엔 세인트 제임스St. James's에 있던- 그녀의 가게에서 살았다. 이 작은 구역은 런던의 유행의 최첨단에 있는 곳으로 부유층과 유명 인사들이 늘 가득 찬 곳이었으므로, 길레이 작품의 예술적, 문학적, 정치적 요소가 부유하고 세련된 식자층을 다루는 것은 어찌 보면 당연하다. 웨일스 공Prince of Wales(관례상 영국의 왕세자_역자 주), 휘그 당수인 찰스 제임스 폭스Charles James Fox, 그리고 극작가인 리처드 브린슬리 셔리던은 단골로 등장하는 인물이었고, 총리가 되는 캐닝의 경우 길레이 판화에 단 한 번, 정치적 성공의 상징으로 나온 적이 있다.

하지만 길레이의 판화 작품들은 런던 엘리트를 훨씬 뛰어넘는 광범위한 관객을 가지고 있었다. 길레이의 작품들은 험프리스 부인 가게 창에 걸려 있었고, 사람들은 그 앞에서 최신 정치 위기나 사교계 스캔들에 대해 뒷담화를 할 수 있었다. 그뿐만 아니라, 길레이의 작품은 다른 출판사들의 창문이나 거리 게시판에도 붙어 있는 일이 많았다. 커피 하우스나 술집에서도 길레이의 작품은 쉽게 볼 수 있었고, 런던 밖의 예술품 가게나 컬렉터들도 정기적으로 길레이 작품에 대한 정보를 받아 볼 수 있었다. 이 모든 것들이 어우러져 유명 인사와 풍자에 대한 하나의 문화가 되었고, 예술, 정치, 과학, 사교계로 통하는 문이 중산층의 상인과 전문직 종사자에게도 더 넓게 열렸다.

1801년 데이비가 브리스톨에서 런던에 있는 왕립 연구소에서 강연자로 옮기며 들어온 세상은 이렇게 정치, 과학, 유행과 풍자가 함께 있는 곳이었다. 왕립 연구소의 목적은 런던의 사교계에 과학적 지식을 전파하는 것이었다. 하지만 연구소 강연은 길레이 작품에도 늘 등장하고 신문에도 연일 실리던 연극, 사교계 스캔들, 정치 위기

CHAPTER 3. 과학을 풍자하다-길레이(Gillray)와 웃음 가스

에 또 하나의 이야깃거리를 제공했다. 토머스 가넷은 베더스와 데이비의 연구에 대해 알고 있었고, 1800년 아산화질소 실험 시연을 왕립 연구소 강의 때 선보였다. 이듬해 데이비 자신이 '압축공기 분야의 새로운 발견'이라는 제목의 강연을 열었는데, 이때 참석한 사람 중 엘리자베스 홀랜드 부인Lady Elizabeth Holland은 1800년 3월 22일 일기로 이 내용을 남겼다. 몇 년 뒤 길레이가 그림에서 묘사하는 것과 놀랍도록 유사한 내용이다.

그들은 먼저 베더스가 시적으로 표현한 적 있는 가스의 효과를 보여 주기로 했다. 가스는 정신에 활기를 불어넣어 주고, 혈관을 확장시킨다. 생명을 기계에 맡기는 것과 같다. 첫 번째 피실험자는 중년의 남성이었는데 충분하게 이 가스를 흡입한 후, 관객들에게 그의 느낌을 묘사해 보라는 요청을 받았다. 그는 '아, 그냥 멍청해진 것 같아'라고 말했다. 사람들은 박수갈채를 보냈는데, 그 정보가 새로워서 그런 것은 아닐 것이다. 콕스 히피슬리 경이 다음 실험 대상자였다. 가스의 효과가 히피슬리 경에게선 너무 생생하게 나타나서 여자들은 큭큭거렸고, 너도 나도 손을 들고 강연이 만족스럽다고들 했다.[10]

불온한 공기

데이비, 베더스, 가넷의 아산화질소 연구는 압축공기 연구가 정치적 체제 전복을 꾀한다고 생각되는 사람들과 엮이게 되면서 난관을 겪게 된다. 프랑스 혁명의 여파가 이들의 연구에도 영향을 주게 되는데, 혁명과 화학 분야가 같은 사람들의 지지를 받는다는 것이 그 이유였다. 아산화질소 연구는 정치적이든, 화학적이든 간에 모든 실험은 위험하다는 것을 보여 주는 표현으로 받아들여졌다.

과학을 정치와 연결 지으려는 움직임은 이미 몇 년 전부터 시작되었다. 1770년 화학자이자 정치적 자유주의자인 조셉 프리스틀리가 아산화질소를 합성하는 데 성공했다. 프리스틀리에게 있어 화학은 도덕적이고 정치적인 비전을 실현하는 데 있어서 필수적인 요소였다. 프리스틀리는 사람들이 자연 현상에 대해 직접 이해함으로써 무지에서 벗어나 자유로운 상태가 된다고 믿었으며, 사람들이 무지한 상태에 있을 때 부패한 권력이 득세한다고 생각했다. 그는 초기 프랑스 혁명이 약속했던 정치적 자유의 강경한 지지자이기도 했다. 베더스 또한 정치와 화학을 연결시키곤 했다. 1790년대 동안, 사회적 정치적 경험 속에서의 쾌락과 고통을 진정으로 이해하는 것이 의사의 역할이라는 주장을 펼쳤고, 이 주장을 담은 일련의 팸플릿까지 발행했다. 프리스틀리는 영국이 프랑스에 전쟁을 선언한 후에도 혁명을 지지했다. 베더스와 프리스틀리 모두 영국 내무부의 '선동적인 불만분자' 리스트에 올라가게 되었고, 이로 인해 베더스는 1793년 옥스퍼드 대학 화학과 교수직에서 사임해야만 했다.

존 로비슨John Robison과 에드먼드 버크Edmund Burke 같은 보수 논객들은 아산화질소 실험 연구의 감정적이고 묘사적인 방법이 '열정 enthusiasm'의 성향이 있는 과학의 한 징후라고 보았다. 열정이라는 단어는 17세기 칭찬이 아니었고, 국교에 반대하는 종교, 그리고 그와 동일시할 수 있는 정치적 반란을 암시하는 부정적인 표현이었다. 따라서 아산화질소 실험은 버크나 이런 논객들에게 있어, 정치적 반란을 목적으로 하는 과학자들의 화학적 징후로 받아들여졌다. 따라서 아산화질소 연구를 한다는 것은 정치적으로든 화학적으로든 모든 종류의 실험을 한다는 위험을 은유하는 것이 되었다. 비판가들은 압축공기를 상대편을 공격할 때 '연기'나 '정신'이 정치적 열정을 뜻하는 것처럼 썼다. 1790년 버크는 〈프랑스 혁명에 대한 고찰〉이라는 글에서 "거친 가스, 고정된 공기가 새어 나왔다."[11]고 썼다. 이 가스는 정치적 자유의 가스였고, 위험한 것이었다. 프리스틀리는 그의 논문에서 피어오르는 연기로 캐리커처에 많이 그려졌으며, 길레이의 〈과학 연구!〉에서는 그러한 이미지가 사교계와 정치계에서 얼마나 쉽게 웃음거리가 되었는지 보여 준다.

존경을 받다

길레이의 풍자는 데이비가 왕립 연구소에서 아산화질소 시연을 그만둔 이유 중 하나일 것이다. 1801년 이후 데이비는 정치적으로, 또 사회적으로 민감한 이 문제에서 벗어나 볼타 파일을 이용한 전기 연구에 집중하기 시작했다. 이를 시작으로 그는 새로운 화학 원소를 찾았고, 이것은 과학계에서도 충분히 존경받을 만한 연구였다. 1818년에는 과학 분야의 공로를 인정받아 기사 작위를 받은 최초의 사람이 되었고, 1820년에는 왕립 학회장으로 선출되었다. 하지만 아산화질소는 의료계에서 받아들여지지 않았고, 대중의 즐길 거리가 되어 미국에 전파되었다. 1844년에야 코네티컷주 하트포드의 호레이스 웰스Horace Wells라는 치과 의사가 아산화질소의 시연을 보고 마취제로서의 잠재성을 발견하게 된다.

데이비는 1815년과 1816년 더 큰 성공을 위해 기체 분야 연구로 다시 돌아온다. 이즈음 그는 광산용 램프를 발명했다. 지하 갱도에서 일하는 광부들은 항상 화재의 위험에 노출될 수밖에 없었는데, 이들이 사용하던 램프의 불꽃이 '폭발성 가스'로 불리던, 오늘날 우리가 메탄이라고 부르는 인화성 기체에 불을 붙이기 때문이었다. 북동부 잉글랜드에서 몇 차례 폭발 사고가 난 뒤, 비숍웨어머스Bishopwearmouth 교구가 데이비에게 이 문제를 해결해 달라는 요청을 하게 된다. 1815년 10월과 12월 사이에 데이비는 몇 종류의 시제품을 만들었고, 시행착오를 거쳐 갱내 사용을 위한 안전등을 완성하게 된다. 안전등에서는 철망을 굴뚝처럼 만들어 불 주변에 놓는데, 이 렇게 하면 불을 가리지도 않고 불꽃의 열기를 철망이 흡수하게 되어 가스에 불도 붙지 않고 폭발도 일어나지 않는다. 이 발명품은 헤번 Hebbern 탄광에서 1816년 1월 성공적으로 시험에 통과했으며, 신속 히 생산되었다. 데이비의 발명품은 광부들의 소중한 목숨을 구했을 뿐 아니라, 더 깊은 곳에서의 작업을 가능하게 함으로써 석탄 증산 에도 기여했다. 뉴캐슬 인근 킬링워스Killingworth 탄광의 엔지니어 조 지 스티븐슨George Stephensen도 이 시기 비슷한 디자인의 제품을 발표 해서 누가 먼저 발명을 했는지에 대한 뜨거운 논쟁을 불러일으켰지 만, 결국 데이비가 이기게 된다. 스티븐슨은 이후 19세기 영국의 사 회적, 산업적 전환의 가장 큰 동력을 만들어 내면서 더 큰 명성을 얻 는다. 바로 철도이다.

4. CHAPTER

공기를 관찰하다

컨스터블의 구름

회화는 과학이다. 동시에 자연 법칙에
대한 질문을 끊임없이 제기해야 한다.
그렇다면, 자연철학의 한 분야로 취급
되지 않는 걸까? 그림은 실험인데 말이
다.[1]

존 컨스터블, 1836년 왕립 연구소에서

18세기 말, 자연철학자들과 아마추어 과학자들은 주변 세계를 다시 보고 자연을 새롭게 이해하려 애썼다. 자연을 그 대상으로 삼았다는 것은 당연하게 보일 수 있지만, 17세기 '경험 철학'은 신뢰성이 담보된 지식을 얻기 위해 연구실에서 통제된 실험을 하려는 경향이 있었다. 낭만주의의 기운이 가득한 가운데, 자연은 감탄과 경외의 근원으로 찬사를 받게 되었는데, 과학자들은 이런 분위기를 받아들이면서, 다양한 시도를 하게 되었다.

예술가들도 마찬가지였다. 화가들도 스튜디오에서 벗어나 작업을 하게 되었는데, 이것은 높아지고 있던 야외plein air 사생의 인기 덕분이기도 했고, 관찰과 기록의 기술에도 집중하려는 경향이 생겨났기 때문이기도 하다. 자연주의자나 예술가 모두에게 있어, 측정, 스케치, 필기는 관찰한 결과를 캔버스나 논문으로 공유하기 위한 필수불가결한 작업이었다.

하늘과 날씨는 이 시기에 연구되던 주제 중 하나였다. 과학자에게도 그렇고, 예술가에게도 그렇고, 구름이나 대기 현상에 대한 흥미는 딱히 새로운 것은 아니었다. 무지개 같은 매력적인 자연 현상은 이미 수 세기 동안 예술과 과학의 관심을 받아 왔고, 아리스토텔레스는 이미 기상학에 대한 논문을 쓴 적이 있다. 하지만, 계몽주의 이후에는 분류에 대한 노력이 시작되었고, 자연의 풍성함이 합리적 논리와 질서로 만들어질 수 있다는 믿음이 있었다.

오늘날 우리는 구름이 눈에 보이는 물방울이라는 것을 알고 있다. 우리는 수증기가 응결해서 대기에 떠다니는 것이라는 것을 알고, 수많은 형태의 구름에 각각의 이름을 붙였다. 하지만, 19세기 이전 사람들은 구름은 개인적이고, 유일무이하며, 분류가 불가능하고, 덧없는 것이라고 생각했다. 구름은 색깔과 같은 자의적인 기준으로 특징을 짓거나, 사례별로 주관적인 해석을 하는 것이 전부였다. 이 모든 것은 화학자이자 아마추어 기상학자였던 루크 하워드가 〈구름 변형에 대한 소고Essay on the Modification of Clouds〉라는 글을 아스케시안 협회Askesian Society(런던의 과학자 클럽_역자 주)에서 1802년에서 1803년으로 넘어가는 겨울에 발표하면서 바뀌게 된다. 하워드가 발표한 글의 파급력은 어마어마했다. 자연 현상이 정식으로 과학 연구 대상으로 삼을 수 있는 대상으로 승격되었고, 예술가들과 시인들에게는 큰 영감을 불어넣었다.

하워드의 에세이가 발표되고 20년 후, 존 컨스터블은 영국에서 가장 능력 있는 풍경화가로 자리 매김하는 과정에 있었다. 1821년과 1822년경에 컨스터블은 하늘에 완전히 빠져 있었고, 거의 집착적으로 런던 북부의 햄스테드 히스Hampstead Heath에서 구름을 관찰하고 수백 장의 스케치와 회화로 기록했다. 컨스터블과 그의 동시대 화가들의 이전 작품에서 하늘은 단지 작품에 등장하는 장면의 배경 그 이상도, 이하도 아니었다. 하지만 이제 하늘은 작품의 주제로 당당히 자리 잡았다. 컨스터블은 위로 올려다보면서 구름을 관찰하는 행위를 '하늘하다Skying'라고 표현했다.

세세한 관찰과 이를 그림으로 나타내는 것은 컨스터블과 하워드 모두에게 있어 매우 중요했다. 이 둘의 활동이 직접적으로 연관되어 있다는 증거는 없지만, 그들의 관심사는 모두 대기에 있었으며, 사회 문화적 맥락에서 광범위하게 구름과 다른 기상학적 현상에 대한 관심이 높아지던 시기이기도 했다.

구름 이론

날씨의 변화를 관찰하는 것은 오랜 기간 동안 지상에서의 관측으로만 이루어졌다. 기압계와 온도계는 17세기 초반부터 사용되기 시작했고, 자칭 신사라면 과학 용품 캐비닛에 이 두 가지를 망원경과 태양계 모형과 함께 넣어 놓기 마련이었다. 18세기 말에는 기존의 지상 관측의 한계를 넘어설 가능성 두 가지가 열렸다. 첫째는 과학과 산업의 발달로 인한 정밀한 측정 기구의 개발이었다. 둘째는 지구 표면에서 더 높이 떨어진 곳으로 승객을 실어 나를 수 있는 열기구의 발명이었다.

기상학은 식물학이나 지질학 같은 다른 자연 과학 분야보다 발전이 더딘 편이었다. 당연하게도, 대기 측정이 어려웠기 때문이다. 그럼에도 불구하고 18세기로 넘어올 때쯤, 대기의 작동 원리를 밝혀내려는 자연철학자들이 생기기 시작했다. 1793년, 원자론으로 유명해지기 10여 년 정도 전에, 존 돌턴John Dalton은 〈기상학적 소고〉를 펴내고 대기의 순환에 대한 이론을 제시한 바 있다. 1799년과 1802년에 프랑스 자연주의자 장-밥티스트 라마르크Jean-Baptiste Lamarck도 구름에 눈을 돌렸고, 〈기상학 연보Annuaires météorologiques〉를 발표했다. 연보에서 라마르크는 다섯 가지 구름의 유형을 제시했는데, 스웨덴 식물학자 칼 폰 린네의 식물 분류법을 참고한 구분법을 사용했다. 하지만 라마르크의 체계는 큰 영향력이 없었는데, 프랑스어로 쓰여서 독자층이 한정되었던 것이 첫 번째 이유였고, 너무 복잡하고 글이 불분명한 것이 두 번째 이유였다.

루크 하워드는 성공한 제조업자의 아들로 열다섯의 나이에 화학자가 되기 위한 견습생이 됐다. 1794년, 스물한 살 되던 해에는 플리트가Fleet Street에 약국을 열 수 있었다. 돌턴처럼 하워드도 퀘이커 교도였고, 1796년 이후 다른 교인들과 함께 역시나 퀘이커 교도였던 윌리엄 앨런William Allen이라는 과학자이자 자선사업가가 설립한 아스케시안 협회에 가입한다. 아스케시안 협회의 회원들은 런던 롬바드가Lombard Street 근처에 있는 러크 코트Lough Court 실험실에서 모이곤했고, 바로 이 자리에서 1802년에 하워드가 〈구름 변형에 대한 소고〉를 발표했다.

물론 구름은 일시적인 현상이고, 항상 변화하는 특성을 가지고 있다. 그러나 하워드는 이것 때문에 분류를 못 할 이유는 없다는 것을 깨달았다. 하워드의 구름 명명법은 이런 변화하는 특성을 반영했고, 그래서 오히려 성공적이었다. 동시대 과학자의 선례인 린네처럼, 하워드는 일단 구름의 범주를 나누었고, 라틴어 이름을 붙였다. 하워드는 우선 구름을 권운형 구름cirrus(라틴어로 곱슬머리라는 뜻), 적운형 구름cumulus(더미라는 뜻), 그리고 층운형 구름stratus(층 혹은 덮개라는 뜻), 이렇게 세 가지의 상위 범주로 나누었다. 그다음 단계에는 하워드는 린네의 방법에서 벗어나, 이 범주들 사이에 결합이 가능하도록 하여 권적운cirro-cumulus, 권층운cirro-stratus, 층적운cumulo-stratus, 적권층운 cumulo-cirro-stratus(먹구름nimbus이라고도 불림), 이렇게 네 가지의 혼합형 범주를 만들었다. 하워드는 이 주장을 서정적으로 설명했다:

> 만약 구름이 그저 대기권 안에서 수증기가 모인 것이고, 구름의 변형이 그저 대기의 움직임만으로 일어나는 결과라면, 구름에 대해 연구를 하는 일은 그림자를 쫓거나, 그저 모양만을 묘사하거나, 어쩌면 매순간 변하는 바람에 농락당하기만 할 쓸모없는 일이라고 생각할 수도 있다. 만약 그렇다면, 구름을 명명命名할 수 없을 것이다. 하지만 구름은 그렇지 않다. 구름에는 뚜렷한 변형이 있고, 대기의 변화에 영향을 미치는 일반적인 변형의 원인이 있다. 마치 사람의 표정이 정신과 신체의 상태를 보여 주듯, 구름의 변형은 이런 원인의 작동을 보여 주는 훌륭한 시각적 지표이다.[2]

하워드의 이론은 대중의 인식 속에 빨리 자리 잡았고, 하워드의 글은 그 당시 아스케시안 협회의 알렉산더 틸로크가 편집자였던 유력 잡지 〈철학 잡지Philisophical Magazine〉에 연재되었다. 연재 글은 구름의 다양한 종류를 묘사한 삽화와 함께 실렸다. 이것은 시작에 불과했다. 하워드의 글은 1804년 팸플릿으로 제작되어 출판됐고 1801년, 화가 윌리엄 니콜슨William Nicholson이 편집자였던 〈자연철학 저널Journal of Natural Philosophy〉에 실렸는데, 이 글은 불어와 독어로도 번역되었다. 그다음 수십 년간 하워드의 글은 다양한 형태로 계속 인쇄되었고, 기상학이 과학의 한 분야로 자리 잡는 데 지대한 기여를 했다.

하워드는 여러 형태의 구름을 연필로 스케치를 하거나 수채화로 그려 보면서 패턴을 구분하고 구름의 범주를 다듬었다. 이렇게 자신이 만든 분류법을 개선하고 홍보했다. 어떤 그림은 마치 완성된 회화 작품처럼 보이기도 하지만, 다른 그림은 빠르게 움직이는 구름의 윤곽을 그리는 데 집중한 것도 있다. 이런 그림은 그 자체로 관측의 증거가 되었고, 하워드의 주장에 설득력을 높여 주었다. 이 그림들은 과학적 데이터를 바탕으로 한 예술적인 자연 현상 연구로 받아들여졌다. 이 그림들은 하워드의 연구에 있어 핵심적인 것이었으며, 그의 명명법을 대중에 알리는 데 있어 없어서는 안 될 도구였다. 〈철학 잡지〉 초판 연재 글에 함께 실을 삽화를 준비하면서 하워드는 에칭화가인 실바누스 베번Silvanus Bevan과 함께 작업했다. 3쇄를 찍으면서는 화가인 에드워드 케니언Edward Kennion과 일하게 되었는데, 케니언은 구름 아래에 풍경 그림을 추가하기도 했다.

하워드는 기상학적 연구에 더 매진했다. 기온, 강수, 기압, 풍향

CHAPTER 4. 공기를 관찰하다-컨스터블의 구름

루크 하워드는 그림에서처럼 적운과 먹구름처럼 일시적인 현
상을 포착하였고, 이를 세련되고도 세밀한 스케치로 남겼다.

을 매일 측정했고, 도시 기후 연구의 개척자가 되었다. 그는 특별히 제작한 도구를 이용하여 데이터를 수집했는데, 강수량을 측정하는 실린더 중 가장 초기 형태의 것을 런던에 있는 '기사Knight'라는 회사에 주문하기도 했다. 1814년에는 대기 중 압력을 측정하기 위해 '기압 기록 시계'라는 도구를 시계공인 알렉산더 커밍에게 의뢰하였다. 1818년과 1820년에는 《기상학적 관측에 근거한 런던과 근교의 기후》라는 두 권짜리 책을 냈고, 확장 증보판이 1833년에 나왔다. 하워드는 이 책에 30년 동안 자신이 꼼꼼히 기록한 날씨의 변화를 표와 새로운 방식의 그래프로 나타내어 실었다.

하워드의 업적은 관찰하고 분류하는 것을 훨씬 뛰어넘는 것이었다. 그는 당시까지의 정설에 도전했다. 그 이전 오랜 기간 동안, 구름은 '불을 일으키는' 요소를 내포한 미세한 물방울이어서 주변 공기보다 가볍다는 이론이 받아들여져 왔다. 하워드는 이런 상상에 불과한 이론을 배제했다. 그는 수증기가 대기 위쪽으로 올라가면서 온도가 내려가고, 이후 이 수증기가 응결하여 모인 작은 물방울이나 얼음 결정이 구름이라고 상정했다. 그러나 그의 이론은 여기까지밖에 도달하지 못했다. 구름과 날씨에 대한 더 완전한 설명은 이후 기압, 압력 경사, 기온, 부력이 기단air mass의 움직임에 영향을 주는 원리가 밝혀짐으로써 비로소 가능해지게 된다. 하워드는 이런 것에 대해서는 알지 못했지만, 기상학의 성립에 그가 기여한 바는 과학계에서 널리 인정받았고, 1821년에 하워드는 왕립학회의 펠로우로 임명되었다.

하워드는 동시대 과학자들, 특히 돌턴의 연구에서 영감을 많이 받았다. 하워드는 돌턴을 위해 실험용 화학 약품을 제공해 주었고, 기상학 데이터를 공유했다. 또한 1873년 〈기상학에 대한 일곱 번의 강의〉 시리즈를 헌정하기도 했다. 하워드의 저작은 괴테, 셸리, 콜리지 같은 당대 유명 시인들의 상상력을 자극했다. 괴테는 정치적으로도 문학적으로도 활발한 삶을 살았는데, 자연 과학에도 조예가 있어 식물학과 색채 이론에 대한 책을 펴낸 적이 있었다. 괴테는 하워드의 구름 분류 이론에 매료되어 런던 다우닝가에 있는 영국 외교부 직원을 통해서 하워드와 접촉을 시도했다. 처음에 하워드는 괴테의 편지가 그 외교부 직원이 자신을 놀리기 위해 거짓으로 쓴 것이라고 생각했다. 하지만, 사실을 알고 나서는 자신의 공책에 괴테의 칭찬을 번역해서 반복해서 옮겨 썼다. 괴테는 '하워드의 구름 분류 이론이 얼마나 나를 즐겁게 하는지 모른다', '모양이 없고, 무한히 형태가 바뀐다는 것이 틀렸음을 증명했다. 나는 이것을 얼마나 원했는지 모른다. 나의 과학과 예술에 대한 관습을 송두리째 바꿨다'라고 썼다.[3] 모두가 이렇게 하워드의 이론에 긍정적인 것은 아니었다. 괴테는 구름에 대한 체계가 상상력을 제한할 수 있다고 생각하진 않았으나, 낭만주의 화가 카스파 다비드 프리드리히Caspar David Friedrich는 하워드의 이론이 창의적 활동에 제약이 된다고 생각하고, '자유롭고 공기처럼 가벼운 구름을 융통성 없는 질서와 분류의 틀에 가뒀다'고 비판했다.[4] 하지만 괴테는 하워드의 분류를 칭찬하는 데서 그치지 않고, '영예로운 하워드에 대한 기억을 위하여To the Honoured Memory of Howard'를 비롯한 시를 여러 작품 쓰기에 이른다.

과학의 발전이 정확한 데이터의 수집에 기초한다는 믿음으로,
하워드는 사진과 같은 강우량 측정 기구를 사용하여 런던의 기후 변화를 기록했다.

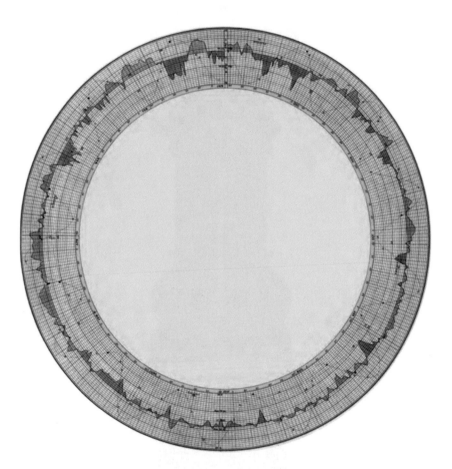

하워드는 도시 기후 연구를 처음으로 개척한 과학자로,
사진과 같은 화려한 시계 모양의 기압 기록계를
이용하여 기압을 매일 측정했다.

하지만 하워드가 우리에게 준 순수한 마음이야말로,

그의 새로운 이론이 가져다준 가장 영광스러운 상이다

그는 쥘 수도, 닿을 수도 없는 것을 잡아냈다

그것을 잡아낸 이는 하워드가 처음이었다

그는 부정확한 것에 정확성을 부여하여 범위를 만들었고,

총명한 이름도 붙였으니- 그대의 명예이리라

구름 줄기가 높이 올라 쌓이고, 흩어지고, 떨어질 때마다

세계는 감사히 그대를 기억할 것이니[5]

자연 법칙을 그리다

　　　　　　　　　　　　존 컨스터블은 하워드처럼 자연 현상
에 대한 면밀한 관찰과 정확한 기록에 관심이 있었다. 서포크Suffolk
스타우어 밸리Stour Valley에서 어린 시절을 보낸 컨스터블은 고향의
시골 풍경에 영감을 받은 작품을 많이 그렸는데 〈건초 마차The Hay
Wain〉 같은 그의 대표작도 이에 속한다. 컨스터블의 가족은 시골에
서 옥수수 제분과 석탄 매매에 종사했고, 컨스터블은 당연히 날씨의
변덕과 파괴력을 너무도 잘 알고 있었다. 처음에 서포크에서 활동
하던 아마추어 화가 존 던스론John Dunthrone에게 미술 수업을 조금 받
긴 했지만, 컨스터블은 거의 독학으로 미술을 배웠다. 가족 농장에
서 일을 하며 자투리 시간에 주변 풍경 스케치를 주로 했다. 1799년
에는 왕립 미술 아카데미에 입학해 정식으로 미술 수업을 받고, 3년

뒤 첫 풍경화를 이곳에서 전시했다. 오늘날에는 컨스터블이 영국 역사상 가장 위대한 화가의 반열에 올라 있지만, 당시 그의 작품은 미술계에서 크게 환영받지는 못했다. 컨스터블의 생애를 통틀어 그는 조국 영국에서보다 프랑스에서 더 많은 그림을 팔았다. 그는 마흔셋이 된 1829년이 되어서야 왕립 아카데미 회원으로 선출된다.

컨스터블은 런던 블룸스베리Bloomsbury에 있는 케펠 스트리트Keppel Street에 부인 마리아 비크넬Maria Bicknell과 함께 자리를 잡았다. 하지만 부인의 건강이 좋지 않아 여름 기간에는 도시를 떠나 햄스테드에 있는 집을 빌려 지내는 때가 많았다. 1821년과 1822년 사이에 컨스터블은 열정적으로 '하늘하는' 작업에 매달렸고, 모든 종류의 날씨에 수반되는 구름들을 그렸다. 화가들 중에 이렇게까지 구름에 열정적으로 주목하여, 다른 배경과 분리하여 구름을 중심으로 그렸던 사람은 없었다. 수많은 모양의 구름을 그린 수백 장의 스케치에 물질적인 존재감을 부여했다. 컨스터블은 화구 박스 뚜껑에 고정시킨 종이 위에 일단 구름의 순간적 모양을 포착해 그렸는데, 한 스케치당 한 시간 정도 들이면서 비교적 빠르게 스케치를 완성했다. 컨스터블은 구름의 투명함을 살리기에 이상적인 수채화를 선호했지만, 나중에 큰 캔버스에 구름 경치를 옮겨 유화로 완성하기도 했다.

구름은 컨스터블 이전에도 예술의 소재로 탐구의 대상이긴 했으나, 꼭 자연 상태에서 직접적으로 관찰한 결과를 바탕으로 탐구가 이루어진 것은 아니었다. 예를 들어 알렉산더 코젠Alexander Cozen

PART 1. 낭만의 시대

이 〈구름 연구(Cloud Study)〉는 컨스터블이 구름의 본질에 대해
얼마나 깊이 이해했는지를 보여 주는 대표적 사례라 하겠다.

의 1770년 작 구름The Cloud은 스튜디오 안에서 그린 그림이다. 대다수 낭만주의 화가들과는 달리, 컨스터블은 영국의 풍경화 전통에 충실했다. 어떤 이들 눈에는 컨스터블의 그림이 자연과 너무 비슷하게 보이기도 했다. 왕립 아카데미의 드로잉 교수 한 명은 "컨스터블의 그림을 볼 때마다 나는 비옷을 가져오라고 사람을 보내고 싶다."라고 말하기도 했다. 아마 컨스터블은 이 말을 칭찬으로 받아들였을지도 모르겠다. 어쨌든 컨스터블은 자신을 '구름의 남자'로 여겼고, 자연을 있는 그대로 보여 주기 위해 노력해야 하는 풍경화가에겐 일정 수준의 과학적 지식에 대한 이해가 필수적이라고 믿었다.

컨스터블이 '하늘하는' 작업은 자연을 진실되게 묘사하기 위한 그의 열정이 반영된 것이다. 그는 직접 하늘을 관찰하지 않고 하늘을 묘사하는 것이 불가능하다고 생각했다. 컨스터블은 기상학적으로 정확한 스케치를 그렸을 뿐 아니라 체계적으로 하루 중 어느 시간에 그렸는지, 어느 방향으로 본 그림인지, 바람은 얼마나 강하게 불었는지 등에 대한 주석도 달았다. 컨스터블은 왕립 연구소에서 1836년 했던 강연에서(왕립 연구소에서 강연을 했다는 사실 자체만으로도 그의 작품 활동이 과학과 연결되어 있었음을 알 수 있다), "하늘이 어떻게 작동하는지 알 수 없다면 그것을 진정으로 이해했다고 할 수 없다."라고 했는데, 과학과 미술이 밀접히 연관되었다는 그의 평소 신념을 잘 나타내는 말이라 하겠다.[6] 컨스터블은 스케치를 통해 기상 체계에 대한 그만의 생각을 정리하고 증거를 모을 수 있었다. 그는 햄스테드 문학 및 과학 협회에서 구름에 대한 강의를 할 예정이었으나, 안타깝게도 갑

작스럽게 죽으면서 이 계획은 무산되고 말았다.

하워드와 컨스터블은 둘 다 넓은 의미에서 19세기 초반 하늘과 날씨, 대기를 이해하려는 일련의 운동에서 독보적인 지위를 차지하게 되었다. 컨스터블은 하워드의 충실한 제자였으며, 그의 이론을 적극적으로 보급했던 기상학자이자 천문학자 토머스 포스터Thomas Forster를 알고 있던 것으로 보인다. 포스터는 하워드의 라틴어 용어를 영어로 번역한 최초의 사람으로 하워드 이론을 여러 다른 날씨의 특징을 설명하는 데 차용하기도 했다. 구름의 명명법을 확립하는 일에 헌신한 하워드를 기리기 위해, 포스터는 자신의 책《대기 현상에 대한 연구Researches about Atmospheric Phaenomena》의 시작 부분에 하워드의 주요 에세이를 싣기도 했다. 이 책은 1813년과 1823년 사이에 3쇄까지 나오게 된다.

컨스터블은 포스터의《대기 현상에 대한 연구》2판을 가지고 있었다. 이 책을 읽으면서 풍부히 주석을 달았으며, 어떤 지점에서는 저자의 결론에 대해 반대하기도 하는데, 이것을 보면 컨스터블도 기상학에 대해서도 적극적이었다는 사실을 알 수 있다. 1836년에 그는 친구이자 동료 화가 조지 컨스터블George Constable(성이 같지만 친척 관계는 아니었다)에게 "포스터의 책을 보면 그는 틀렸다. 하지만 이 분야에서 그가 연구를 처음 시작한 공이 있긴 하다."라고 썼다.[7]

19세기 중반부터는 라파엘 전파pre-Raphaelite(1400년대, 즉 라파엘로 이전 이탈리아 예술의 강렬한 색감과 풍부한 디테일로의 회귀를 주장한 운동)의 부상으로 컨스터블의 회화 스타일은 유행이 지나게 된다. 하지만 컨스터블이 자연을 부수적 배경으로 취급한 것이 아니라 주제로 다룬 것, 일상생활을 직접 관찰하고 묘사한 것은 이후 세대의 여러 예술가들에게 영향을 미쳤다. 19세기 중반 프라스의 바르비종Barbizon파는 현실주의 운동으로, 장-프랑수와 밀레나 샤를-프랑수와 도비니가 가장 대표적인 일원이었다. 그 이후에는 월티 시커트Walter Sickerts와 제임스 맥닐 위슬러James McNeil Whistler도 컨스터블의 영향을 받았다.

공기 중 어떤 것

상상력과 합리적 연구가 동맹이 되었던 시기, 구름은 예술가와 과학자를 처음 사로잡았던 주제였다. 구름은 컨스터블이 햄스테드 히스에서 스케치를 한 이후 오랫동안 예술가에게 영감을 주었다. 모더니즘 화가들의 작품, 그리고 그 이후 예술가들의 작품에서도 구름은 계속해서 나타난다. 만 레이Man Ray의 1934년 작 〈기상대의 시간: 연인들A l'heure de l'observatoire: les amoureux〉, 조지아 오키프Georgia O'Keefe의 1965년 작 〈구름 위의 하늘 IVSky Above Clouds IV〉, 앤디 워홀Andy Warhol의 1966년 설치 작품인 〈은색 구름Silver Clouds〉, 올라퍼 엘리아슨Olafur Eliasson의 2001년 작 〈작은 구름 연작Small Cloud Series〉 등이 그 예이다. 가장 최근에는 스펜서 핀치Spencer Finch의 2018년 작 〈구름 색인A Cloud Index〉에서도 구름을 다루었는데, 이것은 런던 패딩턴 엘리자베스 노선 역 위에 다른 형태의 구름이 그려진 거대한 유리 지붕 덮개를 설치한 작품이다. 당연히 이 작품은 루크 하워드에 대한, 그리고 낭만주의 풍경화가에 대한 오마주를 표현한 것이다.

하워드의 유산은 진정한 과학으로서의 기상학의 기초를 확립한 것에 그치지 않는다. 20세기에 이르러서는 하워드가 적극적으로 도입한 기압 같은 핵심적인 개념을 이용해 체계적인 일기 예보가 가능해졌다. 측정 및 분석 도구의 발전으로 기상학자들은 대기의 새로운 층을 찾아냈고, 새로운 구름의 형태도 발견해서 이제 구름의 범주는 10개로 늘어났다. 이것들에도 역시 하워드의 명명법을 활용한 이름을 붙였다. 구름의 과학은 대기와 기상학적 연구의 가장 중요한 분야가 되어 몬순, 태풍, 극지방 오존층 파괴, 기후 온난화 등과 어깨를 나란히 하게 되었다. 구름은 행성계의 중요한 요소로 취급되어 다른 행성의 기후적 환경적 조건을 연구하는 데에도 활용된다.

스펜서 플린치의 〈구름 색인〉은 보는 이에게 영감을 주는 거대한 일시적 설치물로, 런던의 패딩턴 엘리자베스 노선을 건설한 크로스레일(Crossrail)사(社)에서 의뢰한 작품이다.

5.

진보를 추적하다

증기기관 시대의 터너

19세기는, 만약 상징이 필요하다면, 철
길을 달리는 증기 기관이 그 상징이 될
것이다.[1]

H. G. 웰스 Wells, 1901

철도는 19세기를 관통해 사회 전반에 길을 새겨 넣었다. '철길'은 근대성과 진보에 대한 아이디어를 날카롭게 했고, 영국의 풍경을 완전히 변모시켰으며, 예술가들의 상상력을 사로잡았다. 증기로 작동하는 철마는 변화의 전령이었을까, 세계가 암흑에 빠지는 조짐이었을까? 켄달Kendal에서 윈더미어Windermere로 가는 노선이 시인 워즈워스가 사랑했던 레이크 디스트릭트Lake District를 1841년에 지나게 되면서, 워즈워스는 "이런 경솔한 공격에서 안전한 영국의 풍경이란 없단 말인가."라며 경악했다.[2]

전환적 동력을 묘사할 때 영국의 당대 최고 화가 J. M. W. 터너의 1844년 작품 〈비, 증기, 그리고 속도: 그레이트 웨스턴 철도Rain, Steam, and Speed: The Great Western Railway〉만 한 것이 없을 것이다. 이 작품은 터너의 예술적 개성을 보여 주는 모든 요소를 동원해 기관차의 시대를 찬양하는 그림이라고 할 수 있다. 어떤 사람들은 이 작품은 옛것이 새것을 만나는 알레고리라고도 한다. 다른 이들은 이것이 사실을 기록한 것이지만, 터너 자신이 기차 여행을 한다는 등의 흥분되는 사건으로 좀 더 상상된 버전이라고도 한다.[3] 어찌 되었든, 당시 이 작품은 매우 충격적이고 혁명적인 이미지라고 받아들여졌다. 한편으로는, 이 작품을 보면 인간이 시대의 변화를 알게 되고, 익숙해지는 데 있어 예술의 역할과 힘이 얼마나 큰지 보여 준다고도 볼 수 있다. 이 작품이 철도에 대한 프로파간다라고 본다면 과도한 단순화일 것이다. 차라리 도덕적 편견 없이 새로운 문물을 기록하겠다는 터너의 예술가적 열정으로 보고 감상하는 편이 더 맞겠다. 기

CHAPTER 5. 진보를 추적하다-증기기관 시대의 터너

발하게도, 터너는 기관차 앞에 다리를 가로질러 질주하는 토끼를 그려 넣었다. 예로부터 내려오는 이야기에서 토끼는 동서고금을 막론하고 속도의 상징 같은 존재이니, 여기서는 재치 있게 암시를 주는 것이라고 볼 수 있겠다. 마치 "세상이 변했어. 속도의 시대가 열렸다고!" 말하듯.

우리는 보통 워즈워스가 자연을 보는 낭만주의적 관점을 터너가 가지고 있다고 생각하는 경향이 있다. 물론, 당대의 대표 평론가 존 러스킨John Ruskin이 〈현대의 화가들Modern Painters〉 제1권에서 터너가 자연의 영역을 깊숙이 파고드는 것에 대해 찬사를 한 적이 있지만, 사실 터너는 고정된 스타일이 있는 화가라고 하기는 힘들다. 터너는 기술적 진보를 긍정적으로 받아들였고, 과학과 산업 분야의 주제에 대해 적극적으로 관심을 보인 화가였다. 19세기 초 왕립 아카데미와 왕립 연구소는 모두 런던 스트랜드가Strand Street의 서머셋 하우스에 있었다. 터너는 아카데미의 회원이었다. 이삼바드 킹덤 브루넬 Isambard Kingdom Brunel 같은 훌륭한 과학자나 엔지니어들과 교류할 기회가 늘 있었고, 실제로 과학계에 친하게 지내는 사람들도 많았다. 엔지니어인 로버트 스티븐슨은 터너에게 벨 락 등대Bell Rock 풍경화를 의뢰했고, 마이클 패러데이와는 색소에 대해 의논한 적이 있었으며, 브루넬의 고용주이자 수학자였던 찰스 배비지Charles Babbage와도 알고 지냈다. 이 모든 것에 특별할 것이 없었다. 세기 말까지 과학자들과 예술가들은 자신들의 분야를 따로 규정하여 그곳에만 머물러야 된다고 생각하지 않았기 때문이다.

교통 기술은 터너를 완전히 사로잡은 주제였다. 미술사가 존 게이지John Gage는 '터너는 교통수단에 대한 문제나 장점에 대해 매우 집착했고, 이 주제에 대해 큰 기쁨을 얻었다'라고 언급한 적이 있다.[4] 1839년 터너는 〈전함 테메레르Temeraire〉를 그리는데, 위대한 해전을 치른 범선이 이제 작은 증기 예인선에 끌려 해체의 수순을 밟으러 가는 중인 이 장면은, 옛 기술이 새 기술에 자리를 넘겨주는 순간을 우아하게 그려 낸 것이라고 할 수 있을 것이다. 그로부터 3년 뒤, 터너는 〈눈보라: 항구 어귀에서 멀어진 증기선Snowstorm: Steamboat off a Harbour's Mouth〉에서 〈비, 증기, 그리고 속도〉에서 선보일 증기 기관의 힘과 새로운 시대의 기술력으로 극복하는 모습을 맛보기로 보여 준다.

철도 열풍

〈비, 증기, 그리고 속도〉는 왕립 아카데미에서 철도 열풍이 한창일 때 전시되었다. 1830년 잉글랜드 북부 상업과 제조의 중심 도시 두 곳을 잇는 세계 최초의 도시 간 철도 노선인 리버풀 및 맨체스터 철도Liverpool & Manchester Railway가 완공된 이후, 영국의 철도 시스템은 열광하는 엔지니어들과 투자자 덕분에 폭발적으로 성장했다. 철길은 영국 곳곳에 놓여 순환 시스템이 만들어졌으며, '대대적인 풍경의 조작'이 일어났다.[5] 1843년 한 해에만 의회에서 200건이 넘는 철도 건설 법안이 통과되었고, 새로운 시대

J. M. W. 터너의 〈비, 증기, 그리고 속도〉는 1844년 처음 전시되었던 당시까지 증기 기관의 시대를 가장 잘 그려 낸 작품이라 할 만하다.

에 대한 충격과 흥분이 여기저기서 쏟아졌다.

처음에 예술가들은 이 새로운 현상에 어떻게 반응해야 할지 몰랐던 것 같다. T. T. 베리Bury와 존 C. 본John C. Bourne의 판화나 석판 인쇄물이 건설 현장, 리버풀 및 맨체스터 노선과 런던 및 버밍엄 노선의 초기 운행 장면을 남기긴 했다. 이런 초기 반응들이 나오고 난 후, 예술가들은 증기기관 기술에 대해 느끼는 매력과 공포를 동시에 표현하기 시작한다. 1845년 일러스트 및 캐리커처화가였던 조지 크룩셍크George Cruikshank는 〈철도 용The Railway Dragon〉이라는 작품에서 기차를 괴물로 표현했고, 엔진이 우렁찬 소리를 내자 한 가족이 도망치는 모습을 담았다. 찰스 디킨스는 그의 소설 《돔비 부자Dombey & Son》에서 괴물 기차를 묘사하며 '밥을 먹으러 왔다. 훌짝 훌짝 마시러 왔지. 나는 왔다. 나는 너를 먹어 치우러 왔다'라고 썼는데, 앞에 놓인 옛것을 쓸어버리고 모든 것을 바꿔 놓는 모습을 묘사한 것이다.[6, 7]

〈비, 증기, 그리고 속도〉는 이런 새것과 옛것의 긴장 관계를 녹여 내면서도, 새것에 대한 자부심을 보여 주기도 하는 작품이다. 이제 미래가 도래했다고. 그리고 예술가들은 다른 모든 이들과 마찬가지로, 이 미래의 기술을 어떻게든 다뤄야 한다고 선언하는 것 같다. 철도는 자연스럽지 않고 꼿꼿한 길을 아름다운 풍경 속에 내고, 기차가 다리 위로 나는 듯이 질주해도 그 앞을 막을 것이 없다. 배경에는 어두침침하게 통행료를 받는 옛날 다리와 노를 저어 움직이는 배가 보이지만 소용돌이치는 안개비 속으로 사라져 갈 뿐이다.

운명의 상징

터너의 걸작인 이 작품은 철도를 일반화하여 묘사하는 것이 아니라, 두 가지를 특정하여 보여 주는데, 그레이트 웨스턴 철도Great Western Railway의 최신 기차였던 파이어플라이Firefly호가 브루넬이 설계한 템즈강의 메이든헤드Maidenhead 다리를 건너는 한 장면에 압축하여 넣음으로써 철도 기술에 대한 경이로움을 표하고 있다. 그레이트 웨스턴 철도는 런던과 잉글랜드 남동부를 연결하는 노선으로, 브리스톨항까지 뻗어 있었고, 미들랜즈 산업의 중심지들까지도 연결했다. 모두 브루넬이 고안하여 설계하였고, 브루넬의 대표적인 업적으로 인정받는다.

속도야말로 철도의 특장점으로 홍보가 되었다. 그레이트 웨스턴 철도는 당시 지구상 어떤 교통수단도 추월할 수 있었고, 파이어플라이호 같은 경우 시간당 60마일까지 속도를 낼 수 있었다. 따라서 승객들은 인류가 이전에 겪어 본 적 없는 빠른 속도로 여행을 할 수 있었다. 아킬레스, 화살, 다트, 불덩어리, 페가수스, 그레이하운드같이 속도에 초점을 맞춘 이름이 개별 기차에 붙여졌다. 이 모든 것들이 불안하게 느껴지는 사람도 있었다. 당시 언론 기사에 따르면 1840년 그레이트 웨스턴 철도를 타 본 앨버트 공(빅토리아 여왕의 부군_역주)

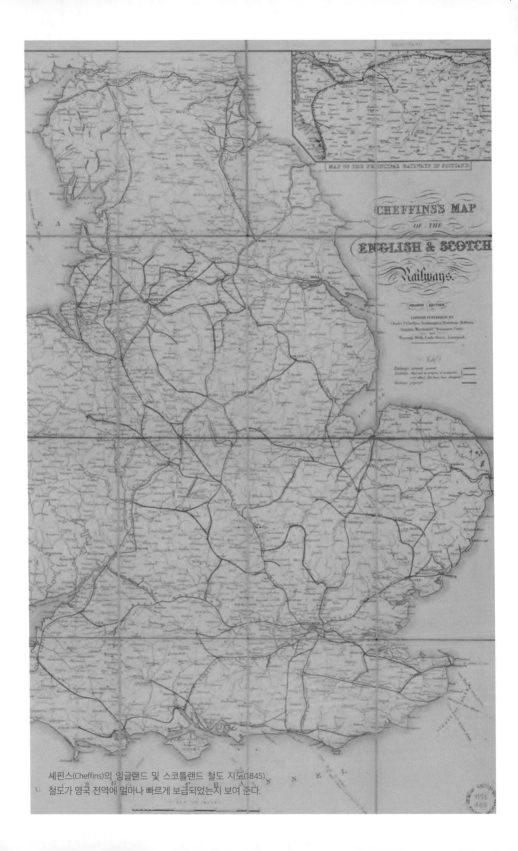

셰핀스(Cheffins)의 잉글랜드 및 스코틀랜드 철도 지도(1845).
철도가 영국 전역에 얼마나 빠르게 보급되었는지 보여 준다.

은 "당신네들 기차는 너무 빨리 달려. 부디 뒤로 갈 땐 그렇게 빨리 달리지 않으면 좋겠네."[8]라며 철도 회사 관계자들을 질책했다고 한다. 하지만 이 경험에 흥분하는 사람들도 많았다. 여배우 패니 켐블 Fanny Kemble은 1830년에 조지 스티븐슨과 리버풀 및 맨체스터 라인 기차의 발판에 같이 선 후, 친구에게 "눈을 감으면 날아오르는 기분이 들어. 좋으면서도 형언할 수 없이 이상한 기분이지."라고 썼다.[9]

브루넬은 천재적인 엔지니어였고 혈기왕성했다. 그의 그레이트 웨스턴 철도는 조지 스티븐슨과 로버트 스티븐슨이 만들었던 것보다 더 넓은 '광궤廣軌' 선로같은 새로운 기준을 도입하게 되고, 브루넬의 기차는 더 부드럽고 빠르게 달릴 수 있게 되었다. 개척자 브루넬은 노섬블랜드Northumberland 출신의 뛰어난 엔지니어 다니엘 구치 Daniel Gooch를 기차 디자인의 파트너로 두었다. 구치는 스물한 살 생일이 되기도 전에 그레이트 웨스턴 기차의 일등 감독관으로 임명되었다. 구치가 고안한 파이어플라이 기차는 1840년에 처음 운행을 시작했고, 이 기차의 명성은 날로 높아져 2년 뒤엔 빅토리아 여왕이 처음으로 기차를 타면서 플레게톤Phlegethon(그리스 신화에 나오는 지하 세계의 다섯 강 중 하나)으로 이름 붙은 파이어플라이어호 기차를 선택하게 된다. 영국 전역에서 관심이 쏟아진 이날, 기관차는 브루넬의 도움을 받으며 (아마도 도움을 받기 싫었겠지만) 구치 자신이 운전했다.

구치는 이후 그레이트 웨스턴 철도의 회장이 되고, 의원이 되고, 준남작baronet 작위를 받는다. 그뿐만 아니라, 최초의 대서양 횡단 케이블 설치 프로젝트의 수석 엔지니어가 되고, 세번 터널Severn Tunnel 건설 프로젝트를 시작하게 된다. 하지만 그는 일생 동안 파이어플라이 기차에 대한 깊은 자부심을 가지고 있었다. 1842년에는 찰스 배비지의 '차분 기관difference engine(다항함수 계산을 위한 기계식 계산기_역주)'을 제작해 화제를 모았던 조세프 클레멘트Joseph Clement에게 파이어플라이 8분의 1 모형 제작을 의뢰한다. 완성된 모형은 모든 디테일이 완벽히 살아 있었다. 구치는 겸손한 사람이었지만, 그래도 그의 사진을 찍어 모형 옆에 둬야만 했다. 이 모형은 가족 소유로 있다가 1996년 국립 철도 박물관National Railway Museum에서 구입한다.

브루넬이 설계한 메이든헤드 다리가 1839년에 개통했는데, 이 또한 국가적인 관심을 모았다. 이 다리는 브루넬에게도 어려운 도전 과제였다. 너비 100야드나 되는 템스강을, 높이가 높은 바지선의 운항을 방해하지 않고 다리로 어떻게 가로지를 것인지 해결책을 찾아야 했다. 브루넬은 다리의 트랙이 너무 높지 않길 바랐고, 결국 그때까지 있던 다리 중 가장 크고 평평한 아치가 있는 구름다리를 만들게 되었다. 이 구조가 오래 지탱될 수 없다고 두려워하는 사람도 있었으나, 메이든헤드 다리는 오늘날까지도 건실하다. 터너에게 이 다리는 최신 기술과 '자석과 같이 끌리는 매력의'¹⁰ 템스강이 만나는 교차점이었다.

터너와 브루넬이 실제로 만난 적이 있는지 알고 싶은 것은 어찌 보면 당연할 수도 있겠다. 만났다는 기록은 없지만 만났을 가능성은

철도는 불안의 대상이기도 했다.
조지 크룩솅크의 〈철도 용〉에서는 기차가 괴물로 그려진다.

다니엘 구치는 그레이트 웨스턴 철도의 파이어플라이 기차 모형을 조세프 글레멘트에게 의뢰하였고, 사진과 같은 아름다운 모형이 완성되었다.

충분히 있다. 브루넬이 감독한 로더하이트Rotherhithe에서 와핑Wapping 까지 이어지는 템스강 터널은 터너가 유산으로 물려받은 와핑에 있는 선술집인 '상선과 어깨뼈Ship and Bladebone'에서 200야드 정도밖에 떨어지지 않았다. 터너와 브루넬은 공통의 지인도 여럿 있었다. 왕립 아카데미의 J. C. 호슬리Horsley는 터너의 친구였으며, 호슬리 부인 마리는 브루넬의 부인과 자매지간이었다. 터너의 유언집행자인 건축가 필립 하드윅Philip Harwicke는 브루넬과 패딩턴역 건설 일부에 참여한 적이 있었다. 브루넬은 막 일을 시작했을 때 찰스 배비지 밑에서 잠깐 일했는데, 터너는 배비지의 지인이었다.

변화하는 시간

철도의 도래는 여행의 방식만 바꾼 것이 아니라 시간도 바꿔 놓았다. 모든 곳에서 기차 시간을 표준화하여 시간표를 만들어야 하기 때문이었다. 이런 새로운 현실에 대해 디킨스는 "마치 태양이 굴복한 것처럼, 시계는 기차 시간을 따른다."라고 표현하기도 했다.[11] 이 시대 다른 소설가인 윌리엄 새커리 William Thackera는 절반 정도는 고대 기사들의 시대와 낭만을 생각하지만 절반 정도는 근대의 새로운 영웅은 브루넬 같은 혁신가라고 느낀다고 고백한 적이 있다. 그는 두 시대 모두에 속한 사람이었다.

"우리는 흑태자(에드워드 3세의 아들 에드워드 왕자_역자 주)와 기사도에 속해 살고 있지만 다른 한편으로는 증기 기관의 시대에 살고 있다.

우리는 옛 세계로부터 발을 떼고 브루넬의 거대한 갑판으로 발걸음을 옮겼다."[12]

모든 것이 혼란스럽기도 했다. 논객들은 터너의 그림이 무엇을 이야기하려는지 잘 이해하지 못했다. 비평가 한 명은 그의 작품이 '애착과 혼동의 카오스', 그리고 '우리의 상식에 대한 완전한 모욕'이라고도 했다.[13] 새커리는 터너와 동시대인들 중 찬사를 보낸 몇 안되는 인물이다.

"터너 씨는 이전 시대의 천재를 모두 뛰어넘었다. … 기차는 시간당 50마일의 속도로 달려오고 있고, 보는 이들은 기차가 그림과 벽을 뚫고 빠져 나가서 채링 크로스Charring Cross까지 가 버릴까 봐 서둘러 이것을 보려고 한다."[14]

일간 신문 더 타임스지誌는 얼버무리는 쪽을 택했다.

"철도는 별난 스타일의 전시를 열도록 터너에게 길을 열어 준 것같다. … 터너의 작품이 휘황찬란한 비현실을 그린 것인지 아니면 그것이 순간적으로 현실을 포착한 것인지에 대한 판단은 그의 가치를 깎아 내리려는 사람과 숭배하는 사람들이 알아서 이 문제를 해결하도록 내버려 두겠다."[15]

더 타임스 신문이 제기한 질문 -이것이 상상인가, 아니면 보도인가?- 은 오늘날까지도 논쟁거리가 되는 주제이다. 터너는 자신이 경험한 장면을 그림으로 옮기는 데 탁월한 능력이 있었다. 그림의 디테일을 봐도 직접적으로 알고 있는 지식을 보여 주는 것들이 있는

데, 타는 재가 기차의 화실火室에서 철로 쪽으로 떨어지는 모습이 바로 그렇다. 철도 전문가 F. S. 윌리엄스Williams가 1852년에 최대치로 속력을 내는 기차에 대해 묘사한 이미지는 이렇다.

"괴물의 철로 된 목구멍에서 붉고 뜨겁게 타오르는 석탄의 덩어리가 토해져 나온다. 천둥 같은 소리를 내며, 반짝이는 덩어리들은 시속 50 아니, 60, 아니 70마일로 뿜어져 나온다. … 흑담비 색의 제복을 입은 밤에, 붉게 타오르는 포탄처럼 곧게 나아간다."[16]

터너는 또한 지붕이 뚫려 있는 3등석 객차에 승객들이 가득 끼어서 바람을 맞으며 타고 있는 모습도 그렸다. 사실, 이미 이때부터 안전과 불평등의 문제가 제기되고 있었다. 1841년 크리스마스 이브에 새 국회의사당 공사에 투입되었던 아홉 명의 인부가 3등석 기차를 타고 고향에 가다가 버크셔 소닝Sonning에서 충돌 사고가 나 사망했던 일이 있었다. 의회에서는 1844년 윌리엄 글래드스톤 철도 법 William Gladstone's Railways Act을 통과시켜서 철도 회사들이 3등석 승객을 '물건이 아닌 사람으로 대해야 할 의무가 있고', 따라서 승객의 머리 위로 지붕을 놓아야 한다고 규정했다. 〈비, 증기, 그리고 속도〉에서는 지붕이 없던 객차가 운행되던 끝 무렵을 보여 준다.[17]

_____ **격정적인 여정**

따라서 터너가 직접 경험한 여행을

그랬을 가능성도 배제할 수는 없다. 비평가 존 러스킨의 친구였던 사이먼Simon 부인은 그녀가 1등석을 터너와 같이 타고 그레이트 웨스턴 철도의 서쪽 종착역인 브리스톨 방향으로 갔는데, 빔 다리 (형교) 인근에서 폭풍이 몰아쳤다고 썼다.

"폭풍이 고함을 지르기 시작했다. 번개가 치면서 여름의 따뜻한 볕이 악마의 삼지창같이 변했다. 천둥은 끊이지를 않았다."

그녀가 탄 객실에는 나이 지긋하신 신사가 있었는데, 그녀가 본 중 가장 관찰력이 좋은 눈을 가진 것 같았다. 열차가 브리스톨에 도착하자, 노신사는 창문을 코트 소매로 비벼 봤지만, 밖은 폭풍우로 여전히 얼룩얼룩하고 희미했다. 창밖으로 아무것도 볼 수 없게 되자, 그 노신사는 창문을 열어도 되겠냐고 물었고, 다음 9분 동안 그 노신사는 객차 밖으로 몸을 내밀고 자연과 인공의 빛과 소음이 일으키는 혼돈의 상태'를 느꼈다고 했다. 사이먼 부인은 나중에 이 노신사가 터너라고 했다.[18]

사람들은 사이먼 부인의 이야기가 '불가능한 일로 가득 찼다'고 일축했다.[19] 하지만 1843년 6월 그레이트 웨스턴 철도에 대해 알려진 사실을 비교해 보면 꽤 그럴 듯한 이야기라는 것을 알 수 있다. 6월 9일 빔 브리지 주변 지역은 '지역의 연장자들도 전에 겪어 보지 못한' 수준의 폭풍으로 고통받았다고 나온다.[20] 사이먼 부인의 이야기에 따르면 그녀와 터너가 역에 가기 전에 통과했던 오래된 빔 다리는 무너졌고, 남자 두 명이 강으로 빠질 정도였다고 한다. 철도 회사는 상당한 손해를 입었고, 런던 패딩턴에 다음 기차를 타러 온 승객들은 결국 인근 여인숙으로 발길을 돌려야 했는데, 부서진 다리 사이에 놓인 널빤지를 지나야 했다.

〈비, 증기, 그리고 속도〉는 아마도 터너의 가장 위대한 걸작으로 손꼽힐 수 있을 것이다. 터너는 1851년 말 런던에서 숨을 거뒀는데, 1851년은 런던 세계박람회를 보기 위해 영국 전역에서 구경꾼들이 기차를 타고 몰려든 해였다. 터너는 철도의 시대 이전에 태어나서, 철도의 시대를 살았고, 철도의 시대가 정점을 향할 때 죽었다. 그레이트 웨스턴 철도를 묘사하면서, 터너는 세상을 변화시킨 이 기술의 최고의 면모를 보여 주었다. 메이든헤드 다리를 지나며 속력을 내는 기차의 힘을 전달하는 그의 놀라운 능력은 그의 치열한 호기심과 특출한 관찰 능력에서 비롯된 것이었고, 개인적인 경험도 한몫했을 것이다.

사이먼 부인이 (아마도) 터너와 같이 폭풍이 부는 6월의 기차를 탄 지 1년 뒤, 사이먼 부인은 왕립 아카데미에 터너의 최신작을 보러 갔고, 기차에서 같이 탄 노신사가 터너임을 깨달았다고 했다. 〈비, 증기, 그리고 속도〉를 보았을 때 "내가 어떤 기분이었을지 상상해 봐."라고 존 러스킨에게 썼다.

내가 그 '볼 줄 아는 눈'이 누구의 눈인지 알아낸 거지! 그 그림을 보고 있자니 뒤에서 김빠진 목소리가 들리더라고.
"저것 봐. 터너답지 않아? 누가 저렇게 이것저것 뭉쳐서 보나?"

내가 재빨리 돌아서서 말했지.

"내가 그렇게 봤어요. 나도 저 날 밤에 저 기차를 탔거든요. 이 그림은 완벽하고 훌륭하게 사실적입니다."[21]

6.

CHAPTER

종이 위의 식물

식물학의 미술

파란색, 어둡고, 깊고, 아름다운 파란
색.[1]

로버트 서디, 1805

식물학botany이라는 이름이 붙기 전부터 식물에 대한 연구는 항상 시각적 요소가 있는 행위였다. 표본을 채집하는 것에서 그치지 않고, 비슷한 식물끼리 구별하기 위해서는 매우 세밀한 관찰이 필요하므로 당연한 일일지도 모른다. 예를 들면, 한 종류의 장미를 다른 것과 비교할 때는 줄기에 있는 가시의 모양과 크기, 다섯 장 혹은 그 이상의 꽃잎의 색상, 잎의 질감 같은 미묘하게 변형된 특징들을 세세히 따져 보아야 한다. 19세기 중반 사진술이 발명되기 전까지, 이런 세부 사항을 설명하기 위해서 식물 연구가들은 자신이 본 것을 시각적으로 해석하여 표현할 수 있어야 했다. 따라서 이 분야는 과학이자 동시에 예술이었다고도 할 수 있을 것이다. 측정과 묘사는 정확해야 했고, 해석과 이미지의 전달 또한 독자가 가진 그림에 대한 인식이나 규칙에 부합하도록 이루어져야 했다. 유사성과 차이점이 잘 드러나는 그림인 동시에, 유용하면서도 아름다워야 했다. 이 때문에 과학 분야에서 일반적으로 소외되어 있던 여성을 비롯하여, 광범위한 범위의 사람들이 이 분야를 연구하는 것이 사회적으로도 인정되었다.

자연사를 보면 인간이 추구하는 많은 것이 용인된 것을 알 수 있다. 조개껍데기, 곤충, 식물 표본을 수집하는 것이나, 지질의 역사를 연구하는 것, 인간 사회 문화를 연구하는 것 모두 그렇다. 19세기 후반에서 20세기 초반까지, 이러한 행위들은 세분화된 학문 분야가 되어 동물학, 곤충학, 식물학, 고고학, 인류학으로 발전하게 된다. 그 이전에는 연구자가 자신의 분야를 특정할 필요가 없었으며, 학문들

간 경계도 뚜렷하지 않았다. 심지어 그보다 더 전에는 프로페셔널과 아마추어의 경계도 명확하지 않았고, 그런 용어가 연구자의 지식의 깊이에 대해 암시하는 것도 없었다. 찰스 다윈은 벌에서 바위까지 모든 자연사 분야에 관심이 높아서 프로처럼 연구에 매진하였지만, 아무도 그에게 연구의 대가를 지불하지는 않았기 때문에 계속 아마추어였다고 할 수 있다.

따라서 자연사, 특히 식물학은 귀족에서 제철 노동자까지, 영국 사회의 각계각층 남녀노소 모두가 뛰어든 분야였지만, 과학이 전문화되는 19세기 말이 되면 상황이 달라진다. 특정 도구가 있어야 행할 수 있는 학문이 된 과학은 아마추어가 기여할 수 있을지 여부가 불투명해졌고, 설사 아마추어가 참여한다 하더라도 과학계에서 이를 수용할지 어느 누구도 확신할 수 없었다.

_____ **자연을 범주화하다**

모든 형태의 자연사 연구에는 표본을 수집하고, 교환하고, 이름 짓는 일이 수반되었다. 새로운 식물을 밝혀낸다는 것은 일단 샘플을 먼저 채집하고, 이름을 붙여서 연구자가 발견한 사항을 다른 연구자에게 알린다는 의미이기도 하다. 먼저 표본을 보자. 연구 대상인 식물을 건조한 후, 종이 사이에 넣고 압착시키면 '식물표본herbarium sheet'이 된다. 이런 물리적인 기록이 식물학의 중심이 되었고, 특히, '기준 표본type specimen'의 지위를 얻게 되는 표본은 해당 식물의 종을 정의하는 단 하나의 예시가 된다. 영국 국립 자연사 박물관Natural History Museum과 런던의 큐 가든Kew Gardens(왕립 식물원_역자 주) 혹은 파리에 있는 프랑스 국립 자연사 박물관Muséum National d'Histoire Naturelle, 워싱턴 D. C.의 스미스소니언 연구소의 일부인 미국 국립 자연사 박물관National Museum of Natural History은 모두 세계 곳곳에서 발견된 식물 종의 방대한 식물 표본 컬렉션을 가지고 있다.

표본을 다 만들면 이제 이름, 즉 학명을 지을 차례다. 19세기 초반까지, 식물학자와 동물학자들은 스웨덴 식물학자 칼 폰 린네가 제안한 분류법에 따라 라틴어로 된 두 단어로 식물의 이름을 붙였다. 첫 번째 단어는 해당 식물이 속한 속屬,genus을, 두 번째 단어는 종種,species를 나타낸다. 예를 들어 유럽 적송Scots pine의 경우 피누스 실베스트리스Pinus sylvestris(소나무속은 Pinus이다)가 되고, 좀산미나리아재비meadow buttercup은 라눈쿨루스 아크리스Ranunculus acris가 된다. 각 식물의 라틴어 이름은 식물표본집의 해당 표본 아래에 표기한다.

식물학에 관심 있는 사람이면 누구나 표본집을 만들면 되었다. 조세프 리스터는 소독제 치료법을 널리 보급한 의사였지만, 동시에 열렬한 동식물 연구가였다. 또한 식물의 의학적 효능에 대해서만 연구한 것이 아니라 문화적, 미적 중요성에 대해서도 관심이 많았다. 리스터는 1883년에 동유럽 여행 동안 최대한 많은 식물을 채집해 표본

CHAPTER 6. 종이 위의 식물-식물학의 미술

조셉 리스터(Joseph Lister)의 표본집은, 그와 그의 아내 아그네
스(Agnes)가 1883년 동유럽을 여행하면서 수집한 식물들로
만든 것이다.

사진술의 개척자인 윌리엄 헨리 폭스 탤벗(William Henry Fox Talbot)은 1858년, 사진 식각 공정(photo-etching)과 사진 판화술을 사용해 양치식물 표본을 만드는 데 적용했다.

을 만들었고, 레이블에 라틴어 이름을 손수 썼다.[2] 식물을 같이 채집하고, 보관하고, 레이블을 준비하며 표본집을 만드는 데 있어 아내 아그네스가 큰 역할을 했다. 아그네스는 사실 남편의 의사 일도 보조를 했는데, 남편의 논문에 쓰일 인체 해부도를 그리기도 했고, 소독제 실험에 조수 역할을 하기도 했다.

표본집의 문제점은, 파손되기 쉬워 옮기기가 용이하지 않다는 것이었다. 심지어 출판을 위해 복제하는 것도 불가능했다. 식물의 색이 건조되면서 너무 빨리 바랜다는 것도 문제였다. 더 많은 사람들에게 살아 있는 식물이 어떻게 보이는지를 제대로 설명하려고 할 때는 그림을 그리는 수밖에 없었다. 식물도감의 기원은 사실 9세기에서 13세기까지 널리 만들어진 이슬람의 식물표본에서 찾을 수 있을 것이다. 당시 알 디나와리Al-Dinawari나 이븐 줄줄Ibn Juljul과 같은 학자들이 그린 식물도감에는 아름답게 칠해진 식물 그림이 포함되어 있다. 19세기 중반에 가서는 사진술이 그 대안이 된다. 윌리엄 헨리 폭스 탤벗은 사진술의 초기 개척자 중 한 명으로, 식물 기록에 있어 사진을 이용할 수 있다고 처음 생각했고, 양치식물을 비롯한 여러 종류의 표본을 실험 삼아 사진으로 남겼다. 초기에 그가 행한 재현 공정은 카메라나 렌즈를 이용한 것이 아니라 압착한 식물의 표본을 감광지感光紙에 놓는 것이었다. 그는 이것을 '사진 그림photogenic drawing'이라고 불렀다.

청색 연구

식물의 체계적인 기록에 있어 이 공정이 가진 가능성을 처음 인식한 사람은 자연주의자이자 예술가인 애나 앳킨스Anna Atkins이다. 애나의 모친은 그녀를 출산한 후 1년도 안 되어 숨졌다. 부친인 존 조지 칠드런John George Children이 애나를 애지중지 키웠다. 저명한 화학자면서 험프리 데이비의 친구이기도 했던 존 조지 칠드런은 애나가 매우 어려서부터 미술과 과학을 사랑할 수 있는 환경을 잘 만들어 주었다. 1825년, 애나는 서인도 상인West india merchant이자, 윌리엄 탤벗의 친한 친구인 존 펠리 앳킨스John Pelly Atkins와 결혼한다. 탤벗은 칠드런에게 '사진 그림' 기술을 발명한 것에 대해 1839년에 알렸고, 칠드런은 자신도 이 기술을 이용한 이미지를 만들어 보기 위해 딸과 함께 시도해 보고자 했다. 이 실험들의 결과물은 아쉽지만 지금은 소실되었다.

하지만 몇 년 뒤, 천문학자이자 화학자인 존 허셜John Herschel이 프러시안 블루 염료를 이용한 새롭고 빠른 사진 기술을 개발하고, 앳킨스와 칠드런은 이것을 지체 없이 실험해 보게 된다. 허셜의 발명은 청사진법cyanotype process이라 불렸다. 일단 시트르산철암모늄ferric ammonium citrate과 페리시안화칼륨potassium ferricyanide, 이렇게 두 가지의 화학 합성물을 물에 섞고 이 용액을 종이에 바른다. 이렇게 섞으면 감광 효과가 생기고, 빛에 노출되었을 때 프러시안 블루로 표면이 변하게 된다. 물체를 이 위에 놓으면 표면에 마스크처럼 작용해서 결과적으로는 물체의 모양에 따라 흰색이 남고, 배경에는 진한 파란색이 남게 되는 것이다. '청사진'이라는 용어는 바로 여기서 온 것으로, 오늘날에는 이 용어가 기술적 계획이나 선화線畵를 일컫는 말로데 널리 쓰인다.

이후 연작으로 나오는 《자연의 연필The Pencil of Nature》이라는 제목의 탤벗의 사진 컬렉션이 처음 출판되기 직전 해인 1843년에 애나 앳킨스의 첫 책이 출판되었다. 포토그램(렌즈 없이 만드는 실루엣 사진)이 들어 있는 앳킨스의 책은 서문과 사진 설명 캡션, 표본 이미지 등 모든 부분이 청사진으로만 구성되어 있다. 앳킨스는 수제작한 5천 장이 넘는 사진을 준비하여 《영국 조류藻類 사진집Photographs of British Algae》이라 제목을 붙였다. 책은 상업적 목적으로 출판한 것이 아니라, 식물학을 연구하는 친구들과 배우고 즐기기 위해 만든 것이었다. 10년 뒤 앳킨스는 청사진을 담은 《영국과 외국의 양치식물 청사진Cyanotypes of British and Foreign Ferns》이라는 책을 내는데, 평생 친구이자 동료인 애나 딕슨Anna Dixon(딕슨은 소설가 제인 오스틴의 먼 친척이었다)과 같이 작업한 것이었다.

헨리 하비Henry Harvey의 1841년 저서 《영국 해양 조류 매뉴얼Manual of British Marine Algae》이후 조류에 대한 식물학자의 관심이 높아지던 시기에 앳킨스의 첫 책이 나왔다. 사실 미세한 부분의 이미지를 손으로 잡아내는 것이 쉽지 않았기 때문에, 앳킨스는 책머리에 '조류나 사상 조류conferva 같은 극미한 사물을 정확히 그린다는 것의 어려움'

Cystoseira granulata.

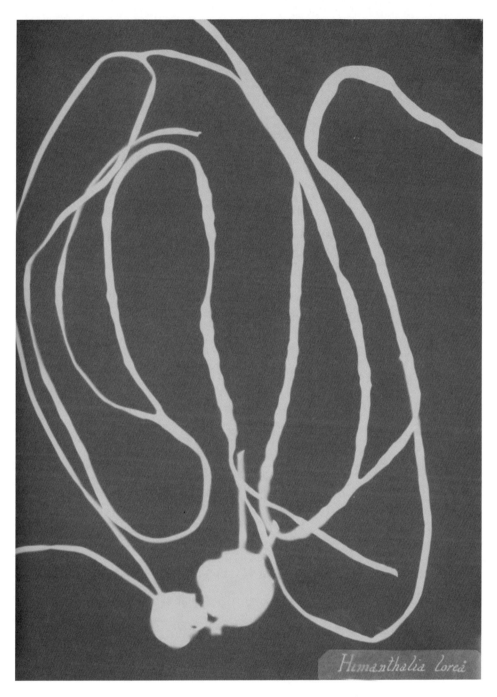

Himanthalia lorea

애나 앳킨스의 조류 이미지는 해초를 직접 감광지에 놓아 만든 것이다.

을 언급한 뒤, 허셜의 '아름다운 청사진법' 덕에 식물 자체의 직접적인 이미지를 만들 수 있게 되었다고 썼다.[3] 이 책의 이미지들은 앳킨스 주변 사람들의 이목을 끌었다. 존 허셜의 보조였던 과학자 로버트 헌트Robert Hunt는 앳킨스가 뽑아낸 이미지가 "너무나도 단순하고, 결과는 명확한 데다, 모형으로서도 완벽하며, 일반적인 특징도 매우 흥미롭다."라고 했지만, "이 분야에 대해 신경을 쓸 겨를이 많이 없지만 정확한 식물의 이미지를 보고 싶어 하는 여성들이나 아마추어에게 추천할 만하다."라며 약간의 잘난 체로 앳킨스에 대한 칭찬을 깎아내렸다.[4]

하지만 청사진 이미지들은 다른 사진 작품과 같은 지위를 얻지는 못하였다. 1851년 런던 세계 박람회에서 6백만 명의 관람객들이 영국의 발명품과 세계 각지에서 모은 공산품을 보고자 하이드 파크Hyde Park에 마련된 '수정궁Crystal Palace'에 몰려들었지만, 청사진법을 보여 주는 표본은 딱 하나였다. 그러나 사진에 대한 관심이 높아지고 있던 때, 청사진법이 아닌 사진의 예술과 과학에 대한 물품은 많았다.

앳킨스의 이미지들은 과감하고 아름다우며, 조류의 미세한 부분까지 복제해 냈다. 표본의 투명한 잎맥과 미묘한 색, 그리고 섬유질까지 표현하는 것은 쉬운 일이 아니다. 앳킨스의 이미지들은 식물학에 정확함을 더했고, 동시에 그 자체로도 예술적인 성취를 이뤄냈다.

자연에 대해 전달하는 것

앳킨스의 초기 책들이 나온 이후 몇 십 년 동안은 청사진술과 일반 사진 기술 둘 다 이용 가능한 시대임에도 불구하고 식물 표본을 그리는 것이 자연주의자의 중요한 일로 남아 있었다. 표본을 관찰할 때에도 비율, 색상, 디테일을 모두 정확하게 짚어 내려면 훈련과 기술이 필요했고, 재능 있는 일러스트레이터는 늘 일거리가 많았다. 그림을 그리는 것은 중산층 교육의 필수적인 한 부분이긴 했으나, 사실 실제로 높은 수준으로 이 기술을 습득하는 이는 적을 수밖에 없었다. 폭스 탤벗 자신도 자신의 눈으로 보는 것만큼 그림으로 그릴 수가 없기 때문에 사진술을 발명했다고 한 적이 있을 정도다. 19세기에는 전문화된 과학 저널이 생기기 시작했던 터라, 식물도감과 표본을 판화나 드로잉으로 만들 수 있는 기술이 좋은 자연주의자들은 늘 바쁘게 일했다.

그중 한 명이 워딩턴 조지 스미스Worthington George Smith이다. 스미스는 원래 건축 수업을 받았지만, 날카로운 관찰력과 그림 기술로 자연사에 투신하기로 마음먹고 자신의 식물학적 발견들을 이미지와 글로 과학 저널에 출판하기 시작했다. 스미스는 〈정원사의 연대기Gardeners' Chronicle〉라는 다윈을 비롯한 자연주의자들이 최신 식물학 소식이나 발견을 투고하던 저널에 정규 화가로 채용되었다. 스미스는 투고된 원고를 참고하여 식물을 그렸을 뿐 아니라 이것을 판화로도 만들었다.

19세기의 대부분 기간 동안, 그림 혹은 사진을 인쇄된 이미지로 만드는 기계화된 기술은 존재하지 않았다. 가장 흔히 쓰인 방법은 그림을 목판에 새겨 넣어 텍스트를 찍는 인쇄 틀 옆에 놓아 같은 페이지에 그림과 글이 나타나게 하는 것이었다. 뛰어난 자연주의자이자, 제도사이자 판화가였던 스미스는 도감을 매우 정확하면서도 보기 좋게 만들어 내는 솜씨가 있었다. 그가 《가드너 연대기》를 위해 만든 이미지들은 자연주의자들도 처음 보는 표본이 많았는데, 이 표본들의 도감과 드로잉은 원래 그림을 그린 화가나 박물관 컬렉션에 속해 있었기 때문이다.

다수의 자연주의자들과 화가들이 식물학을 한 단계 발전시키기 위한 목적으로 식물 그림들을 제작했다. 예를 들어, 식물의 생식 기관을 정확히 표현하는 것은 식물 분류에 있어 결정적으로 중요한 역할을 했다. 하지만 용감한 화가 마리앤 노스Marianne North는 자연의 맥락 속에서 식물을 보여 주고 싶어 했다. 노스는 식물을 통해 세계를 이해하고 싶어 했다. 1870년대와 80년대 중 14년간 노스는 혼자서 지구를 두 바퀴나 돌았고 850점의 식물 그림을 남겼다. 노스는 식물을 채집하고 보관할 필요가 없었다. 그녀의 그림 자체가 식물도감이 될 수 있었기 때문이다.

노스의 성장 배경은 애나 앳킨스와 비슷하다. 노스도 헤이스팅스 Hastings를 지역구로 둔 자유당 의원 프레데릭 노스Frederick North와 매우 친밀했지만 어머니는 1855년, 노스가 아직 20대였을 때 세상을

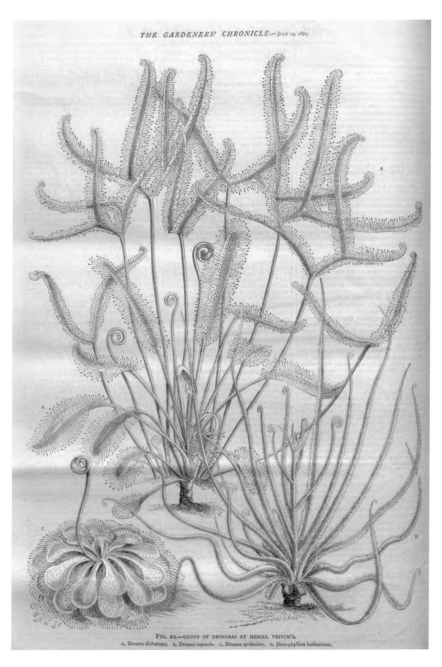

FIG. 23.—GROUP OF DROSERAS AT MESSRS. VEITCH'S.

A, Drosera dichotoma. B, Drosera capensis. C, Drosera spathulata. D, Drosophyllum lusitanicum.

워딩턴 조지 스미스는 오랫동안 인기를 끈 《가드너
의 연대기》에 실릴 이미지를 그렸다.

떠났다. 노스의 어머니는 죽기 전 딸에게 아버지 곁을 떠나지 말 것을 약속하라고 했다. 아버지 프레데릭은 앳킨스의 아버지 존 조지 칠드런이 그랬듯, 딸이 미술과 과학에 대한 지식을 습득하고 흥미를 가지도록 잘 이끌어 주었다. 이후 아버지는 딸에게 당대 최고로 유명했던 과학자들도 소개해 주는데, 이들은 노스의 식물 그림을 전시하는 데 도움을 주게 된다. 노스의 아버지는 또한 딸에게 모험심을 길러 주기 위해 1847년부터 3년간 유럽 여행을 데리고 다녔다. 노스는 회상했다.

"우리 아버지는 종종 나에게 탐험을 시켰다. 어떤 날은 철길을 걷다가 숲으로 들어가기도 하고, 언덕과 계곡을 쏘다니다가 노루, 토끼, 여우를 본 적도 있었다. 유럽 전역에 혁명의 기운이 퍼지고 있었지만, 모든 것이 고요하고 평화로웠다."

노스는 아버지가 1869년 죽기 전까지 여행을 광범위하게 다녔다. 그녀는 말했다.

"근 40년 동안 아버지는 나의 동반자이자 친구였다."

"나는 이제 아버지 없이 사는 법을 배우고, 최선을 다해서 인생을 내 관심사로 채워 넣는 일을 해야 한다."

"나를 둘러싼 사랑스러운 세상에 대해 배우고, 자연을 그리는 일에 헌신하기로 마음먹었다."[5]

여행에서 돌아와서, 노스는 동료들과 친구들에게 그림을 전시할 공간을 수소문하고 있었다. 아버지를 통해 알게 된 노스의 지인 중에는 세계 식물 학계에서 가장 중요한 공간 중 하나인 큐 가든의 원장, 조세프 돌턴 후커Joseph Dalton Hooker가 포함되어 있었다. 후커는 노스가 일할 수 있는 공간을 큐 가든 안에 확보해 주고, 노스에게 소정의 대가를 받는 것에 동의했다. 노스가 작업을 시작하면서 그 공간의 벽, 바닥, 천장까지 자연을 배경으로 하는 전 세계의 식물 세밀화가 가득 찼다. 큐 가든에서 아직 '노스 갤러리'라고 불리는 이 부분은 앳킨스의 청사진이나 《가드너의 연대기》 속 스미스의 그림을 감상하는 것과는 완전히 다른 경험을 선사한다. 이 갤러리는 정확히 노스가 원했던 것 그대로이다. 생동감 있는 색채로 가득 찬 지구 곳곳에 있는 식물 이미지로 압도적인 시각적 향연을 만들어 낸 것이다. 노스의 그림은 과학적으로, 식물 분류학에 따라 나뉜 것이 아니라, 지리적 위치에 따라 나뉘어 전시되었다. 당시 식물도감이나 그림이 가진 형식에서 벗어났기 때문에 노스의 그림은 많은 식물학자들에게서 평가절하당했다. 하지만 우리는 노스의 그림을 감상하는 사람들이 더 큰 질문 거리를 찾게 된다는 것을 알 수 있다. 그림의 식물이 어디서 자랐고, 어떤 동물이나 곤충이 그 주변에 있으며, 인간은 이것을 재배해서 어떻게 사용하는지에 대한 질문들이다. 노스의 그림은 식물이 표본이 아니라, 생태계의 살아 있는 일원인 것이다.

19세기에는 새로운 식물이나 꽃을 찾는 것이 식물학 연구나 큐레이션의 시작점이었다. 결국, 자연사학자는 손으로 만든 식물의 이미지를 교환하고, 세상에 알리고, 평가하는 커뮤니티의 일원이었다. 이 이미지들이 동일한 의미나 목적을 가진 것은 아니었지만, 공통점이 있는데, 공동체에 참여해서 이미지를 통해 지식을 공유하는 것의 중요성을 보여 준다는 점이다. 이것은 분명 이 그림을 보는 이라면 누구나 공감할 기쁨이고, 수많은 세대가 흐른 지금에도 유효하다.

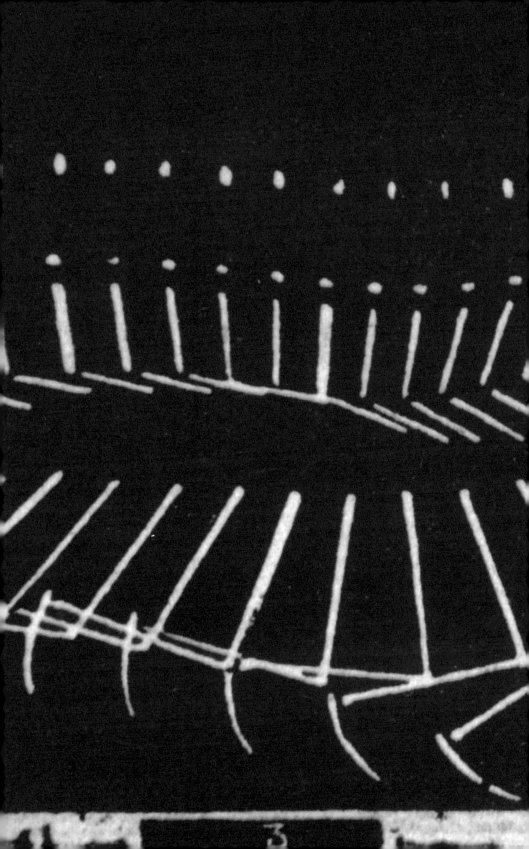

3

The Age of Enthusiasm

열 정 의   시 대

관측 도구와 기술의 발전으로 새로운 형태의 진실을 알게 되고, 전에 보지 못한 현상을 규명해 냈다. 이 시기는 새로운 소비품이 등장하고 사회적 변화가 일어난 시기이기도 하다. 하지만 이런 도구들로 인해 관측자가 관측이라는 행위로부터 분리되기 시작한 때라고도 볼 수 있다. 시간을 포착하고, 인간의 효율성에 대해 초점을 맞추며, 나아가 과학과 기술에 대한 매료와 부정이 동시에 나타나기도 하는 시대였다.

1 8 5 0 – 1 9 4 0

7. CHAPTER

달에 닿다

사진술의 진실

두려울 정도로 장엄한 달의 경치보다
인간의 마음을 영광스럽게 충족시켜 주
고, 사색에 잠기게 하는 것은 없을 것이
다. 이것은 그저 엉뚱한 공상을 하는 사
치가 아니라, 이성의 가장 적절한 실행
이자, 상상력이 가진 가장 정당한 힘이
다.[1]

제임스 나스미스(James Nasmyth), 1853

증기 망치를 발명해 막대한 부를 거머쥐었던 제임스 나스미스는, 시대의 상징과도 같았던 하이드 파크에서 열린 1851년의 세계 박람회에서 상을 하나 받았다. 증기 망치를 발명한 공로가 아닌, 6제곱피트의 거대한 달 그림에 대한 상이었다.

나스미스는 엔지니어였고 천문학은 취미로만 공부했지만, 열정이 없는 것은 아니었다. 나스미스는 화가이자 사진가이기도 했다. 이 모든 기술을 이용해, 1874년 나스미스는 달 이미지 스물한 장이 수록된《달: 행성, 세계, 위성으로 고려해 보다The Moon: Cnsidered as a Planet, World, and a Satellite》를 출판한다. 달의 분화구나 산이 나온 이미지는 대부분이 사진이었다. 이 책의 독자는 나스미스가 달의 표면에 서서 지구가 하늘에 걸린 어두운 하늘을 바라보는 장면을 상상할 수 있을 만큼 생생한 이미지를 볼 수 있었다.

계몽주의의 세기부터, 물리적 세계를 면밀히 관찰함으로써 도덕적 진실을 발견해 낼 수 있다는 강한 믿음이 있었고, 이것은 '자연에 가까운 것, 혹은 사실주의'에 대한 본질적인 가치를 부여했다. 사람들은 사진보다 더 진실되고, 더 충실하며, 인간의 편견이 묻지 않은 것이 어디 있겠냐고 주장했다. 사진술이 과학에 관찰자의 눈을 달아주는 듯했다.

과연 그럴까. 나스미스가 제작한 달의 이미지를 보면 사진이든,

그림이든, 그가 달을 재현한 것이 얼마나 객관적인 것인지에 대한 의문이 들 수 있다. 그의 작품을 보면 마치 관찰자가 그림 속에 있는 듯한 느낌이 드는데, 이 이미지를 생산하는 데 있어 가장 중요한 것은 나스미스의 기술이었다. 이 이미지는 얼마나 사실과 부합할까? 새로운 시각적 구현 기술이 과학자와 관찰자로 하여금 과학과 예술에 대한 관계, 그리고 진실과 미적 판단 기준의 관계에 대한 질문을 던지게 한 그 시기, 나스미스의 달이 나타났다.

예술가이자 엔지니어

1883년에 나온 나스미스의 자서전에서 '맨눈과 맨손이 견실한 기계 공학을 가르치기 위한 근본적인 입구이다'는 격언을 마음속에 깊이 새기고 있다고 한 바 있다.[2] 보고 만드는 것의 중요성을 강조한 것이다. 나스미스는 언제나 화가이자 엔지니어였고, 가족의 분위기도 학제적이었다. 아버지 알렉산더 나스미스Alexander Nasmyth는 풍경화가였으면서도 에든버러의 집에 작업장을 마련해 놓았던 아마추어 엔지니어로 현악기를 받치는 기러기발을 1794년에, 압축 리벳을 1816년에 발명했다. 알렉산더 나스미스는 자녀들의 미술 교육에 신경을 썼다. 살아남은 열한 명의 자녀 중, 장남인 패트릭Patrick과 여섯 명의 딸이 화가가 되어 아버지의 뒤를 따랐다. 알렉산더 나스미스가 미술을 가르친 방식은 전통적인 교육법과는 거리가 멀었다. 학생들이 재빨리 움직이는 물체의 윤곽,

그림자, 형태를 포착하는 방법을 가르치기 위해 학생들의 눈앞에서 벽돌이나 나뭇조각을 던지는 식이었다. 제임스 나스미스는 말로 하는 것보다 훨씬 많은 것을 전달할 수 있는 '생생한 언어graphic language'라고 아버지가 부르던 기술을 빨리 습득했다.

부친이 사업을 하던 두 명의 학교 친구와 같이 다니면서, 제임스 나스미스는 화학과 엔지니어링을 산업 현장에서 직접 목격할 기회를 얻었다. 나스미스는 아버지의 작업장에 가서 소형 중기 엔진을 만들기 시작했고, 심지어 팔 수도 있었다. 그 돈으로 이미 수학과 화학을 공부하고 있던 에든버러 대학에서 드로잉 수업을 들었다. 나스미스가 열아홉이 되던 해, 스코틀랜드 예술 협회Scottish Society of Arts로부터 여덟 명을 수용할 수 있는 중기 마차를 제작해 달라는 의뢰를 받게 된다. 이 마차는 1827년에서 1828년 사이에 에든버러 도로에서 시험 운행을 성공적으로 마친다. 1829년 나스미스는 런던으로 이사해 램버스Lambeth에 있던 헨리 모슬레이Henry Maudslay의 작업장에서 조수로 취업했다. 모슬레이는 당시 영국에서 가장 유명한 도구 제작 엔지니어였다. 2년 후 모슬레이가 죽을 때쯤, 제임스는 스코틀랜드로 돌아가 자신만의 사업을 구상할 준비가 되어 있었다.

그 후 2년 동안 나스미스는 필요한 도구를 모두 제작할 수 있었고, 1834년에는 형 조지George를 포함한 기업가들의 지원을 받아 맨체스터에서 처음 사업을 시작했다. 1836년에는 맨체스터 외곽의 패트리크로프트Patricroft에 땅을 임대할 수 있을 만큼 사업은 성공적이었다. 1839년에는 가장 유명한 발명품인 증기 망치를 만들어 1842년에 특허 출원을 한다. 나스미스는 증기 망치를 계속 개선해서 1856년에는 48세의 나이에 어마어마한 부를 축적하여 은퇴하고, 켄트Kent에 살면서 천문학에 집중한다. 켄트주 펜허스트Penhurst에 집을 구입해 해머필드Hammerfield라고 이름을 붙인 후, 이곳에서 자신만의 망원경, 20인치짜리 천문 거울을 비롯한 장비를 통해 망원경으로 관측하는 사람이 앉아만 있어도 오랜 시간 동안 움직이는 별을 따라갈 수 있는 턴테이블을 만들었다.

밤하늘 관측

나스미스는 1843년 대혜성 때문에 처음 하늘에 관심을 가졌지만, 그의 진정한 관심사는 달이었다. 매일 밤 달을 관측하면서 꼼꼼하고 아름다운 드로잉을 남겼는데, 자서전에도 이것에 대한 설명을 남겼다.

나는 회색 종이에 달 표면에서 가장 특징적인 부분을 선택해서 조심스럽게 검은색과 흰색 분필로 달 그림을 그린다. 나는 생생하게 형태나 빛과 그림자에 의한 놀라운 효과까지 충실히 그릴 수 있었다. 나는 내 눈을 교육시켰고, 시간이 나의 손을 훈련시켰다.[3]

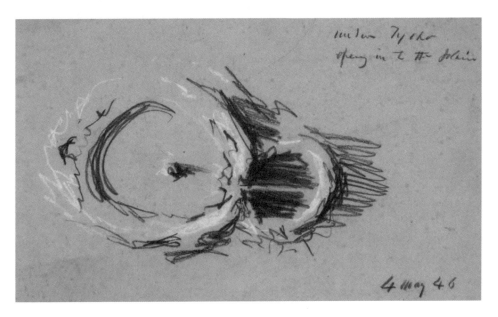

나스미스는 매일 달을 관측했고, 다양한 각도에서
달 표면의 특징을 잡아 끊임없이 드로잉을 했다.

　　두 세기 전 갈릴레오 갈릴레이가 달의 그림자를 관측하다가 달에
지형이 있다는 사실을 깨달은 것처럼, 나스미스는 달을 보는 데 있
어 달빛과 그림자를 관측하는 것이 시작과 끝임을 깨달았다. 그는
빌헬름 비어Wilhelm Beer와 요한 하인리히 마들러Johan Heinrich Mädler가
1837년에 제작한 최신 달 지도를 참고했지만, 이 지도에 있는 선들
을 가지고 3차원적으로 망원경을 통해 보이는 그림자 진 물체를 이
해하기는 힘들었다. 나스미스는 달 표면 전체가 빛을 받을 때 보는
것처럼 산과 분화구를 강조하였다. 결과물은 놀라웠고, 세계 박람회
에서 나스미스에게 상을 안겨 주었다. 박람회에 전시된 그림을 본
관람객들은 이미지의 새로움에만 놀란 것이 아니라, 정확성과 예술

　　　　　CHAPTER 7. 달에 닿다-사진술의 진실

적 스타일에도 감탄했다는 언론 보도가 있었다.[4] 앨버트 공은 나스미스에게 박람회가 끝나면 빅토리아 여왕에게 그림을 보여 드리라는 부탁을 했다.

1874년에 달 사진을 처음 출판할 때쯤엔 나스미스는 이미 수많은 훌륭한 달 이미지를 제작해 놓은 터였다. 그림을 다시 사진으로 재생산한 이미지는 선으로 그려진 지도 반대편에 놓아 독자로 하여금 달 표면의 그림자가 진 부분과 빛나는 부분의 특징을 식별할 수 있도록 했다. 그는 자신의 책에 매우 색다르고, 획기적인 사진 건판 이미지를 실었다. 달 표면의 세부적인 사항까지 볼 수 있는 클로즈업 이미지를 실었던 것이다. 이것은 천문 사진 분야에서 전례 없던 일이었고, 독자들은 바위와 구덩이로 가득한 달 표면의 실체를 현실적으로 볼 수 있었다.

당대 과학자들과 예술가들은 모두 나스미스가 제작한 이미지가 모두 탁월하면서도 사실적이라며 찬사를 보냈다. 천문학자 노먼 로키어Norman Lokeyer는 '그런 사실성을 보장하기 위해 어마어마한 공을 들였을 것이고, 이런 공을 들인 사람은 처음일 수도 있다'라고 1869년 창간된 네이처지誌의 서평란에 썼다.

"이 책에 담긴 그림은 그저 감탄을 불러일으킬 뿐이다. 천체의 현상을 일반적으로 알아보는 사람들을 뛰어넘는 이 책의 저자는 가장 먼저 천체를 나타내려고 했다. 그가 독자 앞에 내놓은 자연 대상을 이미지는 여태껏 과학을 연구한 사람이 보여 준 적 없는 충격적이고 사실적인 것이다."[5]

이러한 찬사는 당대 최고의 천문학자 중 한 명으로부터 나온 것이었다. 예술가도 큰 충격을 받았다. 왕립 아카데미의 회원이었던 필립 H. 칼데론Philip H. Calderon은 나스미스에게 열정이 가득한 편지를 보냈다:

나는 달에 올라가 본 적이 있습니다. … 여기에 몇 자를 쓰고 나는 달에 다시 올라가 볼 것입니다. … 그 사진들을 보면 숨이 멎을 것 같습니다. … 예술가만이 귀하가 하신 적 있는 눈과 손을 훈련시키는 이야기를 할 수 있을 것입니다. 제가 그 이야기를 들었을 때 얼마나 뼛속 깊이 공감했는지 이해하실 것입니다.[6]

칼데론은 "어떻게 귀하가 그렇게 하셨는지 이해하지 못했지만, 어떻게 드로잉을 바탕으로 모형을 제작했는지 설명하시는 부분에서는 감탄이 존경으로 바뀌었습니다."라고 덧붙였다.[7] 실제로 나스미스는 모형을 만들었다. 세밀한 드로잉을 바탕으로 달 분화구 석고 모형을 만들었다. 그다음엔 모형의 바깥쪽을 밝은 빛 아래에 두고 사진을 찍어 그림자를 만들었다. 나스미스는 서문에서 이렇게 설명했다.

나는 드로잉을 계속 반복해서 그리고, 고치고, 실제 대상과 비교했다. 따라서 눈의 정확도가 높아지고, 아무리 세밀한 부분에 대해서도 알아보는 힘이 생겼다. 그러는 동안 손은 부지런히 연습을 통해 내가 보고 있는 대상을 정확히 재현해 내는 기술을 익혔다. 이 책에 실린 일러스트레이션은 원래의 대상을 절대적인 진정성을 보이도록 최대한 노력한 결과물이다. 드로잉을 모형으로 만들면서 빛과 그림자가 달의 모습에 비치는 효과를 만들어 낼 수 있다는 아이디어가 떠올랐고, 모형을 사진으로 그렇게 찍었다. 우리는 달의 가장 진실된 재현물을 만들어야 했다.[8]

달 모형들은 여러 날 밤에, 여러 다른 시각에 관찰된 특징을 반영하여 만들어져서 형태와 그림자를 비교할 수 있었다. 나아가 나스미스는 나폴리 근처 산과 경치를 그의 드로잉과 모형을 비교하여 달 모형과 드로잉에 어떻게 달의 특징이 반영되었는지 설명했다. 이것은 달도 지구와 같은 지질학적 과정을 거쳤다는 인식을 보여 주는 것이다.

석고는 이 시기에 사용할 수 있던 매우 유용한 재료였다. 저렴하고, 쉽게 구할 수 있고, 모형을 만들기도 유용하고, 대상물의 틀을 만들어 복제하기도 편리했다. 이 접근법은 아버지 알렉산더 나스미스가 풍경 스케치를 한 후, 몇 년 후 그 스케치를 바탕으로 하는 풍경화에 가이드로 삼을 석고 모형을 만들었던 것에서 따온 것이었다.

당시 석고는 유명한 조각을 연구하기 위한 표준적인 도구였다. 당연히 거의 모든 학생들과 예술가가 되려는 누구나 고전 조각 작품의 석고 복제품을 놓고 그림을 그렸다. 대성공을 거둔 런던 세계 박람회를 계기로 1860년대 사우스 켄싱턴 박물관South Kensington Museum(빅토리아 알버트Victoria & Albert Museum과 과학박물관Science Museum의 전신)이 세워졌다. 초대 사우스 켄싱턴 박물관장이었던 헨리 콜Henry Cole은 유명한 예술작품의 복제품을 전 세계 박물관 곳곳에 전시하여 모두가 볼 수 있어야 한다고 믿었다. 그래서 지금 빅토리아 앤 알버트 박물관의 석고 모형 전시실cast courts가 탄생했다. '정확한 복제품'으로서의 석고 모형은 마치 진정한 객관적 재현을 하는, 사진과 같은 역할을 부여받은 것이었다.

나스미스 책에 있는 사진은 '우드버리타입Woodburytypes'이라 불리는 사진 제판 기술을 사용한 것이었다. 이 기술은 색의 깊이를 표현해 내는 데 탁월했고, 탄소 기반의 잉크를 사용하여 표준적인 산업 인쇄 공정을 통해 찍어 낼 수 있는 이미지를 만들 수 있었다. 나스미스는 1840년대부터 달 표면의 모형을 만들고 사진을 찍었지만, 1870년대가 되어서야 사진 인쇄술이 그가 원하는 이미지를 제대로 구현해 낼 수 있을 만큼 충분히 발전되었다고 느꼈다. 그가 사진 기술의 발전을 계속 주시한 이유 중 하나였다. 또한 사진술은 그가 강조했던 시각적, 수공적 기술이 결합한 기술이었기에 관심을 기울일 수밖에 없었다. 그는 자서전에서 다음과 같이 썼다.

과정도 흥미롭고 결과도 눈부시게 아름다운 사진술은 내가 가장 매력을 느끼고 전념하게 된 분야이다. 이 기술은 눈에는 예술적 느낌을, 손에는 미묘한 작업을 하도록 훈련시키는 훌륭한 도구이다.[9]

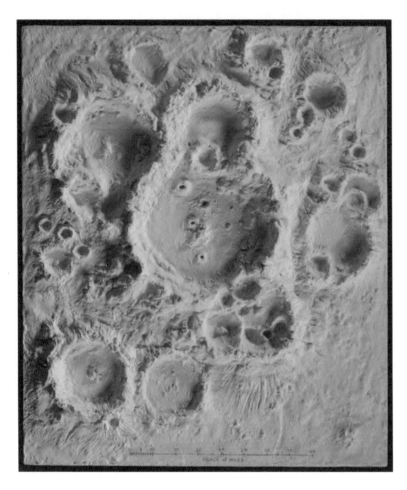

나스미스는 드로잉을 바탕으로 석고로 달 표면 모형을 만들었다. 여기서 그는 베수비오스 산과 달 분화구의 크기를 비교하고 있다.

나스미스의 책에서는 우드버리타입 기술 이외 다른 제판 기술을 쓴 이미지도 썼다. 어떤 것은 초기 복제 기술인 '헬리오타입heliotype' 기술을 썼고, 드로잉 중에는 석판 인쇄술이나 다색 석판술을 쓴 이미지도 있었다. 어쩌면 나스미스는 어떤 방법이 달의 표면을 재현하는 데 가장 적합한지 실험을 했던 것일 수도 있다. 나스미스의 책 초판본은 빠른 시일 내에 매진되어 2쇄가 같은 해에 나왔다. 3쇄는 1885년에 나왔고, 모든 이미지가 우드베리타입 기술을 쓴 것으로 바뀌었다.

나스미스가 조심스럽게, 복잡한 방식으로 이미지를 제작하여 출판한 《달》은 과학을 시각화하는 역사에서 중요한 변환점이었고, 사실을 재현한다는 것이 어디까지를 의미하는지에 대한 근본적인 질문을 던졌다. 19세기 사진술의 발명은 시각적 재현이 가져야 할 객관성에 대한 과학자들의 의지를 고무시켰다. 사진은 관찰자의 해석이나 상상이 개입할 여지가 없이 객관적으로 현상을 나타냈다. 하지만 나스미스의 사진은 실제처럼 보였고, 바로 그 때문에 로키어의 찬사를 받았다. 그러나 사진 제작의 전 과정에 나스미스가 개입했다. 또한 드로잉과 그림을 바탕으로 한 모형 자체도 망원경으로 관측한 것을 해석한 결과물이었다. 이 모든 과정은 과학적 정확성을 숭고미가 있는 풍경화의 전통에 녹여 내려는 시도였는데, 오늘날 관점으로 보면 이미 오래된 전통이 된 예술가의 인상impression을 작품에 반영시키는 시작점이었다고 할 것이다.

PLATE XXI.

NORMAL LUNAR CRATER.

강렬히 들어오는 햇빛 속에 놓인 채로 사진에 찍힌 모형은 달
표면의 이미지를 설득력 있게 창조해 냈다.

지구를 상상하다

천문학적 상상의 전통은 책《달》의 마지막에 잘 나타나고 있다. 책의 마지막 3개의 건판은 달의 표면을 향한 것이 아니라, 달의 표면에서 위를 바라본 것이다. 마치 관찰자가 달에 서서 지구를 바라보는 것 같은 장면이다. 나스미스는 두 챕터를 이 부분에 할애하면서 지구와 달의 관계를 설명했다. 그는 척박한 달의 풍경과 푸르른 지구를 열정적으로 대비시키며 설명했다.

"달은 우리가 있는 환경과 완전히 다른 자연적 조건이 있는 세계를 가르쳐 주었다. 생명의 탄생에 필수적인 물과 공기가 없는 행성은 생명을 파괴하는 조건을 가진 곳이다.[10] … 달에서 보면 우리 지구의 바다는 (추론할 수 있듯) 창백하게 파랗고 녹색인 빛깔로 보일 것이고, 대륙은 알록달록해 보일 것이다. … 영구적인 표식들도 지구를 감싸고 있는 흰색의 구름 띠로 여러 가지 변형된 모습으로 보일 것이다."[11]

인간이 당연히 여기는, 자원이 있는 지구는 취약하면서도 섬세한 행성으로 묘사된다. 마지막 다색 석판화는 달의 표면에 서서 식eclipse 현상이 일어날 때 지구를 바라보는 장면을 상상한 것이다. 어두운 원의 가장자리에는 태양의 빛이 새어 나오고 있다. 이 판화의 톤은 공상 과학물에 흔히 차용된다.

이 모든 것이 아폴로 8호의 조종사 윌리엄 앤더스William Anders가 1968년 달 궤도에서 분화구로 가득한 달 위의 어두운 하늘 위로 걸

나스미스는 달 표면에 서서 지구를 바라보는 상상을 했다.
이 작품은 후대 공상 과학 작가와 예술가에게 큰 영감을 줬다.

려 있는 지구를 보았을 때의 첫 반응과 비슷하다. 앤더스는 이후에
이렇게 묘사했다.

> 지구가 삭막한 달의 수평선을 치고 올라온다. 우리가 볼 수 있
> 는 유일한 색은 지구의 색뿐이었다. 취약하면서도, 섬세한 모습
> 의 지구 말이다. 나는 곧 우리가 달까지 와서 보고 있는 가장 특
> 별한 것이 지구라는 생각에 압도되었다.[12]

이 이미지는 이제 지구돋이Earthrise라고 불리는데 현대에 알려진
가장 유명한 이미지 중 하나일 것이다. 하지만 나스미스의 달 관측
이 그랬듯이, 지구돋이도 사실 보이는 것과 조금 다르다. 사진은 원
래 표준 경관에서 직각으로 찍힌 것이었고, 따라서 달의 표면이 지
구와 직각으로 위치하게 된다. 사진을 시계 방향으로 돌려야만 지구
에서 달이 뜨는 모습을 상기시킬 수 있다. 이 구도는 우주 비행사가
목도한 모습과 정확히 같지는 않다.

우리 모두에게 있어 달과 지구에 대한 경험은 복잡한 기술을 이
용하여야만, 그리고 인간이 선택한 재현 방식에 따라서만 비로소 시
각화될 수 있다는 사실을 지구돋이는 보여 준다. 물리적 거리만큼이
나 상상력의 거리가 존재하기 때문에, 지구에 있는 우리가 달을 경
험하면서 경이로움을 계속 느낄 수 있는 것인지도 모르겠다.

윌리엄 앤더스는 달 궤도를 돌면서 놀라운 사진을 찍었다. '지구돋이'라고
불리는 이 사진은 보통 회전된 상태로 소개된다.

8.

전시를 위한 염색

다양성과 활력

풍성하지만 순수하고 모든 것에 적절
하다. 부채, 슬리퍼, 가운, 리본, 손수건,
타이, 장갑 무엇이든 상관없다. 숙녀의
눈에 부드럽고 영원한 황혼 같은 빛이
더해진다. 어떤 형태든 찾아서 그녀의
볼 주변을 맴돌고, 달라붙어 바람이 불
면 그녀의 입술로 옮겨 가고, 그녀의 발
에 키스하고, 귀에 속삭일 것이다. 오 퍼
킨스의 보라색, 너는 운 좋은 색이로구
나.[1]

찰스 디킨스, 1859

19세기 중반이 되면, 산업 국가로서의 영국의 명성이 절정에 이른다. 산업혁명을 시작한 최초의 국가로서 선도자의 이득을 누렸고, 이후 산업계 전반에서 우위를 차지할 수 있었다. 특히, 기계를 이용해 면직과 모직을 직조하게 되면서 섬유 생산은 완전히 변모했고, 산업적 우위도 커졌다. 한때 가내 수공업이었던 섬유업은 수백 명의 노동자를 고용하여 공장을 가동시키는 산업으로 성장했다. 18세기에는 영국의 면화 수입이 18배나 늘게 되는데, 대부분이 미국이나 서인도제도에서 들여온 것이었다. 일단 수입품은 리버풀에 도착해서 섬유업의 중심지인 맨체스터로 옮겨지고, 이웃 도시로 다시 보내져 염소나 표백분으로 표백 처리가 되고, 그 후 염색이 되어 옷감으로 완성됐다.

당시 염료는 대부분 식물이나 이끼 추출물이었다. 가장 중요한 염료 중 하나는 인도 플랜테이션에서 재배하던 낭아초indigofera에서 뽑아낸 남색indigo이었고, 다른 하나는 연지색madder red으로, 네덜란드와 프랑스에서 자라는 꼭두서니madder plant의 뿌리로 만든 색이었다. 이런 염료는 강렬한 색상도 중요했지만, 햇빛에 색이 빨리 바래는 것이면 안 됐다. 섬유 산업이 급속도로 성장하면서, 섬유에 대한 대중의 수요도 같이 증가했고, 섬유업자들은 언제나 새로운 염료를 찾고 있었다.

이들은 마침 꽃피고 있던 화학에 눈을 돌렸다. 화학자들은 식물에 함유된 물질을 연구하고 약용 물질을 찾아냈는데, 아편 양귀비에선 모르핀을, 커피에서는 카페인을 찾는 식이었다. 이러한 혼합물들은 알칼로이드alkaloid 라고 불리는 물질 군에 속하는데, 독일의 화학자 유스투스 폰 리비히Justus von Liebig가 개발한 분석 기법으로 밝혀낸 것으로, 탄소, 수소, 질소를 포함하는 것들이다.

리비히의 학생 중 한 명이었던, 아우구스트 폰 호프만August Wilhelm von Hofmann은 콜타르에 들어 있는 화합물을 밝혀내는 일을 맡았다. 콜타르는 끈적한 검은 물질로, 석탄 등을 건류할 때 얻어지는 물질이다. 호프만은 콜타르에서 추출된 한 가지 물질에 아닐린aniline이라는 이름을 붙이고 특성에 대해 연구를 시작했다.

런던 왕립 화학대학교Royal College of Chemistry의 첫 학장이 되었을 즈음, 호프만은 아닐린을 이용해 말라리아 약으로 쓸 수 있다고 알려진 알칼로이드 퀴닌을 만들 수 있을지 궁금했다. 인도나 다른 열대 식민지에서 말라리아 약으로 쓰이던 퀴닌에 대한 수요가 매우 높았지만, 기나나무cinchona tree 껍질에서 추출해야 했으므로 생산에 한계가 있었다. 따라서 인공적인 원천이 있다면 그 가치가 어마어마할 것이었다. 리비히의 분석 방법은 아닐린에서 추출한 화합물인 알릴 톨루이딘allyl toluidine으로부터 퀴닌을 만들 수 있음을 제시했다. 1856년 호프만은 그의 학생이었던 열여덟 살의 윌리엄 퍼킨William Perkin에게 그 일을 맡겨 보았다. 부활절 방학 동안 퍼킨은 런던 동부의 세드웰Shadwell에 있는 부모님 집에서 임시로 실험실을 급조하여 도전했다.

색 실험

        하지만 결국 퍼킨은 실패했다. 퍼킨이 얻은 것은 도무지 가치라고는 찾을 수 없는 붉은 침전물이 전부였다. 하지만 퍼킨은 포기하지 않고, 아닐린으로 동일한 실험을 진행해 보았다. 폐기물이 더 나왔다. 하지만 이번에 나온 침전물은 검은색이었다.

    퍼킨은 이렇게 나오는 침전물을 곧바로 버리지 않았다. 퍼킨은 이것을 건조시킨 뒤, 분말로 만들어 성분을 분석했다. 변성 알코올로 분리시켰을 때, 파우더에서 짙은 보라색 용액이 나왔다.

    퍼킨은 몰랐지만, 동일한 실험을 1834년에 독일 화학자 프리들리프 페르디난트 룽게Friedlieb Ferdinand Runge가 한 적이 있었던 것 같다. 그렇다면, 룽게는 이 실험의 결과물로 한 단계 더 나아가는 것에는 실패한 것이다. 퍼킨은 이 보라색이 섬유 산업에서는 가치를 가질 수 있다는 것을 깨달았다. 퍼킨은 흰색 실크 천을 이 용액에 담가 보았고, 천에 보랏빛 물이 든 것을 확인했다. 이제 퍼킨은 전문가의 의견이 필요했다. 보라색으로 물든 실크 천을 스코틀랜드 퍼스Perth에 있는 염색 업체 풀라스Pullars에 보냈다. 풀라스 관계자들은 깊은 인상을 받고서 퍼킨에게 답장을 썼다. 이 염료가 충분히 저렴한 가격에 생산될 수만 있다면, 시장이 존재한다고.

이 물질을 저렴하게 생산할 수 있는 것인지를 알아보기 위해 퍼킨은 색다르고 용감한 시도를 한다. 이 시대 학계에 있는 과학자들에게는 동료 과학자의 인정이 중요한 것이지, 연구 성과가 얼마나 상업적으로 매력 있는지 따져 보는 것은 상스러운 일이었다. 호프만은 퍼킨스가 왕립 대학을 그만두고 염료 제작 사업에 뛰어드는 것을 좋게 보지 않았다. 어쩌면 호프만은 또 다른 자신의 학생이었던 찰스 맨스필드Charles Mansfield가 한 해 전에 콜타르에서 벤젠을 추출하는 기법을 상업화하려던 과정에서 크게 화상을 입은 것을 잊지 않았던 것일 수도 있다.

퍼킨은 아마 그의 아버지 조지George의 사업 수완에서 자신감을 얻었던 것 같다. 조지 퍼킨은 목수로 출발해서 보트 건조인이 됐고, 런던 인구가 1815년 백만 명에서 1860년 3백만 명으로 폭발적으로 증가할 때 가옥 건축 목수로 일하면서 돈을 벌었다. 조지 퍼킨은 사업 경험이 풍부했을 뿐 아니라, 공장을 세워 보라색 아닐린 염료를 만들 자금도 충분히 있었다. 거기에 더해, 아들이 섬유 산업에 뛰어드는 것에 대한 어떤 편견도 없었다.

후에 윌리엄의 형인 토머스가 합류하여 '퍼킨 앤 선스Perkin and Sons'를 설립한다. 공장의 배출물과 악취로 인한 문제를 피하기 위해 인구 밀집 지역에서 약간 떨어진 곳에 부지를 찾았다. 공장에 콜타르와 질산을 대규모로 들여와야 했기 때문에 운송 문제도 중요했다. 퍼킨 형제가 결국 찾은 곳은 런던 서쪽 끝의 해로우Harrow 근처 그린

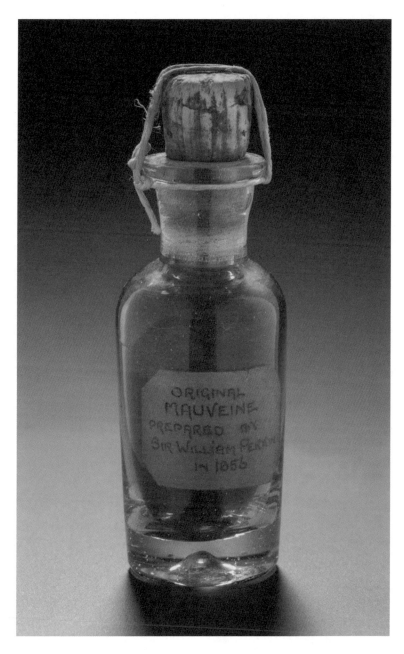

이 모브색(mauveine) 염료 샘플은 윌리엄 헨리 퍼킨
이 준비한 것이다.

그린포드(Greenford)에 위치한 퍼킨의 공장은 대량의 콜타르와 질산을 들여와야 했기 때문에 잘 연계된 운송선이 필요했다.

포드 그린Greenford Green이었고, 그 지역 선술집 여주인에게서 부지를 매입했다. 부지 문제가 해결되고 나자 염료의 원재료, 특히 아닐린을 저가에 필요한 양을 확보하는 문제가 가장 중요한 이슈로 떠올랐다. 아닐린 자체는 콜타르에 들어 있긴 하지만 함유량이 적었다. 퍼킨은 질산과 황산 반응을 이용하고 한 가지 공정을 더하면 벤젠에서 아닐린을 만들어 낼 수 있다는 것을 알아냈다. 퍼킨 전에는 여러 단계의 화학 공정을 거쳐서 산업용 화학물질을 생산해 낸 이가 없었다. 퍼킨은 이 공정을 정착시키는 데 성공했고, 1859년 공장에서 대량으로 아닐린을 이용해 보라색 염료를 생산하기 시작한다.

색상의 정치학

이제 퍼킨은 기억하기 쉬운 상표명이 필요했다. 보라색purple은 오랫동안 부와 권력을 나타내는 색이었다. 고대 로마시대에 지중해 조개에서 추출한 천연 염료로 만든 티리안 퍼플Tyrian purple은 원로원의 구성원이나 황제의 예복에 쓰이던 색이었다. 퍼킨은 이런 높은 신분과 연결된 티리안 퍼플의 이름을 그대로 쓰려고 처음엔 생각했다가, 자신의 시대에는 고대 로마 역사보다 프랑스의 오트 쿠튀르haute couture가 더 세련된 느낌을 준다는 것을 깨달았다. 나폴레옹 3세의 부인이었던 유제니 황후Empress Eugénie는 당대 최고의 패션 아이콘이었고, 보라색을 좋아했다. 1850년대 중반 즈음, 유제니 황후는 이끼 추출물로 만든 보라 염료를 유행시

유제니 황후와 빅토리아 여왕이 모브색을 유행시킨 후,
사진과 같은 색상의 재킷과 스커트가 생산되었다.

킨 적이 있고, 바닷새의 배설물인 구아노에서 추출한 무렉시드 염료
도 널리 알리기도 했었다. 유제니 황후는 1858년 퍼킨이 개발한 새
로운 보라색을 열정적으로 받아들였다. 퍼킨은 이 색깔에 프랑스어
이름을 붙이기로 하고 아욱꽃을 뜻하는 '모브mauve'라고 불렀다. 퍼
킨의 모브처럼 강렬한 색상은 당시 여성들이 치마를 부풀어 보이게
하려고 속치마 아래에 넣은 새장같이 생긴 크리놀린 때문에 겉에 두
른 천의 색이 눈에 확 들어오는 효과가 있었다. 빅토리아 여왕도 퍼
킨이 모브색으로 염색한 실크 한 필을 보고서는 새 염료에 대한 칙
허를 내렸다. 모브는 말 그대로 1850년대와 1860년대를 대표하는
색상이 되었고, 1859년에는 이런 풍자글도 등장했다.[2]

"홍역이 다 그렇듯, 모브에 대한 욕심도 전염성이 있는 것 같다.

모브에 열 올리는 다른 집 부인들에 대해서 이야기를 하다 보면 모든 가족이 한 주가 지나기 전에 이 열병에 걸린다."

야하고 요란한 색

당대의 미술 비평가들은 밝고 강렬한 모브색을 좋아하지 않았다. 박학다식했던 요한 볼프강 괴테는 1840년 그의 사후에 출판된 책에서 "화려하고 요란한 색은 야만적인 국가나 못 배운 어른이나 애들이나 좋아한다."고 했다.[3] 진정한 미술 애호가들은 미묘한 색을 찾았다. 프랑스 지성인이자 스스로를 세련된 취향의 결정자라고 불렀던 이폴리트 텐Hippolyte Taine은 1860년대 하이드 파크를 걷고 있던 영국 여성이 입은 옷의 색깔이 말도 안 되게 조잡하다며 속물적이라 비판했다. 그는 한 부유한 영국 여성이 자랑스럽게 입고 있던 색의 조합을 비꼬면서, "보라색에 양귀비 같은 빨간색의 실크…… 잔디 같은 녹색의 드레스에 꽃을 들고 하늘색 스카프를 했다."라고 썼다.[4]

영국에서는 1860년대와 1870년에 디자인 분야의 개척자들이 등장했다. 선두에는 윌리엄 모리스William Morris와 존 러스킨John Rustkin이 있었는데, 이들은 새로운 색상이 생산되는 방식이 너무 산업적이라며 한탄했다. 이들은 공장에서 아닐린으로 만든 야한 색상의 염료와 퍼킨의 모브를 뒤따라 나온 다른 색상들이 비인간적이고 전통 예술

CHAPTER 8. 전시를 위한 염색-다양성과 활력

과 공예를 상업화한다고 생각했다. 이들이 생각하기에는 공장에서는 분업의 원칙을 따르기 때문에, 노동자들은 제품을 완성할 때 느끼는 만족감을 느낄 수 없다고 주장했다. 인공 재료를 사용하는 것도 자연과 환경으로부터의 유리를 더 강화시킨다고 했다. 러스킨은 특히 셰필드Sheffield 같은 도시의 산업현장에서 일하는 노동자 계급이 예술이나 아름다운 자연을 접할 기회를 만들고 싶어 했다.

모리스는 기업가였고, 꽃무늬 벽지와 디자인 섬유를 제작하는 회사로 이미 명성을 떨치고 있었다. 이런 상품 중 일부에는 독성을 가진 비소가 함유된 녹색 염료를 사용하고 있었다. 디자인에서 크고 튀는 색상의 해외의 이국적인 식물을 사용하는 대신, 모리스는 작은 영국 산울타리에서 볼 수 있는 식물을 모티프로 쓰길 좋아했다. '흉측하고 밝은' 합성염료는 주로 이국적인 꽃을 섬유 디자인에 넣을 때 사용되었는데, 모리스는 1882년에 이런 디자인이 "미를 파괴하고, 고대로부터 내려온 염색의 예술도 망친다."고 썼다.[5]

C. F. A. 보이세이Voysey는 큰 영향력을 떨치던 미술공예운동Arts and Crafts movement의 선두 디자이너였고, 진한 합성 연료를 사용하진 않았지만, 밝고 산뜻한 색의 조합을 썼다. 색을 조합할 때 늘 자연에서 영감을 받은 보이세이는 색조의 조화와 깨끗하고 단순한 선에 중점을 뒀다. 그는 '병적인 의기소침함에서 밝고 희망적인 명랑함으로 색의 느낌을 끌어올리는' 것을 목표로 했고, 이 목표는 20세기 디자인에서도 영향을 끼치고 있다.[6]

보이세이의 후기 디자인들은 최초의 섬유 직조 회사인 알렉산더 모튼 앤 컴퍼니Alexander Morton and Company에서 생산되었다. 알렉산더의 아들 제임스 모튼 경Sir James Morton과 그의 아내 베아트리스 에밀리 페이건Beatrice Emily Fagan은 둘 다 미술공예운동의 참여자였다. 제임스 모튼은 새로운 염료에 대해 경계했는데, 특히 런던의 리버티Liberty's 백화점의 진열장에 겨우 일주일 진열된 뒤 색이 바래는 것을 보고 충격을 받았다.[7] "새 염료는 색이 바래면 끔찍하게 시퍼런 색으로 변한다."라며 불평했다. 하지만 그의 말에도 일리는 있었다. 일부 아닐린 염료들은 내광성이 약했다. 모튼은 인도에서 공무원으로 일하고 있던 매형 패트릭 페이건Patrick Fagan에게 염색된 섬유를 보냈는데, 패트릭 페이건은 이 천들을 인도의 강렬한 햇볕 아래에서 가혹하게 테스트하여 색이 바래지 않는 조건을 찾아냈다. 모튼에게 있어서 염료의 내광성이 최우선 순위였고, 퍼킨의 모브 이후 앞다투어 염료 회사들이 새로운 색을 출시했지만, 모튼은 내광성 조건에 맞는 제한된 종류의 염료만 다루었다. 화학 염료가 자연 염료를 흉내 내기 시작하면서, 염료 제조업자들은 덜 야단스럽고, 덜 강렬한, 미술공예운동의 미적 감각과 정신을 반영하는 색상을 모색하기 시작했다.

과시 소비

잠깐이지만 퍼킨 앤 선스사 the 는 아닐린 염료에 대한 독점적 지위를 누렸고, 이 기간 동안 부를 쌓았다.

하지만 곧 이들은 경쟁에 노출된다. 1859년 섬유 산업의 도시 리용에 근거지를 두었던 프랑스 화학자 프랑수아 베르겡François Verguin은 보랏빛이 도는 붉은색 염료를 개발하고 푹신fuchsine이라 이름 붙였는데, 아마 퍼킨이 꽃 이름을 따서 이름을 짓는 것을 따라 한 듯하다. 같은 해 이탈리아의 마젠타에서 프랑스군이 오스트리아군을 물리치자, 베르겡은 애국심이 발동하여 이 염료를 전장의 이름으로 바꾸고, 유제니 황후에게 프랑스인이 만든 마젠타 색을 써 달라고 하는데, 물론 이것은 대중의 인기를 확보하기 위한 포석이었다. 얼마 지나지 않아 푸른색의 아닐린 염료가 프랑스와 영국 시장에 소개되었다.

아닐린 염료를 무시했던 아우구스트 호프만조차도 이제는 아닐린 염료를 연구하기 시작했고, 예전 학생에게 화학 물질을 요청하기도 했다. 사실 호프만도 푹신 염료를 만들긴 했으나, 정제해서 분리하는 데까지는 이르지 못했다. 하지만, 호프만은 1863년 아닐린 기반의 보라색 여러 종류를 만들어 내는 데 성공하고, 이것 또한 유제니 황후의 관심을 끌었다. 아닐린 모브는 상대적으로 비쌌지만 면직에는 잘 스며들지 않아 매력을 잃고 있던 참이었다.

1860년대를 통틀어 앞서 언급한 연지색과 남색은 자연 염료가 계속 사용됐다. 이 염료들이 살아남은 것은 저렴했기 때문이었다. 하지만 화학자들은 이제 이 색상들도 합성할 수 있을지 궁금해하기 시작했다. 보통 멀리 떨어진 땅에서 자라는 염료의 재료가 되는 식물의 수확량이 변동하는 데 따르는 위험을 줄일 수 있기 때문이었다. 이 색깔들은 한 가지나 두 가지 빛을 흡수하는 분자로부터 나오는 것이었는데, 화학자들에게는 이런 단순한 형태의 성분을 만드는 것이 어려웠다. 연지색의 경우, 알리자린alizarin이라는 화합물에서 나온 것이었다. 퍼킨은 1860년, 연지색 합성을 시도하는데, 다른 두 독일 화학자 카를 그레베Carl Graebe와 카를 리버만Carl Libermann이 베를린의 저명한 화학자 아돌프 폰 바이엘Adolf von Bayer 밑에서 알리자린을 만들었을 때 즈음 퍼킨도 성공한다. 그레베와 리버만은 염료제조업체인 '바디셰 아닐린 운트 소다파브릭Badische Anilin- und Sodafabrik', 즉, 바스프BASF에 고용된 화학자 하인리히 카로Heinrich Caro와도 협업했다.

합성 알리자린 염료의 핵심 분자는 콜타르에서 추출한 안트라센anthracene을 이용해 만들었다. 합성 알리자린 염료는 10년이 채 지나지 않아 자연산 연지색 염료를 대체해 버렸고, 꼭두서니 재배업을 완전히 무너뜨렸다. 하지만 이번엔 퍼킨이 수익을 가져가진 못했다. 알리자린은 성공적이었지만, 시장은 이제 경쟁적이었고, 퍼킨은 바스프 같은 회사들만큼 훈련된 과학자를 고용할 자신이 없었다. 영국에는 능력 있는 과학자가 별로 없었고, 독일에서 고용해 오는 것도 힘들었다. 이 모든 것을 차치하고서라도, 이런 염료를 생산할 때 수반되는 오염 문제나, 노동자의 안전, 혹은 이 염료로 염색한 옷을 입거나 삼켰을 때의 문제에 대한 질문이 줄을 이었다. 1874년 퍼킨은 그린포드 그린 공장을 경쟁사였던 브룩, 심슨 앤 스필러 Brooke, Simpson and Spiller에게 매도하고, 다시 이 공장은 2년 뒤에 콜타

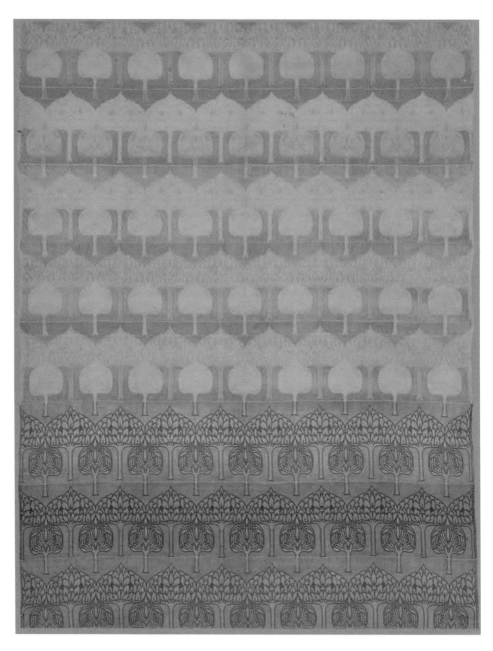

찰스 보이세이는 합성염료의 강렬한 색상을 거부하고 밝은
자연 색상을 넣은 옷감을 디자인했다.

르 회사였던 버트, 볼튼 앤 헤이워드Burt, Bolton and Heyward에 팔린다. 국제적으로 경쟁이 불붙자 영국 회사들이 무역에서 살아남기 점점 힘들어졌다.

콜타르에서 추출한 색상은 더 늘어나, 빨강, 파랑, 보라에 이어 녹색과 검은색도 나오게 된다. 19세기 후반에는 새로운 합성염료가 추가되는데 바로 아조 색소azo dye이다. 빨강, 오렌지, 노랑이 추가되었다. 이제 색의 선택지는 넓어졌고, 당대의 패션은 더욱 활기를 띠게 되었다. 재봉틀이 도입되면서 옷은 일반화되었다. 밝고 아름다운 옷은 더 이상 부유층의 전유물이 아니었다. 모든 계층의 여성들이 종이 본을 이용해 자신의 옷을 만들어 입을 수 있었으며, 돈이 있는 사람들은 백화점의 최신 유행의 기성복을 살 수 있었다. 하퍼스 바자 Harper's Bazaar 같은 패션 잡지가 미국에서 1867년에 처음 발간되었고, 미라스 저널 오브 드레스 앤 패션Myra's Journal of Dress and Fashion은 1875년에 영국에서 처음 나와 최신 유행을 퍼트렸다.

모브는 한때의 유행이었다. 세기 말이 되면 모브는 노인의 색이 된다. 미학과 유행에 일가견이 있던 오스카 와일드는 1891년 모브의 종말을 고하는 글을 쓴다.
"모브색을 입는 여성을 믿지 마라. 그 여자들은 과거가 있다는 뜻이다."[8]

주간 패션지, 르 모니퇴 드 라 모드(Le Moniteur de la Mode),
1875년 6월에 실린 모브 홍보 삽화.

9.
CHAPTER

시간의 포착

시각 vs. 현실주의

우리는 뛰어 다니는 말을 미술 작품으로 보는 것에 너무 익숙해졌고, 이 모습이 우리가 인식하지도 못하는 사이에 관념을 지배해 버렸다. 사전에 형성된 인상을 제쳐 두고 자연 그 자체를 독립적으로 관찰하며 진실을 추구하지 않는 한, 기존의 재현 방식이 의심할 여지가 없는 사실이라고 받아들이게 된다.[1]

에드워드 제임스 마이브리지, 1898

전속력으로 달리는 말의 네 다리는 동시에 공중에 떠 있을까? 쉬운 질문처럼 보이지만, 인간의 눈으로는 빨리 달리는 말의 움직임을 볼 수 없어 이 질문에 믿을 만한 답을 할 수 없다. 말이 걸어다니는 모습을 통해 다리에 어떤 움직임이 있는지 눈으로 확인하는 일도, 말이 움직이는 특정한 순간을 정확히 포착하여 이미지로 표현해내는 일도 쉽지 않다. 19세기 혁신가 몇 명은 이 문제와 관련된 최신 기술을 도입했고, 전에는 볼 수 없던 초고속으로 변하는 세계로 통하는 길을 열었다.

고속 사진술의 선두주자는 에드워드 제임스 마이브리지였다. 마이브리지는 풍경 사진가였지만 예술적 기교와 기술적 독창성을 갖추고 있었을 뿐 아니라 과학적 방법론에도 뛰어났다. 그는 사진으로 시간을 정지시키는 법, 나아가 이렇게 정지된 이미지를 되살리는 법을 알았고, 이 작업을 오락적 목적으로도, 그리고 과학적 분석을 위해서도 수행했다.

정지된 순간

시간과 변화는 초기 사진작가들에게 문제였다. 사진술의 개척자 루이 다게르Louis Daguerre는 구두닦이와 그의 손님이 들어간 사진 1838년 파리의 탕플대로Boulevard du Temple in Paris를 찍는데, 다게르는 카메라의 긴 노출 시간 중에 두 사람도 다른

오스카 구스타브 레일렌더(Oscar Gustav Rejlander)는
1865년경 제작한 저글러(The Juggler)라는 작품에서
공중에 떠 있는 공을 원래 있던 이미지에 더했다.

행인들처럼 사라져서 사진에 텅 빈 거리만 나올까 봐 몇 분만 기다리라고 부탁했다.

이 초기 사진작가들은 셔터 속도가 1초 혹은 그 이하일 때 피사체가 움직이는 사진들은 모두 '순간 사진'이라고 불렀다. 하지만, 물론 이 사진들이 진짜로 순간적인 것은 아니었다. 화학자이자 사진작가인 윌리엄 애브니William Abney는 세기 말 즈음에 지적했다.

"사진은 번개처럼 찍힌다. 그러나 순간적이지 않다. 왜냐하면 노출에 걸리는 시간은 측정 불가능하지 않기 때문이다."[2]

문제는 철판에 젖은 상채로 감광제를 바르고, 젖은 채로 촬영을 해 현상까지 하는 '습판 기술wet plate process'은 움직임을 깨끗하고 확실한 움직임을 찍는 것과는 거리가 멀었다. 사진작가인 밸런타인 블랜차드Valentine Blanchard는 1860년 런던 거리의 '스냅샷'을 찍는 데 성공하지만, 전반적으로 사진사들은 약간의 인위적인 술책을 써야 했다. 예를 들어 식물학자 존 딜윈 르웰린John Dillwyn Llewelyn은 박제동물을 움직이는 것 같은 포즈로 만들어 배치했고, 스웨덴 출신 영국인이었던 사진작가 오스카 구스타브 레일렌더는 1865년에 팔을 뻗은 저글러의 사진에 공중에 뜬 공 사진을 합친 합성사진, 〈저글러The Juggler〉도 만들었다.

움직임 사진

감광 유제의 감광성이 개선되고 (즉, 사진을 위해 적은 빛이 필요해지고), 셔터 속도가 빨라지면서, 사진작가들은 '순간적'인 이미지에 가까운 것들을 얻기 시작했다. 순간적 이미지를 최초로 만들었다고 주장할 수 있는 사람은 에드워드 마이브리지일 것이다.

마이브리지의 이름은 원래 Edward로 썼고 성은 머거리지Muggeridge였으나 후에 바꾼 것이다. 스무 살인 1830년에 영국에서 미국으로 건너갔고 1850년대에는 샌프란시스코에서 사진작가로 자리를 잡았다. 이후 콜로디온collodion 습판법이라고 불리던 기술을 배우고 와서 캘리포니아에서 경치와 건축 사진가로 명성을 완전히 굳혔다. 1872년에는 전직 주지사였던 릴런드 스탠포드Leland Stanford(스탠포드 대학의 설립자)가 마이브리지에게 빠르게 달리고 있는 말의 네 다리가 진정 땅에서 동시에 떨어져 있는 것인지에 대한 논쟁을 종식시키기 위해 사진술을 이용할 수 있을지 문의한다. 마이브리지는 새크라멘토Sacramento에 있는 경마장에서 사진을 찍었고, 이듬해 스탠포드의 질문에 대한 답은 '그렇다'라고 일단 결론을 내렸다.

마이브리지의 작업은 1870년대에 아내의 정부를 살해하면서 잠시 주춤하게 되는데, 결국 '정당화할 수 있는 살인justifiable homicide'으로 판결을 받는다. 그 후 중미 지역에서 휴식을 취하다 1870년대 말

에는 캘리포니아로 돌아와 달리는 말 사진에 대해 연구를 계속한
다. 비슷한 시도를 이전에 했던 레일랜더는 이렇게 회상했다.

> 말과 기수가 있다고 했을 때 모래나 먼지로 덮인 흰색의 길에서
> 150야드 정도 떨어진 곳에 자리를 잡는다. 수많은 카메라에 빨
> 리 움직일 수 있는 렌즈를 장착해 놓는다. 신호가 오면 기수가
> 멀리 떨어진 곳에서 달리기 시작하고 초점을 맞춰 놓은 지점에
> 다다라서 지나가는 순간에- 빵! 강인한 손목과 날쌘 손으로 노
> 출을 정확히 맞추었다.[3]

마이브리지는 이런 식으로 여러 대의 카메라를 팔로알토 목장에
설치한다. 수평선을 그은 흰색을 배경으로 50피트짜리 트랙이 마련
됐고, 고성능 카메라가 장착된 12대의 카메라가 이곳을 향하고 있었
다. 각 카메라는 마이브리지가 개발한 전자기장으로 제어되는 셔터
가 있었으며, 이 셔터는 속도가 0.001초에 이르렀다. 트랙을 가로지
르는 가느다란 실에 말이 뛰어들어 끊어지면 셔터가 눌리도록 했다.
결과물은 말과 기수의 실루엣 정도만 나오는 것이었지만, 마이브리
지가 1878년 상업적으로 판매할 수 있었을 만큼 당시로는 획기적인
것이었다. 미국의 사이언티픽 아메리칸Scientific American이나 프랑스의
라 나튀르La Nature 같은 대중 과학 잡지에도 사진이 출판되었다.

마이브리지는 그의 방법을 조금 더 개선하기 위해 카메라 수를
늘리고, 정확한 이미지를 얻기 위해 시계 장치를 카메라에 연결하여

통제 가능한 촬영 간격을 설정했다. 마이브리지는 작업물을 1881년 《움직이는 동물의 태도The Attitudes of Animals in Motion》라는 책으로 펴냈다. 이후에는 '주프락시스코프Zoopraxiscope'라고 불리는 기계를 고안했는데, 회전하는 유리 디스크 위의 인화된 사진을 왜곡되는 요소를 조정한 뒤 투영시키는 것으로, 실제의 움직임과 같은 착시현상을 일으키는 장치였고, 최초의 동영상motion pictures이라고 할 수 있는 것이었다.

1882년에 《움직이는 말The Horse in Motion》이라는 책을 스탠포드의 주치의였던 J. D. B. 스틸만Stillman이 펴내면서 마이브리지와 스탠포드의 관계는 틀어진다. 책에서 마이브리지의 이미지를 쓰면서도 표시를 제대로 하지 않았기 때문이다. 하지만 이때 즈음 마이브리지는 유럽 전역에서 대중 강연을 하며 명성을 떨치고 있었다. 1882년 3월에 왕립연구소에서의 강연에 대한 기록은 이렇다.

마이브리지는 자신의 사진을 차례로 스크린에 투영해 보여 주었는데, 전기 랜턴을 사용했다. 그의 설명은 겸손하면서도 쉬운 용어를 사용했고, 명확했다. 이런 방식의 시연은 사람들의 흥미를 끌기 충분했고, 재미도 있었다. 이 즐거운 강연은 삶과 현실의 정수를 보여 주는 것이었다. 사진술 덕분에 새로운 시각의 세계가 열렸고 경이로움을 느낄 수 있게 되었다. 그것이 자연의 진실이긴 하지만, 그 이유로 경이로움이 덜하지는 않다.[4]

마이브리지의 작업물은 예술가들로 하여금 동물의 움직임을 재현하는 전통적인 방식을 수정하게 하는 압력으로 작용했다. 약간의 저항도 있었다. 1882년 7월 더 센트리 일러스트레이티드 먼슬리 매거진The Century Illustrated Monthly Magazine에서는 〈움직이는 말〉에 대해 논평하면서 다음과 같이 썼다.

우리의 눈이 불완전하다는 사실을 보여 주는 사진술은 예술의 목적으로 보았을 때 사실적이다. 이때의 대상은 움직이는 말이어야 한다. 우리는 그 말을 캔버스에서 볼 때는 살아 있는 말을 보듯 해야 한다. 그렇다면 5,000분의 1초마다 말의 움직임을 나누어서 보려 하면 안 될 것이다.[5]

W. G. 심슨Simpson은 매거진 오브 아트The Magazine of Art에 비슷한 논조로 글을 썼다.

"예술은 자연을 베끼는 것이 아니라 아름답게 변모시키는 것이다. 자연을 그저 사진을 찍듯이 베끼기만 한다면 자연을 죽이는 것과 다름없다. 사진술이 전속력으로 뛰는 말을 찍을 수 있다면, 말은 더 이상 뛰지 않을 것이다."[6]

이것은 고속 촬영을 가능하게 한 과학 기술과 인간의 시각 중 어느 것이 진실에 가까운 것인지 묻는 것이다.

다른 이들은 대체적으로 새로운 통찰력을 선사하는 기술을 반겼다. 전쟁과 군대에 대한 그림으로 명성을 떨치던 프랑스 화가 에르

네스트 메소니에Ernest Meissonier는 꼼꼼한 디테일 처리로도 유명했다. 메소니에는 마이브리지를 자신의 스튜디오에 초대하여 다른 예술가들에게 마이브리지의 사진을 선보였다. 마이브리지 사진을 기반으로 그림을 그리기도 했으며, 이전에 그렸던 자신의 그림을 수정하여 사진과 일치하도록 만들기도 했다.

과학 사진가

파리에 머무는 동안 마이브리지는 생리학자 에티엔 줄스 마레를 만나게 된다. 마레는 이미 훗날 동체사진법chronophotography이라고 이름 붙는 고속 사진법을 이용하여 인간, 새, 동물의 움직임을 기록한 적이 있었다. 마레는 1878년 '라 나튀르' 잡지에서 마이브리지의 사진을 보고 이 기술의 잠재성에 눈을 떴고, 1881년에는 아예 '사진 총photographic gun'을 발명했다. 라이플같이 생겨서 손으로 들 수 있는 이 총을 이용하면, 1초에 한 바퀴를 도는 원형 판에 열두 장의 사진을 찍을 수 있었다. 이것은 천문학자 쥘 장센Jules Janssen이 1874년에 태양을 지나는 금성을 찍기 위해 만든 도구에서 영감을 받은 것이다. 마레는 그의 발명품을 새나 박쥐의 움직임을 연구하는 데 썼고, 사진을 보완하기 위해 그림과 조각을 이용했다.

마레는 한 단계 더 나아가 동체사진 카메라를 개발하기에 이른

에티엔 줄스 마레는 벽을 뛰어넘는 인간의 움직임을 찍은 이미지가 과학적 연구라고 보았다.

다. 회전하는 디스크로 된 셔터는 1,000분의 1초당 10개의 프레임을 고정된 판에 노출시킬 수 있었다. 마레는 이것을 검은 배경 앞에서 움직이는 사람을 찍기 위해 사용했다. 피사체였던 사람들은 검은색에, 팔다리에만 흰 줄이 들어가 있는 옷을 입었다. 이 접근법은 오늘날 〈반지의 제왕〉이나 〈혹성탈출〉처럼 사람이 배우로 나와 움직이는 영상을 만드는 데 널리 쓰이는 모션 캡처 기술의 등장을 예견한 것이었다.

마레의 이미지들은 하나의 판 위에 여러 프레임을 겹쳐 놓은 것이었다. 하지만 이후 롤 사진 필름이 발명되면서 프레임별로 이미지를 찍을 수 있게 되었고, 1888년 마레는 프랑스 과학 한림원 Académie de Sciences에서 이 방식으로 1초 당 20개의 프레임을 찍어 움직임을 포착한 이미지를 선보였다. 초기 플라스틱인 셀룰로이드 필름은 유연하고 감광성도 좋아서 추가적인 개선이 가능했다. 셀룰로이드 필름은 모션 픽처, 즉 영화의 시대를 열 수 있도록 했다.

동물로 돌아가다

마이브리지 덕분에, 움직임을 사진 기술로 포착하는 것에 대한 관심은 전 세계적으로 날로 높아졌다. 마이브리지가 유럽에서 미국으로 돌아올 즈음엔 인간의 움직임에서 생기는 문제나 질병에 대해 새로운 통찰력을 얻고자 하는 과학자 위원회를 이끌어 달라는 의뢰를 펜실베이니아 대학으로부터 받았다.

마이브리지는 이제 최대 48대의 카메라를 네 군데에 놓고, 전기 자극으로 작동되는 릴리스를 사용하여 여러 각도에서 피사체를 찍을 수 있었다.

1884년 봄과 1885년 가을 사이에 마이브리지는 지역 동물원에서 10만 장이 넘는 동물의 이미지를 제작하고, 학생들과 교사, 그리고 그 사진의 사진도 찍었다. 1880년대 중반부터 사용이 가능했던 사진 재료들은 그 전에 사용되던 것들보다 훨씬 품질도 좋았고 다루기도 쉬워, 마이브리지는 실루엣 이상의 것을 사진에 담아낼 수 있었다. 1887년에 마이브리지는 11권으로 이루어진《동물의 움직임: 동물 움직임의 연속적 단계에 대한 전자 사진적 연구Animal Locomotion: An Electr-Photographic Investigation of Consecutive Phases of Animal Movement (1872-1885)》를 출판했는데, 이 책의 가격은 당시 물가를 감안하면 믿기 어려울 정도로 비싼 600달러였다. 책에는 781개의 판으로 찍은 19,347개의 사진이 실려 있었다.

이 사진들은 과학적인 의도를 가지고 찍은 것이긴 했지만, 서사적 관심사도 반영된 것이었다. 모델들은 뛰고, 춤추고, 나무나 박스를 자르고, 서로에게 물을 뿌렸다. 이 사진들은 또한 그 시대의 성적, 사회적 스테레오타입 또한 반영하고 있었는데 예를 들어, 젊은 미혼의 여성들은 나체로 나오는 반면, 결혼한 여성들 중 사회적 지

여성이 춤추는 시퀀스는 에드워드 마이브리지가 사진을 찍을 때 관객들의 관심이 어디 있었는지 깊이 고민했다는 것을 보여 준다.

위가 있는 여성은 항상 옷을 입고 등장하는 식이다.

이 사진들은 완전히 객관적인 자료로 의도된 것도 아니었고, 실제로 그렇지도 않았다. 다른 사진작가들과 마찬가지로, 마이브리지도 원본 사진을 편집하고 조정했다. 프레임을 빼고 다른 것으로 대체하거나, 네거티브 필름이 분실되었기 때문에 변경한 사진도 있었다. 마이브리지는 이런 개입이 있었다는 사실을 숨기려는 생각이 없었고, 당연히 이것이 잘못됐다고 생각하지 않았다.

1889년 마이브리지는 왕립학회에서 '예술적 디자인과의 관계에서 본 동물 운동의 과학'이라는 제목의 강연을 하고 큰 찬사를 받았다. 한 참석자는 "동물이 스크린에서 움직이는 것을 보여 주자, 건물이 무너지는 것 같았다. 이보다 더 좋을 수는 없었다."라고 기록했다.[7] 마이브리지는 그의 조수로 일하고 있던 화가가 유리 디스크에 실루엣 시퀀스를 그려 넣은 주프락시스코프를 사용하여 움직이는 이미지를 선보였는데, 그림 대신 사진을 투영하는 영사기가 그 역할을 대체하던 시기였다. 그래서일까. 1893년 시카고 만국박람회World's Fair에서 마이브리지는 6,000달러짜리 주프락시스코프를 특별히 제작하였지만, 원했던 만큼 관객의 관심을 끌지는 못했다. 어쩌면 이 시기에는 관객들도 새로운 기술을 이용한 엔터테인먼트에 대해 더 높은 기대를 가지고 있어서 그랬을 수도 있다.

마이브리지는 결국 고향 킹스턴 어펀 템즈Kingston-upon-Thames로 돌아와 사진에 관해서는 은퇴하였다. 하지만 주프락시스코프를 사용한 강연은 계속했다. 그리고 두 권의 책을 더 썼는데, 하나는《움직이는 동물, 동물 전진의 연속적 단계에 대한 전자 사진적 연구Animals in Motion, an Electro-Photographic Investigation of Consecutive Phases of Animal Progressive Movements (1899)》였고, 다른 하나는《움직이는 인간, 근육 운동의 연속적 단계에 대한 전자 사진적 연구Human Figure in Motion, an Electro-Photographic Investigation of Consecutive Phases of Muscular Actions (1901)》였다. 마이브리지는 킹스턴에서 1904년 5월 8일 숨을 거뒀다.

모순된 프로젝트

마이브리지와 그 동시대인들은 그 목적이 후손을 위한 기록이든, 과학적 조사든, 아니면 예술이었든 간에, 순간을 포착하려는 갈망을 보여 줬다고 할 수 있다. 이 갈망의 중심에는 모순이 놓여 있다. 우리는 움직임이 일어나는 그 순간에 그것을 재현하고 싶어 하지만, 동시에 그 움직임을 정지된 상태로 보고 분석하여 이해하려고 하기 때문이다. 직접 경험할 수 없는 것들을 보여 준 것이라면, 이런 기술을 이용하여 포착된 진실은 도대체 무엇이었을까? 영국 사진 저널British Journal of Photography은 1882년 이 딜레마를 지적하고, '예술적 진실은 수학적 진실과 꼭 같을 필요는 없다'고 선언한다.[8] 예술가의 목적은 단순히 리얼리즘을 추구하거나 과학적 정확성을 구현하는 것이 아니며, 예술이 보여 주는 것

마이브리지는 쇼맨이었다. 그림은 왕립학회에서
1889년 움직이는 동물의 사진을 설명하는 모습.

의 폭은 더 넓기 때문이다.

　이러한 역설에도 불구하고, 아니, 어쩌면 그 때문에 마이브리지와 마레는 다른 예술가들에게 직접적인 영향을 끼쳤다. 에드가 드가Edgar Degas도 그중 하나였다. 《움직이는 동물》이 출판된 시기에 드가는 유화로 말 그림을 많이 남겼는데, 이 모든 그림에서 드가는 말이 전속력으로 달리는 장면은 넣지 않았다. 마이브리지와 마레는 아마도 움직임을 그리는 것에 대한 드가의 태도를 바꾼 것 같다. 1879년 드가의 공책을 보면 마이브리지와 마레의 사진이 출판된 라 나튀르에 대해 언급한 것이 있고, 이 두 사람의 이름도 적혀 있다. 드가가 마레의 파리 집에서 마이브리지를 초대해 열었던 강연에 참석했을 가능성도 있다. 드가는 마이브리지의 사진을 보고 말을 그린 것으로도 알려져 있다. 드가의 후기 파스텔화를 보면, 〈세 명의 무용수, 풍경Three Dancers, Landscape Scenery (1893-1895)〉처럼 무용수의 움직임의 시퀀스를 그리는 작품이 여러 개 있는데, 아마 당시의 사진을 인쇄한 것처럼 보이기도 한다.

　마레의 영향력은 20세기 초반 아방가르드 작품에서도 찾을 수 있다. 자코모 발라Giacomo Balla의 1912년 그림 〈목줄을 한 개의 역동성Dynamism of a Dog on a leash〉이나 마르셀 뒤샹Marcel Duchamp의 〈계단을 내려오는 누드Nude Descending a Staircase, No.2〉가 그 예다. 전자는 이탈리아 미래주의Futurism 작품이고, 후자는 프랑스 큐비즘Cubism 작품이지만, 여러 순간에 걸친 움직이는 대상물의 팔다리를 중첩시켜 그린

점에서는 비슷하다고 볼 수 있다.

수십 년 후, 1950년대가 되어서는 프랜시스 베이컨Francis Bacon이 마이브리지의 사진에 완전히 다른 종류의 반응을 내놓았다. 베이컨은 마이브리지 사진의 무명 피사체들의 숨은 성적, 정신적 생명을 끌어내었다. 일부 베이컨의 작품은 마이브리지 연속 사진 시리즈를 직접적으로 '인용'하였고, 마이브리지 원래 책에서 잘라 내 맥락을 제거하였다. 1950년대 말에 그린 〈왼팔을 든 사람Figure with Left Arm Raised〉 또한 마이브리지의 〈움직이는 인간〉의 펜싱하는 사람의 모습을 찍은 연속 사진을 인용한 것이다. 베이컨은 마이브리지가 묘사한 인체가 뒤틀리는 모습과 이때 인체에 가해지는 압박에 매료되었던 것으로 보인다. 베이컨은 또한 마이브리지의 누드모델에서 동성애적 요소를 읽기도 했다. 예를 들어 〈두 사람Two Figures〉이라는 1953년 작품에서, 마이브리지가 찍은 두 명의 레슬링 선수들이 끌어안고 동성애 관계를 맺는 듯한 자세로 놓였다. 베이컨은 이 인물들을 '새장' 속에 넣기도 했는데, 마이브리지 사진에 표시되곤 했던 눈금을 상기시키기 위해서였다.

수 세대에 걸쳐 예술가들에게 영향을 끼친 마이브리지는 사진으로 움직임을 분석하는 데 성공한 첫 인물이자 모션 픽쳐를 상영한 첫 인물이기도 했다. 마레나 오토마르 안쉬츠Ottomar Anschutz 같은 조수들과 함께 이루어 낸 마이브리지의 작업은 토머스 에디슨Thomas Edison 같은 영화 촬영술의 개척자들에게 직접적인 자극을 주게 된다. 마이브리지는 오늘날의 모션-캡처 기술뿐 아니라 시간을 변환시키는 대중 영화적 장치를 예고했다고도 볼 수 있다. 무술 영화에 나오는 슬로모션이나 총알의 속도로 장면을 구성한 매트릭스 같은 영화의 장면이 그 예다.

10.

속도를 찬미하다

모빌리티와 모더니티

여행의 즐거움은 여러 가지가 있었지만 아직까지 이런 흥분을 느껴 보거나 만족스러운 여가를 보낸 적은 없었던 것 같다. 한때 불가능했던 것들이 이제 가능해졌다. 시골에서 피로를 풀거나, 마음 맞는 사람들과 만나는 데 있어 이제 물리적 거리는 장애가 되지 않는다.[1]

자전거 타는 사람, 1895

19세기 말은 전화, 라디오, 영화, 비행기, 고속 차량 등 화려한 발명품이 끊임없이 나온 시기였다. 이 발명품들은 시간, 거리, 속도, 이동성에 대한 개념을 바꾸었을 뿐 아니라, 계급적인, 그리고 성적인 장애물을 침식시켰다. 모든 시대의 혁신과 마찬가지로, 처음엔 아마 변변치 않았던 자전거도 매우 큰 영향을 끼쳤을 것이다. 자전거는 새로운 현대성의 즐거운 상징이 되긴 했지만, 후기 빅토리아 시대의 엄격한 신분 질서에 도전을 제기한 측면도 있었다. 부유층에게만 허락되었던 여행을, 처음으로 여성과 노동 계급이 이전에는 가 보지 못했던 곳으로 갈 수 있게 해 주었기 때문이었다.

자전거는 그저 재미있기만 한 것은 아니었다. 새로 생긴 도시에서는 이전에 걸어 다녔던 것과는 달리 직장까지 먼 거리를 출퇴근해야 했는데, 이런 통근 인구에게 있어 자전거는 필수적인 교통수단이었다. 자전거는 진보의 상징이기도 하여, 여성 참정 운동 같은 '급진적' 여성의 이미지와도 결부되게 된다. 이 여성들은 새로운 옷차림과 자유로운 행동으로 비웃음의 대상이 되기도 했다.

사회가 변하고 있었다. 어마어마했던 변화의 속도는 유럽과 미대륙의 예술가와 작가에게도 신속히 영향을 주었다. 자전거는 시대적 변환의 아이콘 중 하나였다.

안전을 디자인하다

초기 자전거 디자인은 소심한 사람에게는 적합하지 않았다. 프랑스의 피에르 미쇼Pierre Michaux와 피에르 랄르망Pierre Lallement이 발전시킨 '벨로시페드Velocipede('빠른 발'이라는 뜻_역자 주)'에는 서스펜션이 없었다. 쇠로 만들어진 바퀴살이 있는 나무 바퀴가 있었고, 본 셰이커bone shaker(진동이 너무 세게 전해져서 뼈가 흔들렸다는 뜻_역자 주)로 불리기도 했다. 페니파딩Penny-farthing에는 크고 높이 올라 있는 앞바퀴가 있었는데, 이것을 몰려면 균형 감각이 매우 좋아야 했다. 1860년대와 1870년대에 도입된 후, 인간을 동력으로 하는 이 교통수단이 빠르다는 것이 증명되긴 했지만, 자전거의 매력을 느끼는 층은 경쟁이나 경주를 좋아하는 대범한 사람들로 한정되어 있었다. 이 모험적 열정의 첫 번째 유행 속에서 경륜장이 유럽과 미국 도시 여러 곳에서 생겨났고, 사이클링 클럽도 수백 개씩 만들어졌다.

자전거는 세이프티 자전거Safety bicycle 모델이 디자인되고, 자전거의 가격이 저렴해지고 나서야 진정 대중을 위한 기술이 되었다. '안전한' 자전거는 30년간 영국과 프랑스에서 축적된 경험을 반영한 디자인이었고, 자전거 앞뒤 바퀴의 크기가 비슷해져서 타는 사람은 좀 더 땅에 가깝게 앉을 수 있었다. 체인으로 구동되는 뒷바퀴와, 페달 바로 위에 얹힌 안장 덕분에 더 안정적으로 페달을 밟을 수 있었다. 이 자전거는 사실 오늘날의 것과 매우 비슷하다. 이후 공기를 채운

타이어를 쓰면서 자전거는 훨씬 부드럽게 움직이게 되었다.

안전한 자전거의 개발은 엔지니어링과 금속공학의 발전도 앞당겼다. 볼 베어링 회전자, 서스펜션 바퀴, 경량 튜브 등을 사용하게 되었기 때문이다. 자전거 제조업체는 이런 기술과 재료, 이들을 활용할 수 있는 스킬의 공급이 쉬운 곳으로 모여들었다. 이 중에서도 으뜸은 코벤트리Coventry로, 후에 이곳은 영국 자전거 산업의 중심지가 된다. 코벤트리에서는 이미 숙련된 노동력을 쉽게 구할 수 있었는데, 견방직 산업과 재봉틀 제조업이 성행했던 곳이라 설비 일부를 자전거 제조업에서 이용할 수 있었기 때문이었다. 1885년에 존 켐프 스탈리John Kemp Starley는 로버Rover 세이프티 자전거를 개량하여 특허를 출원했다. 로버 자전거는 상업적으로 성공을 거둔 첫 모델이었다.

런던 출신인 스탈리는 학창 시절 수학과 엔지니어링에 뛰어났었다. 열여덟이 되던 해 코벤트리로 이사를 가 삼촌 제임스 스탈리 James Starley와 같이 에어리얼 컴퍼니Ariel Company에 납품할 자전거를 만들었다. 몇 년간 자전거 회사에서 일을 한 뒤, 자전거 애호가이던 윌리엄 서튼과 함께 새 회사를 설립하는데, 이것이 스탈리 앤 서튼 Starley and Sutton Co.이고, 이 회사가 로버를 출시하게 된다. 로버는 상업적으로 대성공을 거두었고, 세이프티 자전거의 원형을 전 세계에 보급하여 오늘날의 자전거 디자인에도 영향을 미치고 있다.

존 켐프 스탈리의 로버 세이프티 자전거는 자전거의 개발 역
사의 물줄기를 바꾸었다고 평할 만하다. 기술적 발전과 상업
적 성공의 방향을 제시한 측면에서 그러하다.

사회 운동

하지만 자전거는 비쌌고, 주문 제작한 자전거나 세발자전거를 살 수 있는 사람은 귀족뿐이었기 때문에 사이클링 자체도 귀족들만 즐길 수 있었다. 경제력이 있는 젊은 남녀는 마치 새로운 장난감인 것처럼 자전거를 공원에서 뽐내고 다녔고, 자전거 타는 법을 익히기 위해 비싼 돈을 들여 개인 레슨을 받았다. 세발자전거는 나이 든 사람들과 여성을 겨냥한 상품이었다. 또한 숨 막히는 일상에서 벗어나 새로운 사회적 공간으로 나가 볼 기회를 제공했다. 한 역사학자가 말했듯, '세발자전거는 여성이 어딘가에 가려고 타는 것이 아니라, 어딘가에서 벗어나기 위해 타는 것'이었다.[2]

점차 자전거가 저렴해지고 쉽게 구할 수 있게 되자, 더 이상 부유층의 장난감이 아니게 되었다. 수백 개의 제조업체가 세발자전거, 혹은 2인용 자전거 같은 다양한 디자인을 가지고 시장에서 치열히 경쟁했다. 대량 생산이 가능해지고 중고 시장이 생겨나면서 자전거는 여성은 물론 노동자들도 쉽게 탈 수 있는 것이 된다. 결과적으로 1890년대 유럽 전역에서 거대한 자전거 붐이 일었는데, 이것은 물리적으로 여행이 쉬워졌다는 것을 의미한다. 1892년에 타임스The Times 신문에서는 이러한 현실을 놓치지 않고, "자전거가 사회적으로 유용하다는 것은 의심의 여지가 없다. 어떤 측면에서 사회적 혁명이라고도 볼 수 있을 것이다."라고 평했다.[3]

CHAPTER 10. 속도를 찬미하다-모빌리티와 모더니티

기행 작가들은 자전거를 이용해 더 멀리 탐험을 시도했다. 부부였던 조세프Joseph, 엘리자베스 로빈스 페넬Elizabeth Robins Pennell의 경우 캔터베리 주변 지역뿐 아니라 프랑스와 이탈리아까지 1880년대와 1890년대에 여행했다. 자전거 여행은 기차 시간표에 구애받지 않았고, 말을 빌리고 타고 다니는 데에 드는 비용이 들지도 않았다. 남자와 여자가 혼자든, 그룹으로든 여행을 다닐 수 있었다. 이로 인해 다른 성별의 사람들이 더 쉽게 어울리고, 성적인 규범에 대해서도 느슨해졌다. 물론, 자전거는 출퇴근을 위해, 혹은 재화와 서비스를 전달하기 위해 일상에서 필요한 도구이기도 했다.

스탈리 자신은 자전거가 그것을 타는 사람에게 준 추가적인 힘에 대해 열정적이었다. 1898년 왕립 예술 학회에 낸 글에서 다음과 같이 주장했다.

"자전거를 타는 사람은, 속도와 거리의 측면에서 봤을 때, 세 쌍의 다리를 갖게 되는 것과 마찬가지다. 자전거를 타는 사람은 세 배 더 빠르게 걸을 수 있다. 3마일을 한 시간 안에 갈 수 있다면, 자전거를 타면 같은 에너지를 쓰고도 한 시간에 9마일을 간다."[4]

자전거 붐은 때마침 서구 사회를 휩쓸고 있던 여성 참정 운동과 겹치게 되었다. 자전거를 타는 행위는 이 사회적 변화와 동등한 권리를 주장하는 운동에서 눈에 띄는 요소였다. 미국 민권 운동의 선두주자 중 한 명이었던 수전 B. 안토니Susan B. Anthony는 1896년에 말했다.

"자전거는 그 어떤 것보다 여성을 해방시킨 공로가 크다. 여성들이 자전거를 타는 모습을 매일 볼 때마다 나는 즐거움에 젖어 그 장면을 보게 된다. 자전거는 여성에게 자유와 자립이 어떤 기분인지 느끼게 해 주었다. 독립적인 상태의 그 기분을 말이다."[5]

긴 드레스에 속치마까지 완전히 갖춰 입고 자전거를 타는 것은 불편할 뿐 아니라 위험할 수도 있었다. 자전거를 타기 쉽게 속바지와 형태를 변경할 수 있는 옷이 개발되었다. 이런 패션은 당연히 빅토리아 시대 여성성과는 거리가 먼 것이었으며, '강성 페미니스트'인 사이클리스트를 폄하하는 사회적 변화에 저항하는 세력도 나타났다. 의사를 포함한 반대론자들은 자전거가 여성에게 위험하다는 주장을 폈다. 부적절한 성적 자유를 부추길 염려가 있을 뿐 아니라, 여성 신체에 해가 되고, 특히 임신 능력에 영향을 준다고 했다. 하지만 자전거를 타는 여성들은 집요하게 이런 비판에 맞섰다.

작가와 예술가들의 다수는 열정적으로 자전거를 탔는데, 이들에게 자전거는 현대를 함축하는 것이었다. 아서 코난 도일Arthur Conan Doyle, 어니스트 헤밍웨이Ernest Hemingway, F. 스콧 피츠제럴드Scott Fitzgerald는 자전거가 이동성, 사회적 진보, 새로운 생각을 추동하는 완벽한 전형이라고 보았다. 미국 수필가인 크리스토퍼 몰리Christopher Morley는 "자전거는 당연히, 언제나 소설가와 시인의 탈것이어야 한다."라고 썼다.[6] 또 다른 자전거 애호가 H. G. 웰스Wells는 이런 자유의 기운을 1896년 그가 쓴 소설《기회의 바퀴: 전원에서의 자전거 타기The Wheels of Chance: A Bicycling Idyll》에 그렸다. 소설의 주인공인 홉드라이버Hoopdriver 씨는 런던의 가게 종업원으로, 잉글랜드 남부 해안으로 자전거 휴가를 떠난다. 그는 자전거를 타면서 노동 계급의 고단함으로부터 벗어난다고 느끼고, 한 신사가 마치 같은 계급의 사람인 것처럼 옆을 지나며 인사하는 것도 인식하게 된다. 자전거를 타는 것은 해방의 행위였다. 웰스는 "자전거를 타는 성인을 볼 때마다, 나는 인류의 미래에 대해 절망하지 않게 된다."라고 했다.

자전거는 새로운 자유와 이동성을 제공하면서 여성 해방의
상징이 됐다. 사진의 쳄스포드(Chelmsford)의 자전거 클럽과
같은 단체가 영국 전역에서 생겨났다.

PART 2. 열정의 시대

기계 시대를 찬미하다

세기가 변하면서 속도에 대한 애호가 커졌고, 이것은 이탈리아 미래주의 운동에 반영됐다. 미래주의는 신기술뿐 아니라, 민족주의, 1900년대 초반 유럽에 퍼진 아방가르드 문화의 영향을 받았다. 미래주의는 정치화된 철학으로 이탈리아의 전통적 유산을 거부하고, 심지어 경멸하는 경향이 있었다. 미래주의자들은 전통이 이탈리아의 문화가 나아갈 길을 막는다고 생각했고, 기술적 발전으로 만들어진 미래를 갈망했다. 이 운동의 창시자라 할 수 있는 F. T. 마리네티Marinetti는 1909년 미래주의자 선언Futurist Manifesto을 발표한다.

"우리는 세계의 탁월함이 새로운 아름다움에 의해 더 풍부해졌다고 선언한다. 그것은 속도의 아름다움이다. 폭발하듯 숨을 내쉬는 뱀 같은 큰 파이프로 보닛을 장식하고 달리는 자동차 … 기관총을 탄 듯 으르렁거리는 자동차는 사모트라케의 승리의 여신보다도 아름답다."[7]

마리네티는, 2세기에 만들어져서 가장 위대한 고대 예술품으로 불린 승리의 여신 니케 대리석 조각이 미래주의 이데올로기의 안티테제antithesis를 대표한다고 보았다.

마리네티는 미래주의 선언을 파리에서 발행되던 르 피가로Le Figaro 지誌에 1909년 2월 20일에 발표했다. 첫 문장은 이렇게 시작한다.

"우리는 위험에 대한 사랑, 에너지가 넘치고 두려움을 모르는 습관에 대해 노래하고자 한다."[8]

　이런 감정적인 언어는 자코모 발라, 움베르토 보치오니Umberto Boccioni, 카를로 카라Carlo Carra와 같은 예술가들에게서 영감을 얻은 것이었는데, 이들은 이듬해인 1910년 '미래주의자 화가 선언'을 같이 발표하고 '큰 성공을 거둔 과학의 진보'가 이탈리아를 현대로 끌어낼 것을 요구했다.[9] 미래주의자들은 20세기의 사회 운동과 역동성을 반영한 급진적인 새로운 예술적 언어를 개발했다. 이후 5년간, 미래주의 이데올로기는 회화, 조각, 건축, 사진, 영화, 음악 등 모든 형태의 예술에서 영향을 끼쳤다.

　미래주의의 우상 파괴적 면모는 이전 미술 사조, 즉 분할주의divisionism, 인상주의impressionism, 상징주의symbolism, 큐비즘cubism을 바탕으로 세워진 것이었다. 큐비즘은 파블로 피카소Pablo Picasso와 조르주 브라크George Braque가 창시한 것으로 다양한 시점에서 본 사물의 모습을 동시에 평평한 캔버스에 표현함으로써 전통적인 시공간의 개념에 대해 도전했던 사조였다. 미래주의는 큐비즘의 접근법에 한 가지 차원을 더해 움직임과 속도를 전달하고자 했고, 신기술과도 결합하고자 했다. 이들은 앞에서 다룬 에드워드 마이브리지와 에티엔 줄스 마레가 제작한 인간과 동물의 움직임을 중첩하거나 연속으로 보여 준 고속 사진에 큰 영향을 받았다. 발라는 마레의 작업물을 1900년 파리 만국 박람회에서 보고 중첩되게 손의 움직임을 표현한 〈바이올리니스트의 손The hand of the Violinists (1912)〉을 그렸다. 보치오니는 색과 그림자를 이용해서, 힘이 가해지는 선에 하이라이트를 주는 식으로 움직임의 본질을 포착하고자 했는데 〈도시는 봉기한 다The City Rises (1910)〉과 〈자전거 타는 사람의 역동성Dynamism of a Cyclist (1913)〉에 잘 드러난다.

미래주의 예술은 점차적으로 더 추상화되어 갔고, 인간의 형체를 기계로 흐릿하게 만들기도 했다. 결국, 이것은 자전거의 역할과 비슷한 것이었다. 스탈리의 디자인이 인간과 기계를 결합하여 움직임을 최대한 효율적으로 만들려고 하고, 자전거가 마치 인체의 연장선상이 되어 자전거 타는 사람이 '세 쌍의 다리'를 가졌다고 스탈리가 말했던 것을 상기해 보자. 아마 이것이 나탈리아 곤차로바Natalio Goncharova의 〈자전거 타는 사람 (1913)〉이나 마리오 시로니Mario Sironi 의 〈자전거 타는 사람 (1916)〉 등, 미래주의 작품에서 자전거가 부각되는 이유일 수도 있다.

이탈리아 밀라노에서 작은 기계 수리 가게를 운영하고 있던 에도아르도 비안치Edoardo Bianchi는 추가적으로 세이프티 자전거를 개량했다. 영국에서처럼, 자전거는 이탈리아에서도 대중들을 위해 만들어진, 개인의 이동성의 상징이 되었다. 1911년 리비아 전쟁 동안에는 군사적 이동수단으로도 도입되었고, 비안치는 이탈리아 군대의 납품 계약을 따낸다. 이 전쟁은 사실 미래주의자들에게 찬사를 받아서 마리네티는 종군기자로 나섰을 정도였다. 유럽의 다른 나라들도 자전거 보병 제도를 시도한 적이 있다. 자전거는 어쨌든 조작하기 편하고, 제작 및 유지 비용이 저렴한 도구였기 때문이다. 자전거 보병은 정찰, 순찰, 커뮤니케이션 지원 등을 보불전쟁Franco-Prussian War 부터 보어전쟁Boer War, 제1차 세계대전까지 운용되었다. 물론 자전거의 역할은 말의 역할이 그랬던 것처럼 결국 탱크, 자동차처럼 연료로 작동하는 다른 현대적 기계에 묻혀 버리긴 했지만 말이다.

이탈리아가 1915년 5월 제1차 세계대전에 참여했을 때, 많은 미래주의자들이 자원하여 참전했고, 몇몇은 롬바르디아 자전거 자동차 대대Lombard Battalion of Volunteer Cyclists and Motorists에 들어갔다. 미래주의자들의 호전적인 수사학은 현실의 전쟁 속 공포와 위험을 맞닥뜨리게 된 것이다. 보치오니는 1916년 8월 베로나 인근 포병 연대에서 훈련 도중 낙마해 사망했다. 1916년 말이 되면 미래주의자의 주요 인사들은 모두 미래주의를 떠나거나 죽는다. 놀랍지는 않지만, 미래주의의 이데올로기적 편향은 무솔리니에 의해 다시 등장한다. 마리네티는 파시스트 선언Fascist Manifesto에도 기여했고, 1944년 죽기 직전까지도 미래주의의 옹호자로 남았다.

제1차 세계대전 이후 자전거는 대중이 열광한 또 다른 현대성의 상징에 자리를 내준다. 자동차와 비행기는 훨씬 더 빠른 속도와 흥분되는 경험을 약속했다. 자전거 제조업자들은 페달로 움직이는 이동수단을 계속 생산했지만, 엔진 기술을 활용하게 되었다. 자전거는 이제 전혀 현대적이지 않은 일상이었지만, 엔진의 시대가 완전히 꽃피는 1960년대 전까지 이동 수단으로서의 인기를 누렸다.

하지만 그 후에도 자전거가 완전히 설자리를 잃은 것은 아니다. 내연기관이 가지는 환경에 대한 우려가 커지면서 자전거는 다시 인기를 얻고 있다. 2005년 영국 전역을 대상으로 이루어진 조사에 따르면, 자전거가 역사상 최고의 발명품으로 꼽혔다. 조사 결과가 무엇을 의미하든 간에, 인간의 동력으로 움직이는 이 기계에 대한 지속적인 사랑을 입증하기란 어렵지 않을 것이다.

〈자전거 타는 사람의 역동성〉은 움베르토 보치오니가 선을 이용해 어떻게 시공간 속의 속도와 움직임을 표현했는지 보여 준다.

11. CHAPTER

항의의 수단으로서의 예술

다다^{Dada}의 시작은 예술의 시작이 아니라, 예술에 대한 혐오의 시작이다.[1]

트리스탄 차라(Tristan Tzara), 1922

제1차 세계대전은 유럽에 깊은 트라우마를 남겼다. 전쟁 동안의 대량 학살 행위는 문명화된 사회가 과연 존재하는 것인지에 대한 의문을 불러 일으켰다. 실존의 위기에 대한 담론이 생겼고, 당연하다고 여길 수 있는 것이 없으며, 19세기의 고요한 확실성의 세계를 20세기 초반의 사건들이 약화시켰다는 태도가 널리 퍼지게 되었다. 소위 열정의 시대가 이끈 종착점이 진정 이곳인가 하는 의문을 사람들이 품게 되었다.

1916년 스위스 취리히의 나이트클럽인 카바레 볼테르Cabaret Volatire에서 시작된 다다 운동은 이렇게 퍼진 불확실성과 괴리를 반영한 것이었다. 아방가르드 예술가인 에미 헤닝스Emmy Hennings와 후고 발Hugo Ball이 다다이즘을 이곳에서 창시했다. 전해지는 이야기에 따르면, 이 운동의 명칭을 정하기 위해서 사전을 갖다 놓고 칼로 무작위로 찔렀는데, 이것은 폭력을 상징하기 위한 행위이기도 했다.

후고 발은 1916년 다다 선언Dada Manifesto에서 '다다'라는 말이 국제적으로 인식되는 단어로, 많은 언어권에서 다양한 의미를 지닌 단어지만, 하나로 정의를 부여받지는 않는다고 암시했다. 이 단어는 일시적이면서도, 가변적이고, 특정 장소에 뿌리를 두지 않는다. 다다 운동 또한 가변적이고, 국제적이어서 베를린, 하노버, 쾰른부터 파리와 뉴욕까지 방대하게 영향을 미쳤다. 이 모든 그룹들은 비합리성에 대한 약속, 예상할 수 없고 설명할 수 없는 예술, 그리고 전쟁 동안 목도했던 의미 없는 죽음이나 파괴를 거부하는 것을 공통적으로 지향했다. 쾰른 다다주의 창시자 중 한 명인 한스 아르프Hans Arp는 "1914년 세계 대전의 참상에 저항하여 우리는 예술에 스스로를 바치기로 했다. 총 소리가 멀리서 우르르 들려올 때에도, 우리는 온 힘을 다해 노래를 불렀고, 그림을 그렸으며, 콜라주를 만들고, 시를 썼다."라고 쓴 바 있다.[2]

트라우마를 겪은 국가로서의 다다

집단적으로 경험한 대대적인 살상은 행위 예술, 음향시sound poetry, 조각, 회화, 콜라주 등 다다이즘 예술의 형태 전반에 영감을 주었다. 작품의 미학적 측면은 작품이 전달하려는 컨셉과 비교해 부수적인 것이 되었다. 후고 발은 예술이 '우리가 살고 있는 시대에 대한 진실된 인식과 비판을 할 수 있는 기회'를 제공한다고 했다. 다다주의자들은 실험적이었고, 도발적으로 예술이 무엇을 할 수 있고, 해야만 하는지에 대해 근본적으로 다시 상상했다. 전통적이지 않은 재료와 우연에 기반을 둔 과정을 이용해 불경하다고 할 만한 즉각성을 작품에 불어넣었다. 다다는 역동적이면서도 지적인 저항이었고, 유머와 패러디, 자아를 인식한 반어법을 도구로 사용했으며, 이는 모두 광기로 가득한 세상에 분별력 있게 대항하는 유일한 길은 비합리성을 통한 것이라는 믿음을 기반으로 한 것이다.

이유를 이해하기는 쉽다. 제1차 세계대전으로 1,000만 명 이상의 군인과 비슷한 수의 민간인이 목숨을 잃었다. 그 두 배가 넘는 수의 사람들이 중상을 입었다. 전례 없는 수준의 인명 손실은 기계화된 전쟁, 즉, 무기 체계의 기술적 혁신과, 매스 커뮤니케이션, 대량 운송 체계 발전의 결과였다. 전쟁 자체로 초래된 참상에 더해, 1918년 패전한 독일의 경제상황은 징벌적 베르사유 합의로 인해 위험할 정도로 취약한 상태가 되었다.

이즈음 베를린 다다 그룹이 단호히 반전주의로 목표를 정렬했다. 전후 트라우마의 여파는 다다 선언에 쓰인 언어에도 녹아 있다.

"생명은 소음이 동시에 뒤죽박죽 섞인 혼란의 상태에서 나타난다. 모든 감각이 잔인한 현실에 대해 비명을 지른다. 다다는 예술 운동에 대한 위대한 저항이며, 전쟁, 평화, 전후 회의, 폭동에 대한 예술적 반사 작용이다."[3]

실제로 전쟁에서 참호전을 치른 이, 징병을 기피한 이 할 것 없이 모든 세대의 독일 예술가와 작가는 전쟁의 참상을 직접적으로 경험했다. 분별없는 살상에 대한 다다주의자들의 분노에 영향을 받은 많은 예술가들은 전전 시기 선호했던 유토피아적 이미지를 담은 표현주의를 버리고, 기계화된 사회에 대한 폭력적이고 파편화된 묘사를 하는 방향을 택했다. 기계는 이제 공포의 대상으로서도 자리 잡았다. 베를린 다다주의자들은 일상생활까지 침투한 현대 기술의 놀라운 잠재성을 보았지만, 동시에 그 위험성도 인식했다. 베를린 다

CHAPTER 11. 합리성을 거부하다-항의의 수단으로서의 예술

다이즘의 핵심 인물이었던 오토 딕스Otto Dix의 작품에서만큼 이것이 잘 표현된 것은 없다. 딕스에게 베를린은 전쟁을 촉발한 프러시아 군국주의의 수도이자, 전후의 희생자였고, 그의 작품 속에 나타난 참전자들은 전쟁으로 몸과 마음이 부서진 후 사회에서 주변화된 모습으로 나타난다.

불구의 몸인 다다

전쟁 후 독일로 돌아온 병사 중 250만 명은 불구의 몸이 되거나 영구적인 신체 손상을 입은 상태였고, 이로 인해 신체장애나 손상을 대중이 이전 어느 때보다 잘 볼 수 있게 되었다. 영국에서는 전쟁에서 입은 부상이 터부시되어서 의학적인 맥락일 때만 공개적으로 논의할 수 있는 대상이었다. 하지만 독일에서는 달랐다. 진보적인 좌파 예술가와 작가들, 그 중 베를린 다다 그룹 예술가들은 전쟁을 정당화하기 위해 위선을 드러낸 군대와 자본주의 시스템을 비난하기 위한 강렬한 상징으로 신체장애를 이용했다.

오토 딕스의 〈카드놀이하는 사람들Card Players (1920)〉은 가장 중요한 반전 회화 작품으로 꼽히기도 한다. 알아볼 수 없을 정도로 신체가 훼손된 세 명의 상이용사가 훼손된 부위를 기이하고 현대적인 보철로 대체한 상태로 있다. 현실에서 인간이 이 정도의 부상을 입고

오토 딕스의 〈카드놀이하는 사람들(Kartenspieler)〉
은 기계화된 전쟁이 인간의 신체와 독일 경제에 가
져온 전례 없이 공포스러운 결과를 폭력적인 방식
으로 오랫동안 전하고 있다.

살아남기는 힘들 것이다. 오른쪽에 있는 군인은 팔이 없어서 남아 있는 한쪽 다리로 카드를 쥐고 있고, 다른 두 군인은 인공 턱을 가지고 있다. 이 보철들은 의자 다리와 섞여 보이고, 사지의 왜곡은 해부학적으로 불가능한 모습이다. 감상하는 사람은 이 모든 요소가 어떻게 들어맞는지, 어느 것이 인간의 것이고, 어느 것이 생명이 없는 것인지를 알기 위해 매우 자세히 그림을 보아야 하는데, 이 과정에서 혐오감과 혼란을 마주해야 한다.

왜 이 세 명의 나이 든 상이용사는 카드 게임을 하고 있는 것일까? 이 정도의 장애를 가진 사람이 할 수 있는 다른 일은 무엇일까? 이들은 더 이상 사회의 생산적인 시민이 될 수 없다. 장애를 안게 된 참전 용사는 사회에서 주변화되었을 뿐 아니라, 정부에서도 복지 수급자로 치부되어 열등하게 대우받았다. 독일의 상이군인들이 영국 상이군인들에 비해 전쟁 직후 후한 지급금을 받은 것은 사실이다. 그러나 그들은 공동체가 자신들의 희생을 존중해 주지 않고, 사회로의 복귀를 도와주지 않는다는 것에 대해 불평했다.

딕스는 전쟁이 인간성을 말살시킨다는 것을 보여 주었다. 세 용사는 감각 기관을 뺏긴 상태로, 귀머거리가 되거나, 눈이 멀어 인간보다는 기계에 가깝다. 낡은 보호 장치만 가진 군인을 발전된 무기 체계에 대항하도록 내보내면서 다른 결과를 기대할 수 있을 것인가? 군인들을 산산조각 낸 것도 기술이었고, 남아 있는 부분을 모아 붙인 것도 기술이었다.

사회적 따돌림의 대상인 다다

상이군인에 대한 적개심 -혹은 아프고, 장애가 있고, 추한 모든 것에 대한 적개심- 은 19세기 말 독일의 건강과 미에 대한 민족주의적 추종이 진행되면서 더 악화된 측면이 있다. 이는 이상적인 신체와 라이프 스타일을 추구하려는 유토피아적 관점에서 추동되었다. 많은 사람들이 채식주의자가 되거나, 나체주의자 혹은 보디빌더가 되었고, 어떤 사람들은 대체 의학에 눈을 돌렸다. 이런 이상은 전쟁에 의해 파괴되지 않았고, 다시 등장했을 땐 어두운 암시를 포함하게 되었다. 전쟁이 가장 건강하고 젊은 독일 남자들을 죽이거나 해했다는 인식이 있었는데, 이는 되레 건강하지 못한 이들에 대한 편견을 강화시켰다. 우생학 -'나쁜 유전자'가 사회에서 뿌리 뽑혀야 된다고 믿는 학문- 의 추종자들은 선천적으로 약하거나 열등한 개인들에게 국가적 자원이 낭비되는 것에 반대했다. 정신과 의사 알프레드 호헤Alfred Hoche와 법률가 칼 빈딩Karl Binding 이 1920년에 발간한 리플렛, 《살 가치가 없는 생명의 말살에 대한 허용Permission for the Annihilation of Lives Unworthy of Life》은 소름끼치는 우생학적 인식을 잘 나타낸다. 당시 신문에는 '거지 떼'의 누추한 모습 때문에 대중의 기분이 상한다고 불평하는 기사들이 종종 나왔다.

전후 독일 바이마르 공화국은 대중의 지지를 받지 못했고, 힘도 없고 재정도 부족한 정부가 통치하고 있었다. 도시 생활 조건은 유럽에서 최하위 수준이었다. 비좁고 비위생적인 도시는 상이군인들의 재활에 전혀 도움이 되지 않았고, 이들은 자선단체를 찾거나 구걸을 할 수밖에 없었다. 동시에 자신을 전직 군인이라고 소개하는 것은 대중의 동정을 받고 기부금을 얻는 한 방법으로 인식되었으며, 복지 당국이 1919년에서 1920년 사이 조사에 나서 이런 분위기를 악용한 사기꾼들을 적발하기도 했다.

장애를 가지게 된 참전 용사 대부분은 사실 눈에 보이는 부상을 당한 것이 아니라, 정신적인 부상을 입은 것이었다. 그러나 문학이나 예술 작품에 묘사된 이들의 모습은, 사지가 절단되고, 얼굴에 그로테스크한 상처를 입거나, 신경계 장애로 몸을 떠는 등, 끔찍하게 훼손된 신체를 가지고 있다. 상징적인 기능에 충실하려면, 이들의 부상이 충분하게, 명백히 보여야 했다.

다다이스트들의 언어는 파편화, 절단, 사회적 규범과 터부의 파괴에 관한 것이었다. 이들은 전통적인 예술적 재현의 태도를 부수고, 몽타주나 음향시, 일상 속의 순간적인 것들을 찍은 사진, 레디-메이드들(예술적 목적으로 다시 만들어진 기성 제조품), 상징적인 기계와 인간의 아상블라주aasemblage('집합'이라는 뜻으로, 여러 물질을 조합해 3차원적 예술 형식_역자 주) 등을 시도했다.

다다주의자 막스 베크만의 10개의 석판화 연작은 줄여서 〈지옥〉이라고 불리는데, 전후 무법지대가 된 베를린의 사회적 혼란상을 그린 작품들이다. 강간범과 매독 환자가 살고 있는 근대 메트로폴리스

막스 베크만(Max Beckmann)의 판화 연작 〈지옥(Die Hölle)〉은 제1차 세계 대전 직후 베를린의 사회적 분열상과 정치적 혼돈 상태를 묘사했다.

의 어두운 곳은 제도화된 폭력과 인간 본성이 가진 가장 악한 충동의 먹이로 전락했다. 베크만은 참혹한 현실을 감상자의 눈앞에 들이대면서 이들이 느끼는 현실에 대한 만족감에 충격을 가한다. 연작 중 〈집으로 가는 길The Way Home〉이라는 작품은 가로등 아래 두 사람을 묘사하고 있다. 참전 군인의 얼굴은 심하게 일그러져 있고, 베크만 자신은 이 군인의 훼손된 팔을 잡고, 다른 손으로 '집으로 가는 길'을 가리킨다. 하지만 이 군인은 눈이 거의 없는 상태인데, 이 바이마르 공화국에서 집을 찾을 수나 있을 것인가?

이 판화 연작은 공개적으로 전시될 목적이 아니라 개인적인 관람을 전제로 만들어진 것이었다. 따라서 애국주의에 호소하는 정부의 프로파간다에 반하는 저 나름의 메시지를 관객에게 더 쉽게 전달할 수 있었다. 야만적인 이미지를 만들어 낸 딕스와 베크만은 부르주아의 재산 개념에 대한 충격을 주면서 다다이즘 운동의 기이함에 대해 분노를 조장하던 사회의 위선을 드러냈다. 수백만 명을 죽음과 고통 속에 몰아넣고, 대도시를 가난과 폭력과 범죄의 온상으로 만든 전쟁은 용인하면서도, 한 줌도 안 되는 보잘것없는 무정부주의자들이 괴이하거나 음란한 행위를 하며 도발한다고 사회 전반의 분노를 일으키려는 것이 무슨 문명사회란 말인가? 다다 예술은 정교히 만들어져, 카타르시스적 치료를 위한 충격으로 집행되었다.

인간 기계로서의 다다

하지만 결국 스러져 가고 있던 독일 경제는 모든 종류의 도움을 필요로 했고, 전쟁으로 상처 입은 이들을 생산적인 노동력으로 통합하려는 노력이 일어났다. 의학계에서는 전전에 개발된 인공사지는 일터에서 쓸모가 없다는 것을 인정하고, 개량된 버전을 고안하기 시작했다. 의사와 엔지니어들은 소위 '노동과학Arbeitswissen' 이론과 실행을 연구했는데, 인간의 신체를 효율성을 달성하기 위해 미세 조정이 가능한 움직이는 기계로 간주했다. 산업 기계(이에 대해서는 다음 장에서 살펴볼 것이다)처럼, 혹은 산업 기계와 함께 작업에 투입될 수 있다고 보았다. 인공사지의 개발은 다리보다는 팔 보철기구의 개량에 초점이 맞춰졌는데, 당시 직업 중 복잡한 다리의 움직임이 필요한 것은 거의 없었기 때문이다. 결과적으로 장애인이 된 독일 군인들은 다시 건설되고, 재활용되고, 개량되었다.

딕스는 더 나은 세상에서 기계가 무계층적인 기구가 아니라, 한 그룹의 사람들이 다른 그룹의 사람들을 통제하기 위한 기구나 상징이 될 것이라고 보았다. 또한 군국주의적 권위주의 정부뿐 아니라, 이익을 추구하는 자본가들에게도 유효한 도구가 되리라 생각했다. 이것은 다른 모더니스트들의 주장과도 일치한다. 딕스의 〈카드놀이 하는 사람들〉에 나오는 보철 아래턱은 '아래턱: 보철 브랜드: 딕스'라는 레이블을 달고 있는데, 사람이 상품으로서 브랜딩된 것을 보여

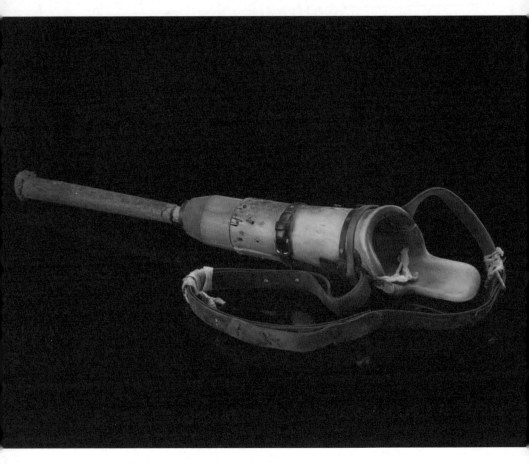

당시 대대적인 집수리가 이루어졌다는 사실은, 대안적인 장소
를 찾을 수 없었던 장애인들이 사지가 편안하게 느낄 정도로
유지시킬 수 있는 공간을 만들려고 했음을 알려 준다.

준 것이다. 1920년에, 다다주의자 라울 하우스만Raoul Hausmann은 반어적인 산문 〈보철 경제Prosthetic Economy〉에서, 인공보철은 피로를 느끼지 못하므로 하루 25시간을 일할 수 있으니 독일은 보철을 착용한 노동자가 필요하다고 주장했다.

산문은 풍자였겠지만, 일부 사람들은 효율성을 극대화하기 위해 팔다리를 잃은 사람이 보철을 착용하고 노동을 해야 한다고 강하게 주장했다. 의사들은 노동 과학에 입각해서 각종 직업을 필요한 움직임을 단위로 분절화하고, 노동자가 팔이 없어 행할 수 없는 일을 식별하여 일하는 데 쓰일 팔을 개발해 해당 작업을 할 수 있게 해야 한다고 했다. 그러다보니 보철 디자인은 사용자가 속한 계급과 직업에 따라 달라질 수 있었다. 인기 있는 인공 팔이었던 지멘스Siemens 사社의 팔은 애초에 장애가 있는 신체가 기계를 다룰 때 부드럽게 효율성을 극대화하도록 만들어졌다. 화이트컬러 노동자들은 주로 두뇌가 필요한 일을 했으므로, 그런 기능이 없는 미용적인 팔을 썼다. 칸스Carnes 팔은, 착용한 사람으로 하여금 넥타이를 매고, 평평한 표면에서 동전을 줍고, 자전거를 몰고, 지갑에서 지폐를 꺼내는 등의 섬세한 움직임을 할 수 있도록 한 것이었다. 이런 인공 팔은 구입하여 유지하는 비용이 비쌌다. 따라서 중산층만 이용할 수 있는 팔이었다.

오토 딕스의 〈카드놀이하는 사람들〉에 나오는 인간-기계man-machines는 늘 하던 방식대로 카드놀이를 계속 해야만 하는 상황이고,

장애인이 된 독일 군인이 목공 작업 기구에
맞는 특수 보철 팔을 착용한 모습.

보철은 늘 했던 대로 전쟁을 계속 해야만 했던 사회를 반영하는 것이라고도 볼 수 있다. 전쟁 경험으로부터 배운 것도 없고, 전쟁과 사회 혼란을 불러온 군국주의자, 기업가, 부르주아와 구분할 수도 없는 역겹고 그로테스크한 인간의 무자비한 이미지다.

치유로서의 다다

뉴욕에 다다를 소개한 주요 인사 중 하나였던 프랑스 화가 프랑시스 피카비아Francis Picabia야말로 기계의 형상을 가장 광범위하게 사용한 예술가일 것이다. 〈알람시계Alarm Clock (1919)〉와 같은 작품은 진지하면서도 추상적인 방식으로 시계의 톱니바퀴와 스프링을 그렸는데, 현대 세계에서 기계화된 인간의 모습과 궁극적인 기계의 부조리에 대한 조소를 전달하려 했다. 피카비아는 '기계는 인간의 혼이 약간의 조정을 거쳐 변한 것'뿐이라고 했다.⁴

아일랜드의 과학자 존 데스몬드 버날John Desmond Bernal은 과학의 사회적 역할에 대해 관심이 많았는데, 전쟁에서의 부상 없이도, 인체의 일부를 기계로 대체할 수 있는지에 대해 생각하기 시작했다. 1929년 버날은 '결국 우리는 필요 없는 신체 부위를 제거할 수도 있으며', 인공 팔다리나 감각 장치로 대체하여 신체 기능을 끌어올릴 것이라고 썼다. 결국, 이 사이보그는 엔지니어링으로 만든 장치가

CHAPTER 11. 합리성을 거부하다-항의의 수단으로서의 예술

분포된 시스템과 연결된, '통에 든 뇌'처럼 변할 것이라고 했다.[5]

　현재의 신체 구조 대신, 우리는 매우 단단한 재료로 된 전체적
인 프레임이 있어야 한다. 아마 금속보다는, 새로운 섬유 물질
이어야 할 것이다. 형태적으로는 짧은 주사기 같을 것이다. 충
격을 방지하도록 지지되고 있는 주사기 속에는 뇌와 신경계가
뇌척수액의 본질적 성격을 가진 액체 속에 담겨서 일정한 온도
속에서 계속 회전하고 있을 것이다. 뇌와 신경 세포는 산소를
포함한 신선한 혈액을 지속적으로 공급받는데, 주사기 밖에 있
는 심장-폐-소화기관과 연결된 동맥과 정맥을 통할 것이다. 정
교하고, 자동적인 장치인 것이다.

　반어법을 의도하지 않은 이 제안은 다다주의자들이 가장 두려워
한 것을 더 분명히 해 주었다. 독일 다다에 참여 활동을 하다가 환멸
을 느낀 예술가들 눈에 국가는 부패하고 민족주의적인 정치자들에
게 포획되어 있고, 억압적 사회 규범과 의심이라고는 하지 않는 획
일적인 문화와 사고방식이 지배하는 곳이었는데, 전쟁은 이 사실을
재확인시켜 주었다. 베를린 다다주의자들은 특히 독일 정부가 기계
화된 국가로, 정신을 짓밟고, 사람을 착취하고, 사람을 마치 일회용
이나 대체 가능한 재화처럼 취급한다고 생각했다. 기계는 인간을 파
괴하고 사지를 절단했지만, 보철 기술의 진보를 가져왔고, 생산 현
장에서는 효율성이 증대되었다. 상이군인들도 최적화된 부품으로
서 기계와 연결될 수 있다는 뜻이었다. 기술의 진보는 억압적인 파

괴와 얽매임의 도구였을까, 아니면 해방으로 이끄는 힘이었을까? 이 질문은 지속적으로 정치적, 문화적 긴장 관계의 원천이라 할 것이다.

12. CHAPTER

산업 기계 속의 인간
솔포드Salford의 굴뚝

나는 인간을 로봇automaton으로 여긴다. … 왜냐하면 인간은 원하는 것을 모두 할 수 있다고 생각하지만 그러지 못하기 때문이다. 인간은 자유롭지 않다. 그 누구도 자유롭지 않다.[1]

L. S. 로리(Lowry), 1970

PART 2. 열정의 시대

영국이 18세기 말에서 19세기에 걸쳐 산업화를 통해 변화하면서, 예술가나 작가 그리고 논객들은 인간과 기계 사이의 경계가 어디쯤 놓여야 하는지 궁금해하기 시작했다. 산업 노동자의 효율성을 증대시키기 위해, 그리고 노동력을 표준화하고 측정하기 위해 새로운 방법들이 노동자들을 과학 연구 대상으로 만들었다. 방적 공장이 기계화된 이후, 공장 노동자들은 마치 기계 속 톱니바퀴처럼 보이기 시작했다. 이런 비인간화는 어디로 향하는 것일까?

L. S. 로리의 1922년 회화 작품인 〈제조업 도시A Manufacturing Town〉는 그에 대한 하나의 답을 제시한다. 굴뚝 연기가 창백한 하늘을 검게 물들이고, 획일적으로 어두운 옷을 입은 사람들이 종종걸음을 치거나 로봇처럼 굳은 자세로 거리에 서 있다. 참고로 '로봇'은 체코어로 '노동자'를 뜻하고, 체코의 작가 카렐 차페크Karel Capek가 최초로 인공 휴머노이드를 지칭하기 위해 사용한 단어다. 〈제조업 도시〉는 대중의 인정을 받은 로리의 첫 작품들 중 하나였고, 1926년 맨체스터 산업도시 주간Manchester Civic Week 동안 발간된 맨체스터 가디언Manchaster Guardian지誌의 부록으로 나오기도 했다. 이 축제는 맨체스터 기업공동체에서 지역 노동자의 자긍심을 북돋고, 1925년 전면 파업으로 인해 정치적으로 불안했던 시기에 유권자들에게 산업계를 홍보할 목적으로 개최되었다. 하지만 노동자들에게 로리의 그림이 무슨 메시지를 던진 것일까?

산업화 풍경

로리는 60년 가까이 어마어마한 수의 작품을 남겼는데, 주로 그의 고향인 솔포드 펜들베리Penflebury 주변의 산업 지구 풍경을 다루었다. 따라서 이 그림들에는 공장 굴뚝, 혹은 면사 방적기를 돌리거나, 옷감을 직조하거나, 금속을 주조하는 기계를 작동시키는 증기기관의 연기가 자주 등장했다. 이런 식의 '로리식 경치Lowryscapes'는 한눈에 봐도 알아볼 수 있을 만큼 완화된 컬러와 천진난만한 스타일이 특색이었는데, 영국 산업혁명 유산의 상징으로 자리 잡는다.

하지만 로리의 그림이 묘사하는 바가 정확히 산업화에 대해 어떤 태도인지에 대해서는 합의가 존재하지 않는다. 환경과 자연 경관의 파괴, 이로 야기된 공중 보건의 위기, 인간을 부품적인 존재로 전락시킨 재난적 변화에 대한 기록이라고 하는 사람들도 있는데, 이들 입장에서 로리의 작품들은 아놀드 토인비Arnold Toynbee가 1885년에 묘사한 산업혁명의 어두운 그늘을 포착한 것이다. 토인비는 "한쪽에서는 막대한 부富를 축적하는 동안 다른 한쪽에서는 극빈자도 엄청난 속도로 늘고 있다. 자유 경쟁의 결과인 대량 생산으로 인해, 여러 계층의 사람들은 소외되고, 생산자의 다수가 비하되기도 한다."라고 했다.[2]

하지만 로리의 작품들이 그린, 굴뚝이 가득하고 방적 공장으로 수많은 노동자들이 서둘러 출근하던 세계는 20세기 초에 이미 쇠퇴

하고 있던 중이었다. 랭커셔Lancashire의 스카이라인은 로리가 화가로서 붓을 잡기 150년 전에 이미 연기를 뿜어내는 굴뚝과 우뚝 솟아 있는 방적기가 만들어 내고 있었다. 1950년대 로리가 작업한 대형 작품들에서는 영국 제조업의 쇠락을 보여 주는데, 예를 들면 맨체스터의 전성기 때 구축한 인프라가 낡은 모습을 그리는 식이다. 로리가 그린 도시 풍경과 거리의 모습은 노스탤지어를 불러일으키고, 낭만적이기도 하다고 보는 사람들도 있는데, 산업 패권이 무너지는 동안 사라진 삶의 양식을 관찰한 것이기 때문이다.

로리의 회화에 나타난 외로움과 고립의 정서에 집중하는 사람들도 있다. 로리의 작품 속 사람들은 물리적으로는 가까워도 서로 단절되어 있다. 작가의 시점은 마치 그림 밖에 있는 사람이 가장자리에서 안쪽을 바라보는 듯한 각도이다. 다른 사람들은 로리의 작품이 산업화의 사회적 영향에 대한 정치적 논평이며, 탈인간화나 위생 문제보다는 노동과 계급에 관한 고찰이라고 보기도 한다. 미술 평론가 하워드 스프링Howard Spring은 "로리의 작품은 산업혁명에 볼모로 잡힌 땅에서의 절망에 관한 비극적 감성을 불러일으킨다."[3]라고 했다. 마르크스주의 미술사학자인 T. J. 클라크Clark와 앤 M. 와그너Anne M. Wagner는 2013년 테이트 미술관에서의 로리 회고전을 큐레이션 했는데, 이들은 로리의 작품들이 '노동자들의 삶에 직조된 산업 기술처럼 복잡한 패턴'을 그렸다고 논평했다. 다른 마르크스주의 미술사학자 프랜시스 클링엔더Francis Kilngender는 한 발 더 나아가, 로리가 산업화의 효과를 보여 줌으로써 "(그에 대한) 책임이 있는 사회 체계에 대

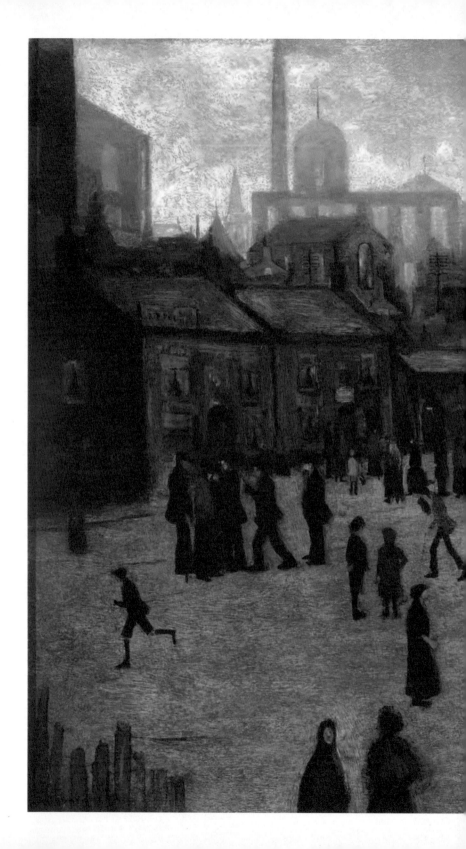

로리의 〈제조업 도시〉. 소위 '로리식 경치'는 영국의 산업화 유산의 상징이 되었다.

한 투쟁에 영감을 주고자 했다."라고 평했다.[4,5]

　　다른 한편에는 로리의 작품에는 정치적 의도가 전혀 없다고 주장하는 사람들이 있다. 로리는 단지 다른 예술가들이 주목할 필요를 느끼지 못해 놓쳤던 장면들을 그리고자 했던 열정이 있었을 뿐이라는 것이다. 로리 자신도 본인의 작품에 대해 "나의 야심은 산업화의 풍경을 역사의 지도에 남기는 것에 있었다. 왜냐하면, 누구도 심각하게 이 작업을 하지 않았기 때문이다."[6]라고 한 적이 있다. 로리는 수수께끼 같은 인물로, 자신의 의도에 대해 우리에게 남긴 단서가 별로 없다. 그래서 그의 회화는 모호하게 남아 있다.

　　그렇다 해도 개미나 일벌이나 기계의 부품처럼 구분되지 않게 대충 그려진 노동자에게서 시선을 돌리기 어렵다. 소설가 지넷 윈터슨 Jeanette Winterson은 로리의 작품 속 노동자를 '산업 기계를 위한 클론, 단위, 생산의 수단'[7]이라고도 불렀는데, 이런 정서를 완전히 배제하기는 어렵다. 윈터슨은 로리의 그림이 '인간이 기계와 짝지어졌을 때 인간에게 무슨 일이 일어났는지'[8] 보여 준다고도 했다.

　　반복과 획일성 테마는 똑같은 모양의 방적 공장의 창문이나 비슷비슷하게 테라스가 있는 집들에서도 표현된다. 사실, 로리의 그림 모두가 서로서로 매우 닮았다고 해도 과언은 아니다.

　　기계화가 인간에 미친 영향은 기계 시대의 탄생 시기부터 우려를 불러일으켰다. 제임스 필립스 케이James Philips Kay는 1832년에 쓴 책《맨체스터 면화 제조업에 고용된 노동 계층의 도덕적, 신체적 상태The Moral and Physical Condition of the Working Classes Employed in the Cotton Manufacture in Manchester》에서 '수많은 섬유 방적 공장의 노동자들은 철과 증기와 일하면서 피로를 모르는 기계에 매이게 된다'[9]라며, '엔진이 작동하면, 사람들은 일을 해야 한다'[10]라고 썼다. 케이에게 있어, 공장 직공의 삶은 지루하고, 지속적인 단순 노동과 끊임없는 기계적 반복으로 점철되는 삶이다. 자본주의 속 불의에 관한 프리드리히 엥겔스Friedrich Engels의 비판인《1844년 잉글랜드 노동계층의 상태The Condition of the Working Class in England》에서 기계의 속도에 반복적으로 맞춰 고생스럽게 일한 방적 공장 노동자들이 받는 신체적 정신적 압력에 대해 서술했다. 엥겔스는 공장에서의 노동이 진정한 일이라고 할 수 없으며, '치명적이고, 상상할 수 있는 수준에서 사람을 가장 지치게 하는 공정'[11]에 투입되는 것이라고 보았다.

일의 리듬

이 시기 노동에 대해 가장 충격적인 측면은 횡포에 가까운, 공장 기계에 의해 정해지는 작업의 속도라 할 것이다. 겨울이든, 여름이든, 비가 오든, 맑든, 어둡든, 밝든, 노동자들이 언제 일하고 언제 쉴지 정하는 것은 계절이나 하루 중 시간의 변화가 아니라, 공장의 시계였다. 기계화는 일과 시간의 관계를 완전히 뒤바꿔 놓았다. 사실 로리의 작품에서 공장의 시계는 지속적으로 나타난다. 〈일터로 가는 것, 방적 공장에서 집으로 오는 것Going to Work, Coming Home From the Mill〉이나 〈이른 아침Early Morning〉에서는 종종걸음을 치며 무질서하게 뻗어 나가는 군중의 위로 독재적인 주인 같은 공장의 시계가 보인다.

찰스 디킨스의 《어려운 시절Hard Times》은 1854년 출판되었는데, 이 작품은 산업 시대에 대한 가장 직접적이고 기억에 남는 문학적 반응이라고 할 수 있을 것이다. 이 소설의 배경 코크타운Coketown이 '기계와 끝없이 뱀 같은 연기 자국이 이어지는 키 큰 굴뚝이 있는 곳'이라는 디킨스의 묘사는 마치 로리의 그림을 묘사하는 것 같은 느낌이다.[12] 이 도시의 노동자들은 아무런 감정 없이 이들을 기계처럼 대하는 공장주 본더비 씨Mr Bounderby 밑에서 매일매일 힘들고 단조롭게 일한다. 새뮤얼 버틀러Samuel Butler가 1872년 발표한 유토피아적 소설 《에러혼Erewhon》에서는 인간에게 제기하는 위협 때문에 기계가 금지되고, 모든 기계 공정이 중단된다. 에러혼에는 박물관이 하나 있는데, 여기서는 부서진 기계, '증기기관의 파편, 부서지고 녹슨 실린더와 피스톤이나 플라이 휠, 크랭크의 일부' 같은 산업 시대의 파편들이 전시된다.[13]

《에러혼》은 1921년, 당시 영국에서 제조업과 산업 전반의 발전에 대해 다루던 대표적인 저널 엔지니어The Engineer지誌에 실린 글에서 언급된다.[14] 이 글에서는 소설의 단순한 '재난적' 묘사는 받아들일 수가 없다고 했고, 이런 방식의 이야기는 유행이 지났다고 했다. 이 글이 제기한 우려사항은 '과학적' 경영 기술의 부상이었는데, 글쓴이는 이런 경영이 노동자에게 해로울 뿐 아니라 이들의 몸과 마음을 아둔하게 만든다고 탄식했다. 마치 버틀러의 소설에서 기계가 그렇듯.

이러한 경영 방식은 1890년대 미국에서 시작되었고, 창시자 중한 명인 프레데릭 테일러는 산업적 효율성은 산업 공정을 과학적으로 다루어 개량함으로써 달성할 수 있다고 주장했다. 예를 들어, 테일러는 모든 직업의 구성 요소별로 나누고, 이 모든 요소를 스톱워치를 사용해 소요 시간을 측정한 뒤, 가장 효율적인 시퀀스를 만들어 재배열했다. 한편, 엔지니어였던 프랭크Frank와 릴리언 길브레스Lollian Gilbreth는 작업에 수반되는 움직임을 사진 등을 이용해 연구했고, 움직임의 개수를 어떻게 줄일 수 있을지 연구했다. 소위 시간동작연구time-and-motion study가 탄생한 것이다.

많은 영국 기업들은 20세기 초에 영국의 산업적 성과에 대해 우려하기 시작했고, 과학적이라고 주장되는 경영 기법을 앞다투어 도입하기 시작했다. 물론 직원들은 이런 움직임에 대해 냉랭했다. 1934년 맨체스터의 엔지니어링 회사인 리처드, 존슨 앤 네퓨Richard, Johnson and Nephew사社에서 생산성 측정을 시도한 후 700명의 철사 세공사가 벌인 파업에 대해 보고했던 맨체스터 가디언지는 노동자들이 이런 시스템을 '반사회적'이라고 생각한다고 썼다. 생산성 측정의 대상이 되었던 한 노동자는 "나는 식은땀을 마구 흘렸고 온 신경이 떨리는 것 같았다."라고 했다.[15] 세계 섬유 노동 협회 연맹International federation of Textile Workers Associations의 회장은 이런 연구가 노동자들을 기계로 전락시키는 것이라 주장했다.[16] 이런 기술은 생산 통제권을 현장 노동자로부터 경영자로 이전시켰고, 비판자들은 이런 조치가 노동자를 생산의 한 단위로 만들어, 이들의 기술, 진취성, 주인 의식을 방해한다며 크게 반대했다.

이 모든 반대에도 불구하고, 과학적 관리법은 그 후 수십 년 동안 유행했을 뿐 아니라, 일부 산업에는 아직도 남아 있다. 1974년 리처드, 존슨 앤 네퓨사는 예술가 제프리 키Geoffrey Key에게 작품 의뢰를 하는데, 크레용으로 회사의 직원들이 기계를 작동하여 가시철사와 철책선을 생산하는 모습을 주제로 그려 줄 것을 요청한다. 이즈음, 회사는 공장 효율성을 57% 정도 끌어올린 상태였다.[17] 제프리 키의 작품은 모호하다. 마치 산업 노동자에 대한 예술적 찬미 같으면서도, 논란의 중심이 된 시간동작연구의 유산이 보이고, 그림 속 노동자들은 거의 로봇처럼 얼굴이 정체불명이다.

_____ **생산적 인간**

20세기 초반에 심리학이 새로운 과학 분야로 부상하면서, 노동자의 인간적 측면을 인정하는 동시에 산업의 효율성을 개선하려는 움직임이 나타났다. 산업심리학industrial psychology은 1920년대에서 1930년대에 걸쳐 영국에서 힘을 얻었고, 과학적 관리법과 거리를 두는 데 주력했다. 실험 심리학자 찰스 마이어스Charles Myers는 국립 산업심리학 연구소National Institute of Industrial Psychology를 1921년 설립하였고, 산업적 효율성은 '노동자를 뒤에서 압박하는 것이 아니라, 그들이 겪고 있는 어려움을 경감시켜 줘야 한다'[18]는 원칙을 따르면서 이룰 수 있다고 주장했다. 산업심리학자들은 작업 패턴을 변경할 때는 개인과 직업의 관계에 관한 과학적 연구에 기반을 두어야 하고, 그렇게 해야만 생산성뿐 아니라 노동자의 직업 만족도까지 최적화될 것이라 역설했다. 산업심리학에서는 인간을 기계처럼 일하게 할 것이 아니라 노동자를 인간으로서 연구하고자 했다.

1922년, 라운트리 코코아웍스Rowntree's Cocoa Works社는 영국 기업 중 최초로 산업심리학자 빅터 무리스Victor Moorrees를 고용했다. 이 회사는 퀘이커 교도인 조셉 라운트리Joseph Rowntree가 1862년에 세운 회사로, 온정주의적인 회사 운영을 했고, 사측과 노동자 사이의 산업적, 사회적 계약 관계를 강조했다. 조셉 라운트리는 노동자들을 위한 복지의 중요성에 대해 굳게 믿고 있었다. 직원들은 "기계의 톱니바퀴처럼 여겨져서는 절대 안 되고, 위대한 산업의 동료로 대해야 한다."라고 말한 적이 있다.[19] 라운트리는 작은 코코아 회사를 거대 과자 제조업체로 탈바꿈시켰는데, 이러한 성장은 산업 복지 정책을 도입하면서 이루어진 것이다. 라운트리 코코아웍스가 새로 도입한

OLD METHOD.   1. Hands to Stamp   2. Stamp down.   3. Release stamp, catch & drop them into box

NEW. METHOD.   1. Hands to Stamp   2. Stamp down   3. Stamp up slightly

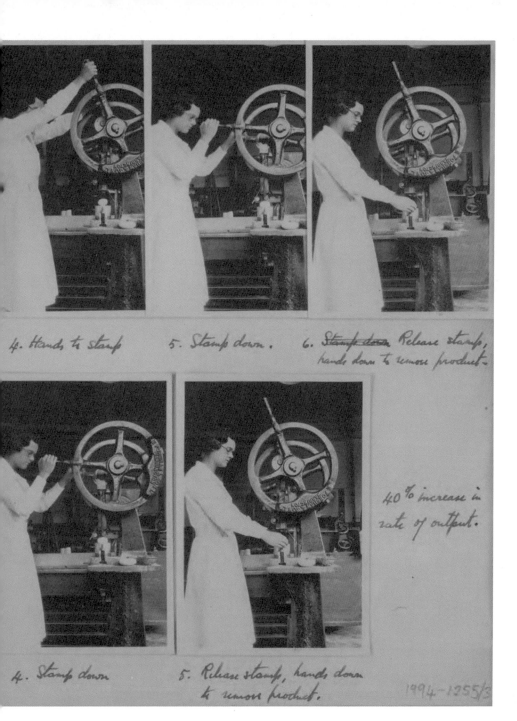

4. Hands to stamp

5. Stamp down.

6. Stamp down Release stamp, hands down to remove product.

4. Stamp down

5. Release stamp, hands down to remove product.

40% increase in rate of output.

1994-1255/3

한 여성 노동자가 핸드프레스를 작동시키고 있다. 이 움직임 연구로 동일한 작업의 생산성이 40퍼센트 올랐다고 알려져 있다.

정책들 중에는 연금이나 하루 8시간 노동 원칙이 포함되어 있었고, 이것은 조셉의 아들 벤자민 시봄 라운트리Benjamin Seebohm Rowntree가 강력하게 관철한 것이었다.

벤자민 시봄 라운트리는 아예 회사 내에 심리과를 창설했다. 과학적 마인드를 가졌던 그는 맨체스터에 있는 오웬스 칼리지Owens College에서 화학을 전공했고, 영국 정부의 무기성Ministry of Munitions 복지과에서 일을 했다. 무기성의 복지과는 제1차 세계대전 당시 무기 제조업에 투입된 노동자의 효율성에 영향을 끼치는 피로도나 노동조건에 대해 자문하는 부서였다. 여기서 벤자민 시봄 라운트리는 과학적 관리법 이론을 처음 접하고 흥미를 느꼈다. 그는 노동자의 복지를 개선하는 것이 도덕적으로 옳은 일일 뿐 아니라, 산업적 효율성을 증진시킨다고 보았으며, 전쟁이 끝난 후 영국 방방곡곡에서 있었던 산업적 불안 상태를 해소시킬 수 있을 것이라 믿었다.

시봄 라운트리는 1923년 가족 기업의 회장이 되고, 이것은 실험적 경영방식의 신호탄이 된다. 회장으로 취임한 바로 그 해에, 그는 라운트리 회사의 경영은 인간애와 경영 과학을 결합하는 방식으로 이루어질 것이며, 이렇게 함으로써 효율성과 복지 모두를 추구하겠다고 밝혔다.[20, 21]

라운트리의 노동자들이 효율성을 저해한다고 알려진 장애물을 제거하는 훈련을 받은 것은 맞다. 하지만, 애초에 입사하기 전에 지원자들은 심리 테스트를 치렀고, 그 회사에서 행복할 가능성이 높은 개인들을 식별하는 채용 과정을 거쳐야 했으니 더 생산적인 것은 당연했다고 할 수 있다. 1920년대 초, 무리스는 색깔이 칠해진 나무 조각들을 맞춰 넣을 수 있는 나무틀formboards을 고안해 냈다. 지원자들은 몇 조각이나 알맞은 순서로 이 틀 안에 3분 안에 넣을 수 있는지 보여야 했다. 이 테스트의 목적은, 초콜릿 포장을 얼마나 잘할 수 있는지 보는 것이라고 받아들여졌다. 1932년에 되어서는 이 회사의 심리과에서는 약 6,000명의 초콜릿 포장직 지원자를 테스트했고, 이후 30년간 이 테스트가 사용되었다.

1930년 라운트리는 국립 산업심리학 연구소의 조사관이었던 나이젤 볼친Nigel Balchin을 고용해 무리스와 함께 일하도록 했다. 볼친은 초콜릿 폐기물을 없애기 위해 포장 방법을 바꾸었다. 이 과정에서 컨베이어벨트를 돌리며 자동으로 포장하는 것보다는 사람 손으로 포장하는 것이 낫다는 것을 증명했다. 이때 실행한 실험들은 볼친의 첫 소설《하늘이 없다No Sky》의 모티브가 되었다. 이 작품에서는 젊은 케임브리지 졸업생이 대형 엔지니어링 기업에서 작업과 관련된 연구를 수행하게 되는데, 수상한 공장 감독원이 시간 연구 결과를 왜곡해 직원들이 일부러 일을 느리게 하는 것에 대처하기 위한 것이었다.[22] 라운트리에서는 새로운 방식에 적응하지 못한 노동자들의 불만을 접수하고, 이들을 보호하기 위한 규정을 만든 적이 있다. 따라서 볼친의 소설이 라운트리에서 맞닥뜨린 긴장관계를 바탕으로 상상력을 동원한 것은 자연스럽다. 산업심리학은 인간이 기계가 아님을 인정하면서도, 궁극적으로는 생산성 향상을 목적으로 한

산업 심리학자 빅터 무리스가 고안한 나무틀은 라운트리에서
초콜릿 포장 노동자를 뽑기 위해 사용되었다.

것이었다.

아마존 창고와 콜 센터가 있는 요즘에도, 생산성을 높이려는 요구에 노동자의 복지가 여전히 우려된다. 제레미 델러Jeremy Deller는 공산당 선언Communist Manifesto에서 따온 문장 '견고한 모든 것은 공기 속으로 사라진다All That is Solid Melts Into Air'라는 제목으로 2013년에 개념 미술 순회 전시를 열었다. 대부분의 델러 작품의 초점은 사람들의 일상생활이었고, 계급, 권력, 사회적 경험의 문제를 '근본적으로 평등주의적으로, 확고히 인기 있고 민주적인 방향으로' 다루었다.[23]

'견고한 모든 것은 공기 속으로 사라진다'에서 델러는 산업화와 그것이 영국 사회와 대중문화에 끼친 영향을 보여 주는 미술품, 물건, 사진, 음악, 영화를 전시했다. 이들 중에는 1810년 매클즈필드 Macclesfield의 견직 방적 공장에서 쓰기 위해 제작된 2개의 시계판이 있는 벽시계가 포함되어 있었다. 시계판 하나에는 실제의 시간을 보여 주고 있고, 마치 방적 공장은 따로 떨어진 우주에 있는 것처럼 다른 하나에는 '방적 공장 시간'을 보여 준다. 방적 공장 시계의 시곗바늘은 공장의 수차가 돌 때만 움직였다. 수차가 정지되면, 방적 공장 시간도 정지되고, 이렇게 누락된 생산 시간은 기계의 움직임에 맞춰 노동자들이 메꾸어야 했다.

델러는 이때와 비교해서 바뀐 것이 별로 없다는 생각에 이 매클즈필드 시계를 오늘날 창고에서 일하는 노동자들이 근무 비율을 손

2개의 시계판이 있는 이 시계는 매클즈필드의 파크 그린 방적 공장(Park Green Mill)에 1810년경 설치되었고, 노동자들이 정해진 생산성을 유지하도록 하기 위해 사용됐다.

목에 찬 디지털 기기로 측정해서 매니저에게 정보를 제출하는 것과 짝지어 보여 주었다. 로리의 작품들처럼, 델러의 작품도 자본주의가 생산성 최대화를 추구하면서 인간을 생산 공정의 한 단위로 취급하는 것에 대한 조심스러운 관찰 결과를 표현한 것이다.

지식의 형태

뮤즈로서의 수학 모형

부피와 질량, 중력의 법칙, 우리 발밑의
지구의 윤곽을 인식하고 이해하는 것…
이것들이야말로 우리 삶의 정수이고,
우리 경험에 생명을 불어넣는 원칙이고
법칙이며, 온전한 경험에 대한 우리의
감성을 보호하는 수단을 만든다.[1]

바바라 헵워스(Barbara Hepworth), 1937

19세기 중반에 비유클리드 기하학non
-Euclidean geometry(기하학을 평면 모형을 넘어 구球나 곡선의 공간에서 적용하는 기
하학) 같은 수학의 일부 분야 교육에서는 목재나 황동, 줄 같은 시각
보조 교재가 사용되고 있었다. 이들은 2차원적인 그림보다 복잡한
3차원 표면의 모형을 이해시키는 데 훨씬 효과적이었다. 하지만 이
런 모형은 교육 도구로서뿐 아니라, 자체로 미학적 매력도 있었다.
20세기가 되어서는 이 도구들이 예술적 상상이나 창조적 영감의 원
천이 되었고, 사회를 위한 예술의 기능적 가치를 상징하게 되었다.
바바라 헵워스나 헨리 무어Henry Moore는 이러한 모형에 자극받아 자
신의 3차원적 작품을 만들었다.

_____ **수학을 모형으로 만들다**

추상수학abstract mathematics, 특히 대수
기하학algebraic geometry 분야는 곡선, 표면, 모양을 수학적 방정식으로
정의하여 탐구하는 분야로, 19세기부터 점점 더 높은 관심을 받아
왔다. 이 모형들을 이용해 아이디어를 발전시키고, 지식을 전수했
다. 모형을 제작하는 것은 1870년대에 특히 널리 이루어져서, 석고,
판지, 끈 등 다양한 재료가 사용되었다. 이런 모형은 수학적 정리를
증명하려는 목적이 있었던 것은 전혀 아니었고, 직관을 돕고 의미를
다른 사람과 공유하기 위해 사용되었다.

19세기 후반이 되면, 수학자들은 유클리드 기하학의 대체 이론을 창설하게 되고, 이 새로운 이론이 향후 200년간 지배적인 위치를 누리게 된다. 유클리드 기하학은 평면에 있는 대상의 특성에 대해 탐구하고, 유니폼uniform 3차원 공간 -예를 들어, 수렴도 발산도 하지 않는 평행선, 내각의 합이 180도인 삼각형이 있는 공간- 을 다루었다. 비유클리드 기하학에서는 유클리드 기하학의 일부 내용이 사실이 아닐 수 있다고 보았다. 공간은 더 이상 평평하지 않고, 새로운 법칙이 적용되었다. 1830년경, 니콜라이 로바쳅스키Nikolai Lobachevsky와 야노시 보여이Janos Bolyai는 각각 비유클리드 기하학 논문을 발표했다. 카를 가우스Carl Gauss나 아우구스트 뫼비우스August Möbius 같은 저명한 과학자들이 논문을 지지하고, 수학자들의 관심을 얻는 데 성공하면서 명성을 얻었다. 이들의 아이디어는 독일의 베른하르트 리만Bernhard Riemann이 더 발전시켰다. 1854년에 굴곡진 공간의 존재를 상정한 이후 리만 기하학Riemannian geometry로 불리게 된 분야를 확립했다. 리만 기하학은 60여 년 후 아인슈타인의 일반상대성 이론에서도 매우 중요한 역할을 하게 되는데, 중력 작용의 결과로 시공간이 휘는 결과를 낳는 것을 보여 주기 때문이다.

기하학에 모형을 최초로 사용하기 시작한 것을 보기 위해서는 18세기 말 무렵 프랑스 과학자 가스파르 몽주Gaspard Monge의 선구적 연구로 거슬러 올라가야 한다. 몽주가 1794년 발표한 화법기하학descriptive geometry 이론을 정밀성을 가지고, 2차원적 요소는 드로잉으로, 3차원적 요소는 모형으로 묘사하려고 했다.[2] 몽주는 구부러진

CHAPTER 13. 지식의 형태-뮤즈로서의 수학 모형

테오도르 올리비에는 흥미로운 끈 모형을 여러 개 제작했다.
사진의 예는 파브르 드 라그랑주(Fabre de Lagrange)가 제작한
것으로, 왜곡과 회전이 가능하고, 따라서 다양한 기하학적 형
상을 만들 수 있다.

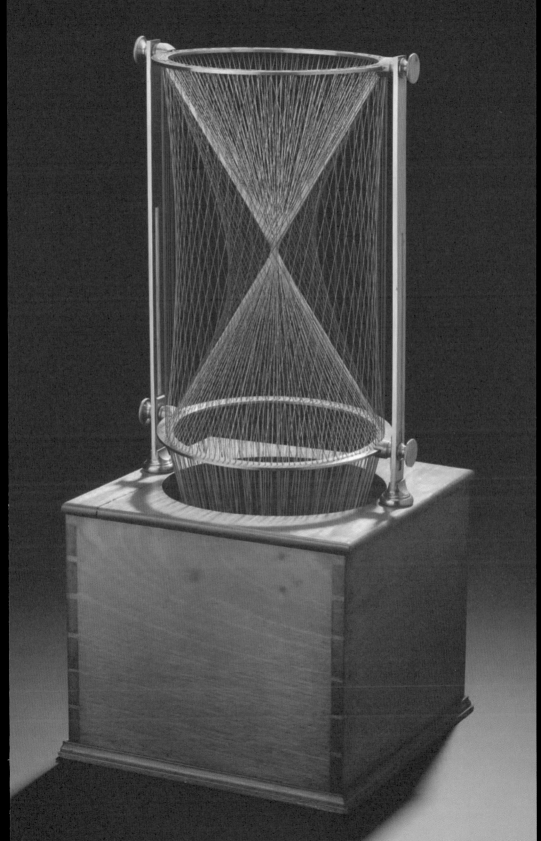

프레임을 가로지르는 끈을 달아서 설명을 했는데, 수학에서는 이를 '선직면ruled surfaces'라고 부른다. 선직면 위 모든 점에서는 최소 하나의 면을 지나는 직선이 지나가게 되어 있다. 원통이나 원뿔이 그 예다. 화법기하학은 군사, 민간 두 영역 모두의 건축에 실용적으로 적용되었고, 서구 세계의 기술대학polytechnic과 일반대학에서 널리 가르치는 학문이 되었다.

1829년, 몽주의 학생 중 하나였던 테오도르 올리비에Théodore Olivier는 과학과 수학 분야에서 엔지니어들을 훈련시키는 교육 기관인 파리 중앙공과학교École Centrale des Arts et Manufactures를 설립하는 데 일조를 했다. 중앙공과학교, 국립직업전문원Conservatoire National des Arts et Métier, 에콜 폴리테크닉École Polytechnique에서 올리비에는 화법기하학과 역학을 가르쳤다. 그는 움직일 수 있는 부품이 있는 독창적인 끈 모형을 만들었고, 숨겨진 수은 구슬로 무게를 더한 색색깔의 줄을 사용하여 여러 종류의 면을 시각화했다.

이 모형들은 널리 사랑받았고, 순식간에 유행했다. 올리비에는 전 세계 학교와 대학교를 대상으로 모형을 판매할 수 있었고, 다수의 미국 교육기관에서도 이것을 샀다. 미국 육군사관학교West Pont와 프랑스 국립직업전문원에 아직 이 중 일부가 남아 있다. 처음에 이 모형들은 픽시Pixii 부자父子가 제작했다. 이후 이 기업의 후계자였던 파브르 드 라그랑주가 이것을 맡았는데, 라그랑주는 과학박물관 컬렉션을 위해 모형 한 세트를 제작했다. 이 아름다운 모형들은 쌍곡

포물선hyperbolic paraboloid, 원뿔conoid, 나선형 꼬임skew helicoid, 교차평면intersecting plane같이 이국적인 이름을 가진 곡면들을 보여 주었다. 이들 모형은 과학박물관의 소장품이 되어 1872년 런던 국제박람회International Exhibition에서 전시되었다.

학교에서 편리한 보조 교재로 사용됨과 동시에 수학계 내부에서 아이디어를 교환할 때도 이 모형들이 이용되었고, 국제 박람회에서는 국가적 위상의 상징이 되기도 했다. 예를 들어, 1893년 시카고에서 열린 세계 콜럼비아 박람회World Columbian Exposition(콜럼버스가 신세계에 도착한 400주년을 기념한 박람회_역자 주)와 하이델베르크에서 1904년에 열린 제3회 세계수학자대회International Congress of Mathematics에서도 모형이 전시되었다. 수학 모형은 마치 작은 수집품처럼 취급되어 아트 갤러리나 박물관에서도 전시되었고, 다양한 관객을 만나게 된다. 이 중에는 아방가르드 예술가들이 포함되어 있었다. 이들은 추상적 사고의 가이드로 모형을 본 것이 아니라, 새로운 모양과 형태를 모색하는 데 영감을 주는 대상으로서 취급했다.

기하학과 구성주의constructivism

1930년대가 되면 초현실주의surrealism와 구성주의constructivism, 이렇게 2개의 예술 사조가 기하 모형에 관심을 두게 된다. 두 사조 모두 형태와 공간의 의미를 연구했고, 수학 모형이 마치 조각품처럼 보일 수 있다는 사실에 주목했다. 이 두 사조에 속한 예술가들은 일반 대중을 위한 전시회에 있던 모형 자체를 공부했을 뿐 아니라, 백과사전이나 수학 교과서에 있는 일러스트도 참고하였고, 작품 이름에 수학적 설명을 채택해 사용하기도 했다.

최초로 누가 조각 작품에 수학적 형태나 줄을 합체시킨 것인지는 알아내기 어렵다. 초현실주의자인 막스 에른스트$^{Max\ Ernst}$는 미국 출신의 사진작가이자 시각 예술가인 만 레이$^{Man\ Ray}$를 파리에 있는 푸앵카레 연구소$^{Poincaré\ Institute}$에 소개시킨 1930년대에 자신은 이미 기하학을 사용한 작품을 만들고 있었다. 푸앵카레 연구소에서 만 레이는 줄이 있는 모형 사진 연작을 작업했고, 당시 프랑스에서 영향력 있던 예술 학술지 〈까이예 다르$^{Cahiers\ d'Art}$〉에 1936년에 발표한다. 초현실주의자에게 있어 이런 물체는 시각에 놀라움과 자극을 줄 수 있는 또 다른 한 방법이었다.

팽팽히 당겨진 줄이 있는 모형을 예술의 영역으로 끌어온 것은 러시아 출신 예술가 나움 가보$^{Naum\ Gabo}$였다. 가보는 뮌헨 폴리테크닉에서 자연 과학과 공학을 공부하면서 수학 모형을 접했다. 이후, 가보는 러시아에서 20세기 초에 시작된 구성주의 운동에 참여하였고, 큐비즘, 미래주의, 과학에 의지했다. 1925년에 가보는 "엔지니어의 구성주의적 사고를 예술로 전환하여야 한다."라며, "비행기는 새로운 조각이 가져야 할 모든 구성 요소를 가지고 있다."라고 했다.[3]

헵워스의 첫 조각 작품으로, 수학적 형태에 영향을 받은 금속 줄이 있다. 이러한 모티프는 헵워스 작품에서 흔히 보이는 특징이다.

가보는 1936년 영국으로 이민하여 런던 북부의 햄스테드에 자리를 잡았는데, 당시 햄스테드에는 바바라 헵워스, 헨리 무어, 존 내쉬 John Nash 같은 저명한 예술가와 지성인들이 살고 있었다. 가보는 독일에서 구상한 구성주의적 아이디어를 가져왔고, 과학적 도구와 수학적 구조를 사용하여 조각품의 형태를 만들었다. 그는 또 엔진으로 작동하는 작품도 만들었는데, 이것이 최초의 키네틱 조각이라고 보는 이들도 있다. 영국에서 가보는 기술적 발전의 영향을 계속 받았으며, 퍼스펙스Perspex, 셀룰로이드, 나일론 같은 재료를 작품에 사용하였다(물론, 후대의 관리자들에게는 악몽이 된다). 〈선 위의 구성Construction on a Line (1935-7)〉, 〈투명한 중심이 있는 공간에서의 구성Construction in Space with Crystalline Center (1938-1940)〉 같은 작품들에서, 가보는 투명한 평면을 교차하거나 겹쳐서 복잡한 공간을 창조했다.

영국에서의 구성주의

헨리 무어와 바바라 헵워스는 공간 속 수학 이론에서 나온 기하학 형태와 모형에 관심을 가졌다. 이런 아이디어를 발전시키는 과정에서 이들은 영국 모더니즘의 창시자가 된다. 헵워스와 무어는 리즈 예술학교Leeds School of Art에서 1920년대 초반 처음 만났고, 둘 다 런던 왕립 예술 대학에 진학해 조각을 공부한 후, 햄스테드에 정착해 예술적 관계를 공고히 한다.

어쩌면 헵워스는 학창 시절 유럽을 여행하면서 수학 모형을 봤을 수도 있다. 옥스퍼드 대학에서 건축가 존 서머슨John Summerson이 1935년 선보였던 수집품을 보기도 했다. 헵워스는 화가인 남편 벤 니콜슨Ben Nicholson에게 "이 모형들은 수학 방정식을 바탕으로 만든 놀라운 것들이다. 찬장에 숨은 것같이."[4]라고 편지에 썼다. 헵워스가 줄을 써서 만든 첫 작품은 1939년에 만들었고, 석고 속을 파내고, 안쪽 면은 울트라마린 블루를 칠했다. 바깥쪽은 흰색으로 칠한 뒤 빨간 줄을 달아 빈 공간을 지나가게 했다. 그것을 다시 청동으로 주조하여 철 막대를 줄처럼 사용했다. 같은 방법으로 만들어진 〈날개 달린 상Winged Figure (1962)〉은 런던 옥스퍼드 거리에 있는 존 루이스 John Lewis 백화점에 놓였다. 헵워스의 조각 작품들은 너무나 유명해져서 일러스트레이터인 쿠엔틴 블레이크Quentin Blake는 1954년에 잡지 펀치Punch에 헵워스가 작품에 줄을 다는 그림을 내기도 했다.

1920년대에 헨리 무어는 미술 학도로서, 런던에 있는 대영 박물관, 빅토리아 앨버트 박물관, 내셔널 갤러리 등 박물관들을 열정적으로 다녔다. 그뿐만 아니라 과학박물관과 지질학 박물관(무어는 여기서 광물의 모양을 자세히 관찰했다)도 자주 방문하였는데, 과학박물관에서는 테오도르 올리비에의 모형을 보기도 했다. 1968년 무어는 '줄을 사용한 나의 조각들은 당연히 과학박물관에서 영감을 받은 것이다. 나는 수학 모형들에 완전히 매료되어 있었다'라고 회상했다. 무어는 "이 모형에 관한 과학적 연구가 아니었다. 마치 새장처럼 한 형태를 바라보고, 줄 사이로 다시 바라보면 또 다른 형태를 발견할 수 있다

CHAPTER 13. 지식의 형태-뮤즈로서의 수학 모형

는 사실이 나를 흥분시켰다."라고 했다.[5] 1930년대 후반, 무어는 이 모형을 스케치했고, 몇 개를 줄을 단 나무 조각으로 만들었으며, 이후 같은 조각을 청동으로 제작했다.

이 시기에 박물관에서 자극과 영감을 받은 예술가는 헨리 무어뿐만이 아니었다. 1936년 런던 교통본부London Transport Board는 에드워드 워즈워스Edward Wadsworth가 디자인한 2개의 포스터를 펴냈는데, 사우스 켄싱턴에 있는 박물관들을 홍보하기 위해 제작한 것이었다. 전간기 동안 상업, 민간단체들도 현대 예술가들의 작품을 적극적으로 사용한 열정을 보여 준 예라고 하겠다. 워즈워스 자신도 과학박물관 컬렉션에서 본 모형들에서 영감을 받았다. 그의 포스터는 매우 대담한 색상을 사용했다. 또한 19세기에 만들어진 큐빅 곡면cubic surface(3차 변수가 있는 방정식을 나타내는 모양) 모형과 1843년에 나온 선박 스크루 프로펠러 그림을 포스터에 넣었다.

무어와 헵워스는 가보와는 달리, 수학적 모양과 금속 재료 외에 자연적 형태와 재료에도 지속적으로 관심을 가졌다. 이 둘도 과학의 새로운 발견을 친구 존 데스몬드 버날John Desmond Bernal을 통해 계속해서 지켜보았다. 버날은 유명한 결정학자였고, 공산주의의 동조자였으며, 사회에서의 긍정적 변화를 가져오는 최고의 요인으로서 과학을 지지하는 사람이었다. 그의 주장은 1939년의 책《과학의 사회적 기능The Social Function of Science》에 상술되어 있다.

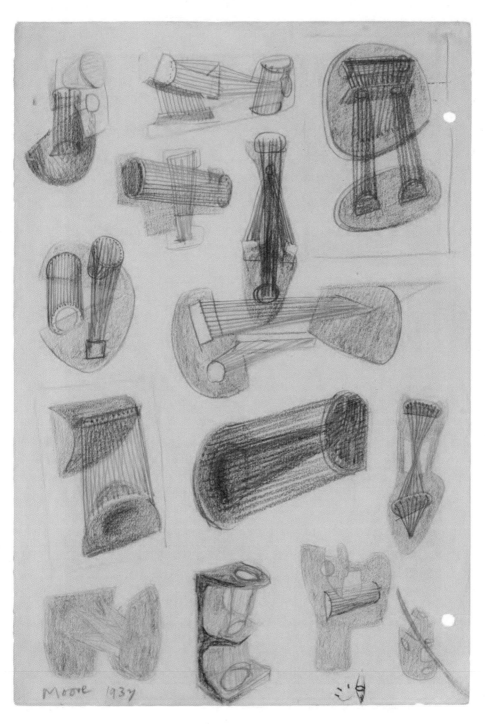

헨리 무어는 과학박물관에 전시된 수학 모형을 그렸고, 이후
줄을 사용한 조각 작품에 영감을 받는다.

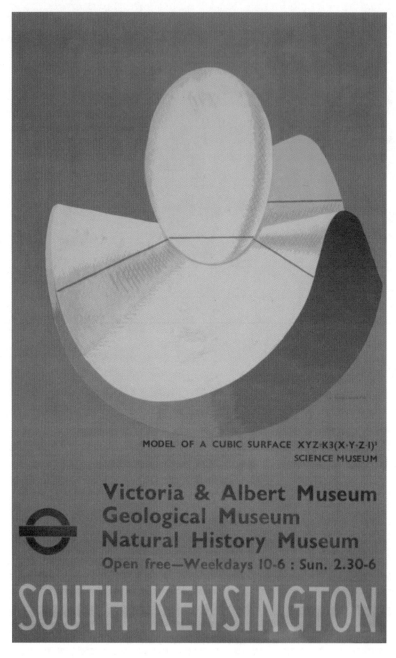

MODEL OF A CUBIC SURFACE XYZ·K3(X·Y·Z·I)³
SCIENCE MUSEUM

Victoria & Albert Museum
Geological Museum
Natural History Museum
Open free—Weekdays 10-6 : Sun. 2.30-6

SOUTH KENSINGTON

과학박물관에 있던 추상적인 형태의 수학 모형들은
에드워드 워즈워스가 사우스 켄싱턴의 박물관들을
홍보하는 이 포스터를 디자인하는 데 영감을 주었다.

버날은 케임브리지 대학교에서 1927년 구조 결정학 강사로 임명되었고, 엑스레이 결정학 -결정체의 원자 구조를 밝히기 위해 엑스레이를 사용하는 분야- 에서 중요한 진전을 이루었다. 버날은 연구 활동을 할 때 일러스트레이션과 모형을 많이 이용했는데, 무질서한 액체 원자의 구조를 보이기 위해 꽉 찬 볼 베어링 패키지를 쓰는 식이었다. 버날은 학생 중 한 명이었던 도로시 크로풋Dorothy Crowfoot(이후 성이 Hodgkin으로 변경) 과 함께 단백질의 구조에 대해서도 연구했는데, 도로시 크로풋은 1964년에 페니실린의 분자 구조 연구에 대한 공로의 대가로 노벨상을 수상하게 된다.

버날은 파트너이자 수집가였던 마가렛 가디너Margaret Gardiner를 통해 햄스테드 유명 인사들을 만나게 된다. 그는 과학자와 예술가들과 수학적 분석에 대해 종종 이야기를 나누었고, 헵워스와 니콜슨과는 친구가 된다. 버날의 평소 믿음과 구성주의 운동에는 비슷한 구석이 있었다. 버날은 과학과 예술 둘 다 사회적 유용성이 있다고 보았고, 따라서 이 두 분야는 서로 맞설 것이 아니라 협력해야 한다고 생각했다.

미술사학가 앤 발로Anne Barlow에 따르면, 헵워스가 과학에 가진 관심은 두 가지 측면에서였다. 하나는 사회적 기능의 일부로서 과학이 예술가에게 영감을 주는 것이었고, 다른 하나는 과학자와 예술가 모두가 형태에 주목한다는 것이었다.[6] 버날은 1937년 10월에 있었던 헵워스의 첫 단독 전시회의 소개 글을 쓰면서, 헵워스의 조각 작품이 가진 수학적 특성을 강조했다. 그리고 "전통적인 조각의 요소를 줄이면 조각품 근저에 있는 기하학적 특성을 볼 수 있다. 사실 매우 정교한 작품에서도 이런 특색은 분명하지 않게 보일 수 있다. 헵워스의 손으로 만든 작품에서는 기하학적 요소가 매우 미묘하게 자리 잡고 있다."라고 썼다. 버날은 '헵워스의 작품은 구나 타원체, 빈원통형이나 빈 반구 같은 단순한 기하 요소의 조합이다. 이런 효과는 연속성을 해치지 않게 형태를 아주 조금 조정하면서, 혹은 2, 3개의 요소를 매우 다른 방법으로 조합하여 구성하면서 얻을 수 있다. 이 전시 전체가 사실 기하학적 형태와 그 조합에 기반을 둔 것으로 분류할 수 있을 것'이라고도 했다.[7]

더 나은 세상을 위한 예술과 과학

런던의 전간기는 예술적, 지성적으로 들끓던 시기였다. 제1차 대전의 여파로 많은 영국의 지성인들이 새롭게 정의된 국가 정체성이 필요하다고 느끼고 있었고, 과학과 예술에서 새로운 확실성의 형태를 찾고자 했다. 유럽 대륙에서는 이미 민족주의와 전체주의가 부상하고 있었고, 전쟁이 다시 시작할 것이라는 공포가 팽배해 있어, 많은 예술가들이 런던으로 이주했다. 이렇게 유입된 예술가들로 인해 영국에서의 문화적 환경은 더 풍부해졌다. 헵워스는 "우리 모두는 영감을 자극하는 상상력과 창조력의 단단한 파도를 타고 흘러가는 것 같았다."[8]라고 후에 회고했다. 영불해협 건너편에서 사회적 정치적 상황이 악화하는 동안, 특히 나치 당이 독일에서 집권했을 때, 이런 혼란의 상황에 어떻게 대처할 것이며 예술과 과학이 무엇을 할 수 있는지에 대한 심도 깊은 논의가 있었다. 1937년 출판된 《서클Circle》이라는 책은 가보, 니콜슨, 건축가였던 레슬리 마틴Leslie Martin이 편집을 맡았다. 영국 모더니스트들은 과학과 예술의 진테제synthesis를 찾고자 했고, 새로운 구성적 형태와 재료, 방법론을 포괄하는 추상 예술을 지지했다. 이 책에는 버날, 헵워스, 무어와 가보가 쓴 에세이가 수록되어 있었다. 가보는 다음과 같이 썼다.

「예술과 과학 사이에 광범위하게 유사점을 찾는 것이 얼마나 위험하든 간에, 우리는 두 눈을 감고 문화적 역사 속에서 창조적인 천재적 인간이 결정을 내린 순간들을 떠올려 봐야 하겠다. 예술과 과학에서 천재성이 취하는 형태는 매우 유사하다. 예술 분야에서의 창조적 과정은 과학에서의 창조적 과정만큼이나 중대하다고 할 것이다. 예술 이론가들도 동일한 정신적 상태가 예술과 과학 활동에 동일한 방향으로 동시에 동력을 불어넣는다는 사실에 대해 인식하지 못하는 경우가 있다.」[9]

버날 또한 예술가와 과학자들 간의 유사성을 강조했다. 버날에 따르면 '현대 미술Modern art'이란 이렇다.

「수많은 미묘한 형태를 진화시켰고, 특히 조각 분야에서 복잡

다단한 곡선과 곡면을 도입했다. … 이는 곡면의 통일성에 대한 놀라울 만큼 직관적인 이해를 보여 준다. 조각가와 수학자는 공간적으로 분리되어 단절된 세계에 있으면서도 서로에게 속해 있다.」[10]

버날은 이 두 분야가 분리되어 취급되는 것에 반대했고, "과학자와 예술가는 서로에게 단절되어 고통받는 것이 아니라, 그들 삶에서 가장 필수적인 요소에서 단절되어 고통받는다. 이러한 고립의 상태를 어떻게 끝내고, 동시에 작품 세계의 통합성을 어떻게 유지할지가 오늘날 예술가들에게 있어 가장 큰 문제이다."라고 했다.[11]

《서클》이 출판되고 2년 후, 세계는 또다시 전쟁의 화마에 휩싸였다. 영국에서는 예술과 과학이 이제《서클》에서 상상한 최적의 미래를 구현하기 위해 쓰이는 것이 아니라, 국방 전략을 위해 쓰였다. 과학은 군사적 요구에 부응해야 했고, 새로운 대량살상무기를 개발하게 되었다. 영국 예술가들은 공식적으로 전쟁 예술가가 되거나 선전 선동을 위한 작업에 투입되거나, 위장용 무늬를 개발해야 했다. 예를 들어, 위장 무늬 개발에는 동물학자 휴 코트Hugh Cott와 추상 예술가 롤랜드 펜로즈Roland Penrose가 참여했다. 전쟁으로 인한 혼란으로, 햄스테드 그룹은 흩어지게 되었다. 가보와 헵워스는 콘월의 세인트 아이브스St. Ives로 이사를 갔다. 무어의 자택은 폭격에 부서졌고, 무어는 허트포드셔Hertfordshire로 이사 가야 했다. 버날은 전시戰時 과학 분야에서 영향력 있는 인물이 되었다. 그리고 작전 개발, 영국 공군의 폭격 전략, 디데이D-Day 기획에 참여했다.

영국 모더니스트들이 주장하고, 이루려고 했던 예술과 과학의 융합은 완전히 사라지지는 않았다. 전후에는 엑스레이 결정학, 형태와 패턴에 대한 관심이 또다시 디자이너와 예술가들에게 영감을 주었다. 이 내용은 제15장에서 다룰 것이다.

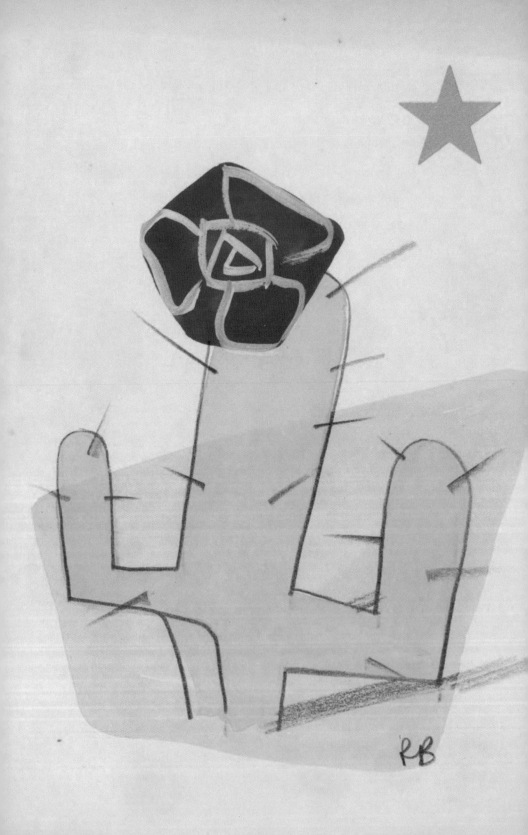

The Age of Ambivalence

모 호 성 의   시 대

제2차 세계대전 이후로, 새로운 이미징 기술과 컴퓨터 모델링의 발전 덕분에 관찰자들의 기술로 데이터를 이해하게 되었다. 전후에 이루어진 번영, 그리고 기술을 민간 분야에 적용할 수 있다는 새로운 희망은 미래 과학 기술에 대한 역할의 불확실성과 미묘하게 섞여 인식되었다. 예술적, 과학적 상상력은 창조적 문화에서 함께 나아갔지만, 각자의 언어는 전보다 훨씬 더 조화되지 못했다. 이 시기는 디스토피아에 대한 두려움의 시기이자, 야망과 희망이 넘치는 시기이기도 하다.

1940 년부터 현재까지

14. CHAPTER

초음속
가능성 모색의 기술

이 초음속 비행기는 비행기 자신이 내는 소리보다 더 빨리 날 수 있습니다! 눈으로 본 다음에서야 듣게 되는 것이죠!

브리티쉬 파테(British Pathé) 뉴스 영화, 1949

1940년대 후반과 1950년대 초반 영국에서 항공기 산업은 전후 국가 재건의 희망과 야망을 상징했다. 영국산 레이더의 기술적 우위와 프랭크 위틀Frank Whittle이 1930년대에 개발한 혁명적인 제트 엔진의 브리튼 전투Battle of Britain (1940년 런던 상공에서 벌어진 대 독일 전투_역자 주)에서의 활약상으로 전쟁 동안 이루어 낸 항공학적 성취에 대한 자부심이 있었다. 늘씬한 은색의 항공기 프로토타입은 이제 영국에 있는 공장에서 매달 출고되면서 영국의 과학 기술적 기량을 유감없이 보여 주고 있었다. 에어쇼가 열리면 어마어마한 관중들이 모여 새로운 혁신의 산물을 앞다투어 구경했다. 새로운 비행기를 테스트하는 조종사들은 마치 영화배우나 축구 선수처럼 유명 인사가 되었다. 프랭크 햄슨Frank Hampson이 1950년에 시작한 연재만화 〈이글Eagle〉의 주인공인 댄 데어Dan Dare는 우주 비행을 하며 미래로 갈 수 있었는데, 누가 봐도 브리튼 전투 당시 전투기 조종사의 원형에 기반을 둔 캐릭터였다.

세계 최초의 상업용 제트 여객기는 드 하빌랜드 코멧De Havilland Comet이었다. 제트 전투기 호커 헌터Hawker Hunter는 공기 중에서의 최고 속도를 경신한 비행기였다. 박쥐의 것 같은 날개를 가진 아브로 벌컨Avro Vulcan 폭격기는 기체동역학적으로 앞섰다고 평가받았다. 이들 모두는 전후 팽창했던 비상업적 항공 산업의 산물이다. 동시에, 이들은 모두 디자인적 독창성과 1950년대 영국의 항공우주 분야에서의 과학적 역량을 그 나름대로 보여 주었으며, 제트 시대에도 영국이 번영할 것이라는 믿음에 신빙성을 부여했다. 다른 분야에서는 내핍할 수밖에 없던 시기로, 재원이 방대한 분야에 충분하지 못하게 배분되었다. 하지만 희망에 더해, 물리 법칙이 설정한 한계를 초월할 수 있다는 기술과 인간의 능력에 대한 믿음이 초음속 비행기의 개발만큼 잘 구현된 분야가 없었다. '소리의 장벽을 깨다'라는 문구는, 정확하기보다는 드라마틱한 측면이 더 컸지만, 어쨌든 대중문화에서도 널리 사용되었다. (항공역학자 윌리엄 힐튼William Hilton은 당시 영국의 국립 물리학 연구소National Physical Laboratory에서 일하고 있었는데, 이 문구가 언론이 자신의 말을 오해하면서 생겨난 것이라 주장했다. 힐튼은 비행기의 속력이 급속도로 음속에 가까워지면서 '항력drag', 혹은 기체의 날개 부분에 작용하는 저항을 '마치 더 높은 수준의 속력에 이르기 위한 장벽' 같다고 묘사하려던 것이라고 했다.)

프로펠러와 피스톤 엔진을 사용하던 전쟁 동안의 비행기로는 음속보다 빠른 속도를 내는 것이 불가능했다. 그래서 이 비행기들은 영광과 향수의 감성이 묻은 과거를 상징하게 되었다. 초음속의 여행을 위해서는 제트 비행기에 더해 발전된 동역학, 새로운 추진 기술이 필요했다. 이것들은 미래였다. 비행 기술이 우주 비행과 만나게 되는, 화려함과 결합된 상상할 수 없던 속도의 미래였다.

미래를 시각화하다

물리적 한계를 극복하기 위해 과학을 활용하려는 이 갈망은 어딘가 프로메테우스적인 면이 있다. 물론,

목표를 소리의 속도로 설정하는 것 자체가 매우 자의적이지만 말이다. 로이 노콜즈Roy Nockolds의 그림 〈초음속Supersonic〉은 이러한 정서를 완벽히 포착해 낸 작품이다. 작품 속에는 거의 추상적이라고 할 만한 창처럼 날카로운 형태가 있는데, 이것은 아마도 윤곽선이 없는 비행기일 것이다. 푸르고 흰 하늘 바탕에 붉은색으로 대비되는 이 물체는 동심원을 고깔 모양으로 뚫고 지나가고 있는데, 물체를 옥죄고 있는 동심원을 탈출하는 듯한 모습이다. 거의 총알처럼 보이는 이 비행기는 아마도 소리의 한계를 깨고 초음속으로 날기 직전의 상태 같다. 동심원을 이루고 있는 이 고리 모양들은 마치 난기류가 일어나는 영역 같지만, 초음속의 영역은 평화롭고 고요해 보인다.

이 이미지는 보는 것만큼 추상적이지는 않은데, 과학 분야에서 초음속 비행의 어려움에 대해 대중문화에서 제공한 설명을 묘사한 것을 나타내는 그림이기 때문이다. 노콜즈는 독학으로 공부했으며, 속도광이었고, 1920년대에는 자동차 잡지의 삽화 작업에 참여하면서 10대를 보냈다. 제2차 세계대전 동안에는 영국 공군의 전쟁 화가가 되었고, 당시 정보부Ministry of Information의 선전 미술 작업에 투입되었다. 〈초음속〉은 전쟁 후에 그린 것으로, 물체가 음속에 가까워질 때의 모습, 즉 물체의 앞에 있는 공기가 어떻게 압축되고, 물체의 표면에 닿는 기류가 어떻게 난기류가 되는지를 그리고자 한 것이다. 노콜즈의 작품은 말하자면, 전환의 순간에 있는 비행기를 보여 준다고 할 수 있겠다. 비행기가 음속에 가까워지면서 압축된 공기가 물체를 피할 시간이 충분치 않게 된다. 하지만 비행기가 압축된 영역

CHAPTER 14. 초음속-가능성 모색의 기술

을 초음속으로 지나갈 때 '장애물' 자체가 있는 것은 아니며, 지나고 나면 곧 기류는 안정적으로 돌아온다. 이 전환으로 비행기의 코 부분에서 나뉘는 고깔 모양의 충격파가 생성되는데, 이것이 잘 알려진, '소닉 붐sonic boom(음속 폭음)'을 일으킨다. 이 충격파로 압력이 급격히 변하게 되고, 소리 장벽을 돌파하려는 시도에서 사고와 사상자가 발생하기도 했다.

따라서 이것은 과학적인 작품이지만, 상상이기도 하고, 가능성 모색의 예술이며, 초월적 순간을 그린 것이기도 하다. 정확한 기하학적 모형에는 인간의 개입, 선택의 여지가 없으며, 따라서 인간의 오류 가능성도 배제된다. 큐레이터인 존 베이글리John Bagley는 영국 과학박물관이 〈초음속〉을 1985년 매입했을 때 "이 그림을 '진짜' 추상화로 보기에는 너무 기술적으로 정확하다고 할 수 있지만, 어쨌든 우리 소장품의 범위를 단순한 재현 작품에서 한 단계 넓히는 의미가 있을 것이다."라고 했다.[1] 베이글리는 영국의 항공 공학 연구의 첨병에 있는 왕립항공연구소Royal Aircraft Establishment의 공기역학 전문가 출신이었고, 따라서 이 작품에 대한 평가를 내리기 적절한 위치에 있었다.

노콜즈가 전쟁 전에 제작한 자동차 이미지는 극도로 사실적이었는데, 그는 속도를 내는 기술을 포착하는 솜씨가 뛰어났다. 1942년 공군에서 일할 당시, 노콜즈는 야간에 투입될 전투기의 위장술을 개선하는 임무를 맡게 되었다. 그는 일견 직관에 어긋나는 아이디어를 내는데, 바로 날개 가장자리와 기체의 아래쪽을 흰색으로 칠하고 위쪽을 검은색으로 칠하는 것이었다. 이것은 밤하늘을 보면 밝은 색 부엉이가 오히려 더 안 보인다는 노콜즈의 평소 생각을 반영한 것이었다. 115비행 중대의 모든 모스키토 전투기는 즉시 노콜즈의 디자인대로 페인트칠되었다. 전쟁 후 노콜즈는 다시 자동차 그림에 몰두했지만, 계속해서 비행기와 관련된 의뢰를 받았다. 특히 공군부대의 군 식당 등지에 걸 그림과 관련된 의뢰가 많았다. 처음에는 프로펠러로 작동하는 폭격기나 전투기가 작전 중인 모습을 그려달라는 의뢰가 들어왔지만, 갈수록 이제 막 도입되기 시작한 전투기 그림 의뢰가 더 많이 들어왔다.

〈초음속〉은 노콜즈의 낭만주의적 사실주의에 가까운 원래 스타일과 매우 다른 작품이다. 당연한 이야기지만, 초음속 비행의 특별한 본질을 잡아내고 싶어 했다. (사실주의적 관점에서 보면 보통 비행기와 다를 바가 없었기 때문에) 그는 추상적인 접근 방식을 택하였고, 예술적 이미지와 기술적 도표의 혼종 같은 그림을 탄생시켰다. 아마 이미 존재하고 있던 초음속 비행 사진에 노콜즈가 영향을 받았을 수도 있다. 그중 하나가 1887년 물리학자이자 철학자인 에른스트 마하Ernst Mach(마하수Mach number는 그의 이름을 딴 것으로, 어떠한 물체의 속도가 음속의 몇 배인가를 나타나는 단위이다)의 사진이었는데, 초음속으로 날아가는 총알 앞의 압축된 공기를 보여 주는 것이었다. 노콜즈는 최신의 충격파 이미지를 보았을 가능성이 있는데, 1940년대 영국이 주도한 초음속 제트기 개발 프로젝트인 마일즈 M. 52 프로젝트를 위해 설치

된 풍동wind tunnel 내에서 찍은 사진도 있었기 때문이다. 이 사진은 1946년에 잡지 〈플라이트Flight〉에서 공개되기도 했다. 어찌 되었든, 〈초음속〉은 1960년대 초반 초음속 비행기 모델의 풍동 내부 실험 이미지를 너무나도 훌륭하게 예견한 그림이다.

〈초음속〉은 1954년 런던 길드홀Guildhall 아트 갤러리에서 열린 항공예술가협회Society of Aviation Artists(후에 이 단체는 항공 예술가 길드Guild of Aviation Artists가 된다)의 개관식에서 첫 선을 보였다. 존 베이글리는 이 그림이 항공 업계에서 의뢰를 받고 시도한 첫 추상화라고 불렀다. 노콜즈가 그린 또 다른 비전통적인 그림은 1954년 〈플라이트〉에 수록되었다. 막강한 호커 시들리Hawker Siddeley 그룹사이자 항공기 엔진 제조사인 암스트롱 시들리 모터스Armstrong Siddeley Motors가 후원한 것으로, 제트 엔진을 홍보하기 위한 것이었다.

_____ **초음속을 향하여**

영국이 가진 고속 비행기에 대한 집착의 뿌리는 〈초음속〉 그림의 20여 년 전으로 거슬러 올라간다. 영국이 제작한 첫 제트엔진 동력 비행기는 글로스터Gloster E28/39로, 아직 나치 독일이 영국을 고립시켰던 시기인 1941년 5월 비밀리에 첫 비행을 마친다. 추진체는 프랭크 위틀사의 W.1 터보 엔진이었다. 위틀은 1930년대에 이미 혁명적인 컨셉에 대한 특허를 출원했지만,

정부나 항공 업계 그 어느 곳에서도 지원을 별로 해 주지 않았다. 그럼에도 불구하고 피스톤 엔진을 가동하여 프로펠러를 구동하는 것보다 훨씬 빠른 대기大氣 속도를 낼 수 있는 제트 엔진의 잠재성은 유럽에서 광범위하게 인정받고 있었다. 이탈리아와 독일의 제트엔진 비행기는 영국의 글로스터 이전에 이미 비행을 한 적이 있었다. 메서슈미트Messerschmitt 262 같은 독일 모델은 추축국Axis의 전투력 향상에 크게 기여했다. 하지만 독일에서 초고속 비행기와 로켓을 개발 중인 것을 연합국 정보기관들이 파악하면서, 영국군은 제트 엔진을 사용한 독일 폭격기가 영국 전역의 고고도高高度에서 공격할 것에 대해 두려워하기 시작했다. 이런 폭격기는 속도가 더 빠른 요격기를 이용하여야만 대응이 가능했다. 위틀의 엔진은 이 가능성을 고려해 볼 수 있게 해 주었지만, 비행기 디자인에 있어 매우 어려운 도전이 기다리고 있었다.

1943년 영국 항공생산부Ministry of Aircraft Production는 초음속 위원회 Supersonic Committee를 창설하고 마일스Miles사社에 시속 1,000마일 이상을 낼 수 있고, 36,000피트 고도로 90초 안에 도달할 수 있는 혁명적인 비행기 제작을 의뢰한다. 시속 1,000마일의 속도는 당시 최고 속도 기록의 두 배가 넘는 것이었다. 이 프로젝트의 결과로 총알 모양의 동체와 짧은 날개를 가진 M.52 비행기가 제작된다. 결국 초음속 비행기를 완성하는 데 있어 이 단계는 매우 중요했지만, 전쟁 말기 독일에서의 연구 결과는 M.52는 실전에 성공적으로 배치되기 어렵다고 결론지었다. 개발 프로그램은 취소됐고, 그때까지의 연구 개발

로이 노콜즈의 〈초음속〉은 풍경 속 자동차나 비행기를 주로 다루던 그의 기존 작품 활동에서 추상화로 한 발 나아간 것이었다.

성과는 동맹국과 공유되었다. 오늘날까지도 M.52 프로젝트의 실패는 기술적 우위를 다른 나라들이 이용하도록 포기해 버리는 영국의 버릇을 인용하는 사례로 종종 언급된다.

1948년, 독일 항공과학자 몇 명이 왕립항공연구소에서 일하면서 소위 '후퇴익swept wing' 디자인에 대한 경험을 쌓았다. 후퇴익이란 끝이 뒤로 젖혀진 비행기 날개를 뜻한다. 초음속에 가까운 속도로 비행하는 실험에서 조종사들이 겪는 불안정성을 어느 정도 완화하는 기능을 한다. 이즈음에는 이미 초음속 비행의 항공역학적 측면에 대해서 어느 정도 널리 이해된 상황이었다. 문제는 초음속에 수반되는 물리학적 문제들을 극복할 수 있는 비행기를 디자인하는 것이었다.

_____ **프로메테우스, 자유의 몸이 되다**

데이빗 린David Lean의 1952년 영화 〈소리 장벽The Sound Barrier〉은 이런 비행기 개발을 위해 고군분투하는 소설적 상황을 그렸다. 극작가 테런스 래티건Terence Rattigan의 문학적인 각본에, 암시적이면서도 서정적 이미지, 대담한 항공사진 등을 모두 담은 작품으로, 개인의 용기, 가족의 비극, 영웅적인 엔지니어링 기술을 예술의 경지로 끌어올려 보여 주었다. 이 영화는 항공기 디자이너들과 테스트 조종사들이 소리 장벽을 돌파할 수 있는 기계를 만들어 내기 위하여 기술의 한계에 도전하는 모습을 그리고 있다. 린에게 이 목표는 궁극적인 기술적 도전이자, 목표였다. 10년 안에 달에 가겠다고 연설한 케네디 대통령의 원대한 목표처럼 말이다. 린은 다음과 같이 회고했다.[2]

"나는 항상 인간이 미지의 세계를 탐험하는 모험 영화를 만들고 싶었다. 이제 '소리 장벽'이라는, 보이지 않지만 비행기를 산산조각 낼 수 있는 한계가 나타났다. 인간이 이 위험천만한 공기 덩어리를 공격하는 것, 이것은 나에게 매우 현대적인 모험 이야기라고 느껴졌다."

영화에서 존 리지필드John Ridgefield(랄프 리처드슨Ralph Richardson 분扮)는 항공기 제작사인 리지필드사의 오너로 프로메테우스라 명명한 초음속 비행기를 제작하고자 한다. 그의 딸은 제작품 시험 비행을 맡는 조종사와 결혼하는데, 리지필드는 위험한 실험에 대해 딸이 남편을 걱정하자 이렇게 달랜다.

비행기가 제어할 수 없는 상태로 치달을 거라고, 다 부서질 거라고 이야기하는 사람들도 있지만 나는 그런 이야기를 믿지 않는다, 수. 올바르게 만들어진 비행기를 올바른 조종사가 몰면 이 장벽을 뚫고 지나갈 수 있다고 생각해. 그 벽을 뚫으면 시속 1,500마일, 아니, 시속 2,000마일의 완전히 새로운 세상이 펼쳐지지… 토니는 어쩌면 그 세상을 보는 세계 최초의 조종사가 될 수도 있어.

CHAPTER 14. 초음속-가능성 모색의 기술

이 영화는 노콜즈가 그렸던 추상적 개념을 인간화했다. 당시 관객들은 아마 그 이야기 속 가족이 항공기 제조업체 드 하빌랜드의 창업자 제프리 하빌랜드 경Sir Geoffrey Havilland과 DH108 스왈로우Swallow 기체를 시험 비행하다가 음속 돌파 중 사고로 사망한 아들 제프리의 이야기를 떠올렸을 것이다. 진실성을 가미하기 위해, 영화에서는 실제 실험용 비행기가 쓰였고, 엔딩 크레딧에 마치 스타 배우의 이름처럼 비행기의 이름이 올라왔다.

사실 소리 장벽, 즉 음벽을 돌파한 것은 영국 조종사가 아니라, 미공군 조종사 척 예거Chuck Yeager였다. 예거는 로켓 추진 전투기 벨Bell X-1(마일스사의 M.52의 연구를 참고해서 개발된 것이다)을 캘리포니아 사막 상공에서 초음속 비행하는 데 성공했는데 이것은 영화 개봉 4년 전 일이었다. 그리고 음속 돌파를 시도하던 많은 비행기를 파괴했던 흔들림에 대한 해결책은 영화에서 말하듯 '조종 장치를 뒤로하는' 것은 아니었다.

영화 〈소리 장벽〉은 사실이라기보다는 드라마였다. 하지만 제2차 대전 직후 영국 항공 산업에 널리 퍼져 있던 '할 수 있다'는 정신력을 보여 준다. 1952년 영화 개봉 두 달 후에 있었던 판버러Farnborough 에어쇼에서 드 하빌랜드사의 최신 프로토타입 DH110기가 추락한 사건에서 보듯, 여전히 초음속 비행은 매우 큰 위험이었다. 에어쇼를 하던 중 음속을 돌파하면서 기체가 산산조각 났고, 공중 분해된 전투기 잔해가 군중 쪽으로 떨어지는 바람에 두 명의 조종사와 27명의 관객이 사망하고 60명 이상의 중상자가 발생했다. 하지만 다음 날 에어쇼에는 전날의 사고에도 불구하고 관객이 14만 명이나 모였다. 진보를 위해서라면 어떤 방식의 위험도 감수할 수 있다는 시대적 정서가 있었기 때문에 가능한 것이었다.

대중을 위한 초음속

린의 영화는 권위 있던 사업가 캐릭터인 존 리지필드의 정신과 이 모든 위험한 실험을 극복하고 초음속 비행기로 지구상 모두가 더 짧은 여행을 할 수 있다는 유토피아적 미래에 대한 비전을 잘 포착했다.

1950년대 판버러에 있는 왕립항공연구소에서 일하던 두 명의 독일 항공역학 연구원들은 디트리히 쿠쉬만Dietrich Kucheman과 요아나 베버Joanna Weber로, 이들은 비행기 동체의 전체 길이만큼 길지만 비례하여 폭은 좁은 새로운 유형의 날개를 연구했다. 초음속 비행에서 이 날씬한 '델타 윙delta wing'이 생성하는 항력은 훨씬 적었고, 기존의 이착륙 속도를 허용할 만큼 충분한 양력lift(비행기 밑에서 위로 작용하는 압력_역자 주, 날개의 면적과 관련 있다)을 유지할 수 있었다. 이 기술로 소리의 두 배 속도로 고고도高高度에서 순항할 수 있는, 안전한 여객선 개발 가능성이 높아졌다.

데이빗 린 감독의 1952년 영화 〈소리 장벽〉은 기술
적 도전을 모험으로 다루었다.

이런 항공기들은 동체가 보통 비행기가 지표면과 이루는 각도보다 훨씬 더 가파른 각도로 이착륙을 해야 했다. 쿠쉬만과 베버의 연구는 이렇게 함으로써 비행기 날개 부분 위로 흐르는 공기가 안정된 소용돌이가 되고, 비행기가 떠오르는 것을 도울 것이라는 결론을 내렸다. 이러한 접근 방식은 움직일 수 있는 코 부분을 필요로 했는데, 이착륙 시에 비행기가 낮아지면 조종사가 앞을 볼 수 있게 하기 위함이었다. 비행기가 공기 중에 있으면 다시 코가 높아져야 했다. 이 모든 요소는 전후 비행기의 아이콘이었던 콩코드Concorde에 반영되었다.

왕립항공연구소의 또 다른 선두적인 항공역학 연구원이었던 W. E. 그레이Gray는 날씬한 델타 모양이 느린 속도로 비행할 때 옆에서 부는 바람을 맞고도 안정적일 수 있음을 증명했고, 이 연구는 영국 정부가 초음속 민간 여객기를 도입하도록 설득하는 데 도움이 되었다. 1956년에 왕립항공연구소의 초음속 수송기Supersonic Transport Aircraft (SSTA)위원회가 처음 소집되었다. 위원회는 낙관주의로 가득 차 있었다. 하지만 소비자 수요나 수송의 경제성에 대한 시장 조사는 전혀 없던 상태였다. 항공 제조업, 항공사, 정부에서 파견된 위원회 구성원들은 필요한 조사를 시작했고, 초음속 여객기를 위한 프로그램 기획에 착수했다. 이 프로젝트의 이름은 프랑스가 1962년 합류하면서 화합과 일치를 뜻하는 '콩코드'가 되었다. 최신 기술의 우위를 가진 두 나라가 과학 기술뿐만 아니라 정치적으로도 화합을 이끌어 내겠다는 야심 찬 명명이었다.

약 100여 명의 승객을 태우고 음속의 두 배에 가까운 속도를 내면서 안전하게 노선을 운영할 수 있는 비행기를 개발한다는 것은 기술적으로 매우 복잡한, 고비용의 도전이었다. 미국의 우주비행사 닐 암스트롱Neil Armstrong은 영국을 방문해 나사NASA의 우주왕복선 리서치 프로그램의 일환으로 실험용 콩코드 비행기를 탄 적이 있는데, 암스트롱은 후에 콩코드 조종사 마이크 배니스터Mike Banister에게 "콩코드 프로젝트는 내가 달에 가는 것만큼이나 큰 기술적 성취다."라고 말했다고 전해진다.[3]

하지만 이 프로젝트를 위해 필요한 정치적 지지를 영국에서 계속 얻는 것은 힘들어졌고, 반反콩코드 로비도 1960년대와 1970년대 초반에 거세졌다. 반대의 주된 이유는 비용과 환경에 대한 영향, 그리고 콩코드 비행기가 내는 소음이었다. 기술적 전환의 가치에 대한 회의주의와 환경에 대한 우려는 사실 이 당시의 특징적인 분위기였는데, 불과 20여 년 전 에어쇼나 소닉 붐에 대한 대중의 열정을 상기하면 어마어마한 변화였다.

콩코드의 프로토타입은 1969년 3월 최초로 비행하게 되고, 영국과 프랑스 국민들의 자부심은 하늘을 찔렀다. 콩코드는 1976년 1월 상업 비행을 시작하였고, 영국 항공British Airways은 '세계는 이제 더 작은 곳이 되었다'고 광고했다.[4] 콩코드에는 거부할 수 없는 매력이 있었다. 헐리웃 여배우 조안 콜린스Joan Collins는 1980년대 뉴욕-런던 노선을 자주 이용했으며, 1985년 7월 필 콜린스Phil Collins는 콩코드 덕에

1968년 런던 히스로(Heathrow) 공항에 있던 콩코드 비행기 이 미지화로 영국의 기술력에 대한 국가적 자부심을 고취시키기 위해 디자인되었다.

미국과 영국에서 같은 날 열린 라이브 에이드Live Aid 콘서트에 모두 참여할 수 있었다. 유명 인사와 세계적인 부호들은 샴페인을 마시고 캐비어를 먹으며 총알보다 빠른 비행기를 즐길 수 있게 되었다.

하지만 또 다른 종류의 혁명이 하늘에서 일어나고 있었다. 넓은 동체를 가졌고 음속보다 느리지만, 더 많은 승객을 싣고 더 많은 장소에, 더 적은 연료를 사용하며, 더 싼 가격에 갈 수 있는 비행기에 대한 세계적인 수요가 있었던 것이다. 보잉747 점보제트기는 콩코드에 비하면 느리기 짝이 없었지만, 비행기 여행의 대중화 시대를 열었다. 결국 콩코드 프로젝트는 부실한 시장 조사로 대가를 치르게 된 것이다. 2000년 7월 파리 샤를 드 골Charles de Gaull 공항에서 있었던 추락 사고도 악재로 작용했다. 2001년 9/11 테러로 항공업이 어려워지면서, 콩코드는 2003년 서비스를 중단했다. 콩코드 비행기는 단 스무 대만 제작되었는데, 보잉747기가 1,600대 이상이 생산된 것과 비교하면 극히 적은 숫자다.

콩코드는 상업적으로 실패였지만 디자인 측면에서는 여전히 아이콘으로 남아 있다. 보기도 전에 소리부터 들려왔던 콩코드 비행기가 지나가면, 하늘로 고개를 들고 늘씬한 델타 제트 비행기를 봤던 일들을 추억하는 사람들도 아직 많이 있다. 어떤 이들에게 있어서는 머리 위로 지나가는 콩코드가 믿을 만한 시간의 기록이었다. 1997년 예술가 볼프강 틸만스Wolfgang Tillmans는 이런 콩코드 경험을 그의 작품 〈콩코드 그리드Concorde Grid〉에 표현했는데, 이 작품에는 대중이 사랑했던 콩코드기를 땅에서 찍은 사진 56장이 붙어 있다.

틸만스에게 이 작품은 빛바랜 기술의 꿈을 나타낸 것이었다. 그는 말했다.

"1960년대에 사람들은 합리적으로 보이는 한계 너머 상상의 나래를 펼치곤 했다. 내 생각에, 이 시기의 아이디어는 나같이 후대의 사람들, 즉, 70년대 이후에 자란 사람들이 빼앗은 거 같다. … 한편으로 콩코드는 지금 현재와 미래에 대한 낙관주의로 가득 차 있던 지금과는 매우 다른 그 시기를 연결해 주는 유일한 다리였다."[5]

"무엇이든 가능해 보였던, 낙관주의로 가득했던 시기에 만들어진 하늘의 모더니티를 상징한 콩코드의 시각적 스펙터클에 여태껏 그 어떤 비행기도 견줄 수 없었다."

초음속 비행기는 단지 과학 기술적 위업은 아니었다. 속도를 찬미하는 정치적, 사회적, 경제적 노력이 뒷받침되었기에 가능했다. 하지만 콩코드기는 애초에 약속했던, 싸고 빠른, 민주적인 민항기가 되겠다는 약속은 지키지 못했다. 오늘날 남은 초음속 비행기는 매력이라고는 모두 상실한, 지루한 회색 군용 기계에 불과하다.

음속을 돌파하려는 시도는 진정 상업적인 일상의 여행을 위한 것

볼프강 틸만스의 〈콩코드 그리드 (1997)〉는 우리가 살고 있는 모호성의 시대에서는 상실된 기술에 대한 낙관주의를 고찰했다.

이었을까? 영화 〈소리 장벽〉에서, 항공 산업의 거물 존 리지필드는
이렇게 말한다.

"진정한 요점은, 이것은 그냥 해야 하는 일이라는 것이다. 스콧
Scott(남극점에 도달한 탐험가)이 남극에 간 목적이 무엇일까?"

영화의 마지막 장면에서는 리지필드 개인의 천문 관측대에서 보
이는 별과 은하를 배경으로, 델타 윙이 있는 비행기 모형을 보여 준
다. 초음속보다 더 빠른 속도를 구현하여 인류가 궁극적인 기술적
성취를 얻을 수 있는 또 다른 목적지, 즉 우주로 갈 수 있다는 것을
암시하는 것 같다.

15. CHAPTER

미래를 디자인하다

최초로 섬유 디자이너들이 눈으로 볼 수 없는 세계, 즉 원자와 분자의 세계에서 영감을 찾기 시작했다. 섬유 디자이너들에게 있어 과학 분야 사람들이 프롬프터prompter(대사를 상기시켜 주는 사람)가 된 것이다.

'세기의 디자인 이야기',
브리티쉬 텍스타일(British Textiles), 1951년 4월

1951 영국제Festival of Britain는 영국의 디자인, 제조업, 산업의 성공을 선보이는 축제의 자리였다. 이 시기는 과학과 기술에 대한 낙관주의가 가득 찼던 때로, 전후 궁핍함이 밝은 미래로 바뀔 수 있다는 기대가 있었다. 전쟁 전과 전쟁 중(그리고 전쟁 바로 직후)의 할당제는 이제 과거의 것이 되었다. 소비자는 이전보다 훨씬 더 많은 선택지를 가지게 되었다. 이 축제의 중심에는 과학과 디자인이 모더니티를 창조하기 위해 협력할 수 있다는 믿음이 있었다.

하지만 모든 것이 같은 속도로, 혹은 같은 방향으로 진행되지는 않았다. 마가렛 빈Margaret Bean은 영국제 개막일에 참석해 런던 사우스 뱅크South Bank의 레가타Regatta 레스토랑에서 식사를 했다. 1970년대 와서 이 일을 회상하면서 식당의 신선한 인테리어와 옛 스타일의 음식과 서비스가 '이상한 대조'를 이루었다면서, 식당의 인테리어는 '엑스선 결정학에서 밝혀 낸 원자 배열 구조를 과학자들이 시각화한 모양에서 따온' 디자인이었다고 했다.[1] 마가렛은 과학자도, 패턴 디자인 전문가도 아닌, 뉴스 통신사 운영자였다. 하지만 그 식당의 인테리어 디자인은 깊은 인상을 남겨 25년 뒤에도 그녀는 이 디자인이 과학에서 영감을 받았다는 사실을 기억하고 있었다. 원자 배열 패턴은 커튼, 카펫, 재떨이, 메뉴판 등 식당의 거의 모든 곳에 흔적을 남기고 있었다. 이 상징적 디자인은 영국제의 모더니즘적 미학을 전형적으로 보여 준다. 그리고 이 디자인은 전쟁 직후 영국의 디자이너들과 과학자들이 보기 드물게 협업하는, 흥미진진한 문화사적 순간

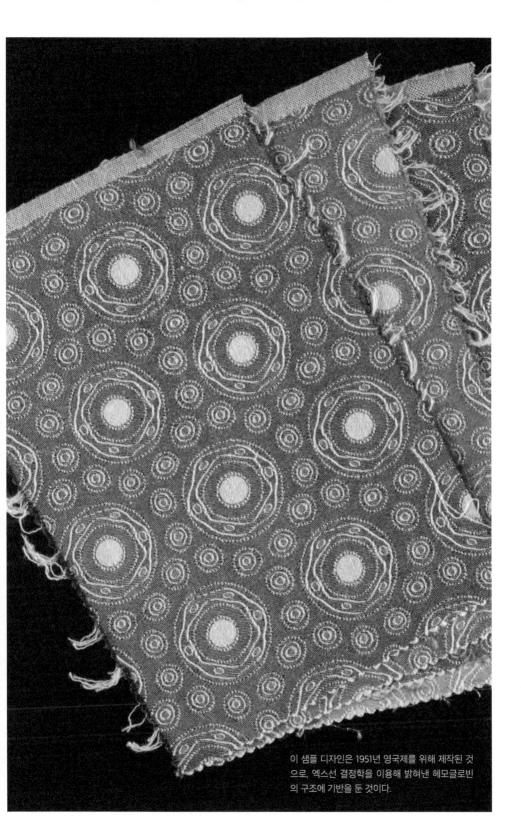

이 샘플 디자인은 1951년 영국제를 위해 제작된 것으로, 엑스선 결정학을 이용해 밝혀낸 헤모글로빈의 구조에 기반을 둔 것이다.

에 나타났다.

원자의 내부

이런 패턴에 영감을 준 과학적 발견은 과학제보다 훨씬 전인 1912년, 런던에서 멀리 떨어진 뮌헨에서 이루어졌다. 독일 물리학자 막스 폰 라우에Max von Laue는 (많은 과학자들이 생각하는 것처럼) 1895년에 발견된 엑스선이 빛과 같은 전자기파면서도 파장이 짧은 것이라면, 상자에 여러 층으로 결정체를 넣고 엑스선 빔을 쏘아 반사시켜 회절 또는 간섭무늬를 얻을 수 있을 것이라 생각했다. 폰 라우에는 학생 두 명에게 결정에 엑스선 빔을 맞혀 보라고 했고, 실제로 소금 결정을 맞고 튀어나온 엑스선은 감광판에 밝은 점을 남겼다. 이 밝은 점들은 간섭이 보강적인constructive 부분에 나타났는데, 파 2개의 마루peak와 골trough이 만나 파동의 진폭을 강화시키는 부분이라는 뜻이다.

이들이 결과를 얻자마자, 영국의 과학자 윌리엄 브래그William Bragg와 그의 아들 로렌스Lawrence는 이 무늬가 가진 어마어마한 잠재력을 깨달았다. 브래그 부자는 엑스선 사진에 나온 점의 위치를 연구해 역으로 원자가 결정 속에 어디에 있는지를 알아낼 수 있다는 것을 보였고, 따라서 3차원적인 원자의 구조를 유추해 낼 수 있었다. 이것이 엑스선 결정학으로 불리는 분야의 시작이며, 이로써 현미경으로 볼 수 없는 스케일의 물질 구조에 대해 밝혀낸다. 브래그 부자는 엑스레이 회절 무늬를 필름에 모으기 위한 실험적 방법을 고안해 냈고, 이들 작업의 중요성과 가능성이 곧바로 모두에게 인정되어, 3년 뒤인 1915년에 브래그 부자는 노벨 물리학상을 수상한다. 이후 수십 년 동안, 엑스선 결정학은 특히 영국에서 매우 번창했고, 20세기의 가장 중요한 과학 분야 중 하나가 되었다. 원자와 분자 구조를 유추해 내는 것은 화학과 생물학을 완전히 변모시켰으며, 1953년 DNA의 이중나선구조의 발견으로 이어진다.

결정의 원자구조와 규칙적으로 반복되는 패턴 디자인 간의 유사성은 분자 구조가 발견된 아주 초기부터 당연하게 받아들여졌다. 1915년에 출판된 교과서에서 결정학의 원칙을 설명하면서, 브래그 부자는 결정 원자의 반복되는 구조와 벽지 디자인의 문양을 비교한 적이 있다. 로렌스 브래그는 특히 예술에 관심이 많았고, 아마 그가 결정학 도해의 디자인적 잠재성을 인지한 최초의 사람일 수도 있다. 브래그는 영국제 기간 동안, "1922년 내가 복잡한 결정 구조에 대해 작업을 마쳤을 때, 나의 아내가 이 패턴을 자수에 쓰면 좋겠다고 하면서 흥분했던 기억이 난다. 그다음부턴 산업계에 있는 친구들을 만나면, 이런 구조를 영감의 원천으로 써 보라고 적극적으로 권유한다."라고 한 적이 있다.[2] 그의 바람은 결국 현실화되었다.

브래그가 언급한 벽지 비유는 곧 결정학자들이 비전문가에게 설명할 때 쓰는 표준적인 표현이 되었다. 1946년 결정학자 헬렌 메고

CHAPTER 15. 원자에서 뽑은 패턴-미래를 디자인하다

Helen Megaw는 "나는 결정학자가 벽지 디자이너에게 그가 진 빚을 갚을 때가 됐다고 생각한다."라고 우스갯소리를 하기도 했다.[3] 여성인 메고조차도 이 말을 할 때 남성 대명사를 쓴 것은 그 시대의 성별 구분이 반영된 것이기도 했다. 사실 결정학은 과학 분야에서 여성에게 활짝 열린 몇 안 되는 분야였고, 캐슬린 론즈데일Kathleen Londsdale, 도로시 코로풋 호지킨Dorothy Crowfoot Hodgkin, 후에 합류한 로잘린드 프랭클린Rosalind Franlin 등 주도적인 과학자들 중에는 여성이 많았다.

메고는 로렌스 브래그처럼 결정 원자 도해의 미학적 가치를 높이 샀다. 얼음의 결정 구조에 대한 연구로 박사 학위를 받은 그녀는 무기물 전문가였다. 커리어 초기에는 이 분야 개척자 중 한 명인 아일랜드 출신의 결정학자 존 데스몬드 버날 아래에, 처음엔 캠브리지 대학에, 그다음엔 런던대학의 버크벡 칼리지Birkbeck College에 있었다. 메고가 벽지 디자이너에게 빚을 갚아야 한다고 말한 것은 런던의 컨설팅 회사인 디자인 리서치 유닛Design Research Unit(DRU)에서 의뢰한 에세이에서였다. 메고가 DRU 대표에게 벽지나 섬유 디자이너들이 결정학 도해를 이용할 수 있을 거라고 제안한 뒤, 에세이 의뢰가 이루어졌다.

DRU는 1942년 설립된 회사로 건축, 그래픽, 산업 디자인 전문가를 아우르는 회사였다. DRU사는 메고의 제안에 흥분했고, 광고사 출신 대표였던 마커스 브럼웰Markus Brumwell은 "나는 항상 예술과 과학이 서로 돕고 협력할 수 있다고 생각해 왔었다."라며 메고의 제안에 화답했다.[4] 브럼웰은 조각가 바바라 헵워스에게도 의견을 물었고, 헵워스는 메고의 아이디어가 경탄할 만하다며 DRU가 '정확히 그것이 무엇인지 나타낼 수 있는 적절한 이름'을 가진 패턴을 만들어야 한다고 촉구했다. 헵워스는 "내가 볼 때 이 패턴은 사람이 만든 그 어떤 패턴보다 아름답다."라고 했다.[5] 하지만 슬프게도, DRU는 메고의 제안을 추가적으로 받아들이지는 않았다.

2년 뒤 캐슬린 론즈데일은 메고에게 자신이 맡은 '과학에서의 예술과 건축'이라는 공개 강의에 쓰도록 메고의 '아름다운' 결정 구조 도해를 빌릴 수 있는지 요청한 적이 있다. 다음 해에는 론즈 데일이 왕립 연구소에 있는 브래그의 리서치 그룹에서 커리어를 시작하게 되었고, 유니버시티 칼리지 런던University College London의 결정학과의 학과장으로 임명이 된다. 론즈데일은 이 대학에서 종신 재직권을 받은 최초의 여성 교수가 되었다. 론즈데일은 메고의 그림을 산업예술협회Society of Industrial Art에서의 강연에서 재사용했다. 관객 중에는 영국 정부가 1944년 공공을 위한 디자인을 진흥하기 위해 세운 산업 디자인 위원회Council of Industrial Design의 산업 국장이었던 마크 하틀랜드 토마스Mark Hartland Thomas도 있었다. 하틀랜드 토마스는 강연에서 본 것이 마음에 들었고, 메고의 도해를 실생활에 활용할 수 있다는 것을 깨달았다. 그리고 영국제를 위한 프로젝트로 만들 수 있겠다는 생각을 했다.

CHAPTER 15. 원자에서 뽑은 패턴-미래를 디자인하다

영국을 위한 토닉 한 잔

　　　　　　　　　　　1951년 영국제는 여러 가지 의미를 가지고 있었다. 1851년 만국 박람회 100주년을 기념하고, 전쟁에 승리했음을 축하하고, 전쟁 후 주택난과 식량 배급으로 지친 이들에게 토닉 한 잔과 같은 활기를 주는 기회였다. 또, 영국 수출업자를 위한 홍보의 장이기도 했고, 노동당이 주장하는 사민주의적인 '새로운 영국New Britain'의 청사진을 제공하는 곳이었으며, 축제 주최 측의 말을 빌리면 영국의 과거, 현재, 미래를 전 국민적으로 기념하고, 과학, 기술, 산업, 예술 분야에서의 성취를 자랑하는 축제였다.

　　영국제에 대한 아이디어는 왕립 예술학회에서 1943년 처음 제기되었으나, 1948년까지 구체적인 계획이 되지는 못했다. 1948년은 클레멘트 애틀리 정부 출범 3년 차가 되던 해였고, 애틀리 정부는 복지 국가의 기본적 요소들 -국민 보험, 공공주택, 국가보건의료서비스- 을 도입했고, 석탄, 철강, 철도 산업은 국유화했다. 이런 조치는 전 국민의 문화생활을 향상시키는 쪽으로도 이루어졌다. 당시 대중 매체 중 가장 우세했던 것은 라디오였는데, 영국방송공사British Broadcasting Company(BBC)는 전쟁 중에도 수준 높은 방송으로 명성을 쌓았다. BBC는 전쟁 직후인 1946년 지적이고 예술적인 대중의 생활을 독려하기 위한 고품격 프로그램 채널 제3프로그램(현재의 라디오3)을 개설했다. 같은 해에 예술계는 예술 위원회Arts Council의 설립을 통해 국가적 후원을 새롭게 받게 되고, 위원회는 예술가들에게 작품을 의뢰하면서 새로운 상업적 기회를 제공하는 일을 맡았다. 다른 한편으로 펭귄 출판사에서는 '인기 있는 화가' 시리즈 책을 펴내기 시작했는데, 이것이 널리 읽히면서 대중적으로 모더니즘 예술에 대한 취향이 생겨났다. 헨리무어, 그레이엄 서덜랜드Graham Sutherland, 폴 내쉬Paul Nash 같은 작가들이 인기를 끌었다.

결정학 분야에는 재능 있는 여성 과학자들이 많았다. 이 분자 구조 모형은 캐슬린 론즈데일이 연구한 인체 내부 칼슘 결석에서 영감을 얻은 것이다.

CHAPTER 15. 원자에서 뽑은 패턴-미래를 디자인하다

왼쪽은 돔 오브 디스커버리(Dome of Discovery), 오른쪽은 스카
일론(Sklyon) 영국제의 가장 상징적인 두 빌딩이었다.

1945년 첫 원자 폭탄 투하로 공포의 문화가 팽배한 냉전이 열렸지만, 과학의 힘에 대한 존경도 계속됐다. 심지어 '원자 시대atomic age'라는 이름도 붙었다. 전쟁 전후로 페니실린, 나일론, 레이더, 제트 엔진 같은 새롭고 놀라운 기술의 산물이 쏟아졌고, 대중은 현대적인 모든 것에 대해 열광했다.

1951년 5월 개막한 영국제는 전후 노동당 정부에게 있어 매우 중요했다. 과학 기술이 여는, 잘 설계된 미래에 대한 낙관주의를 보여 주어야 했기 때문이다. 영국제는 영국 전역 곳곳에서 펼쳐졌다. 9개의 공식 전시회와 23개의 예술 페스티벌이 열렸고, 배터시Battersea에는 유람지가 들어섰다. 런던 템스강의 사우스 뱅크에서 열린 전시회는 축제의 메인 행사로, 850만 명의 관객이 찾았다.

사우스 뱅크 전시회는 산업 디자인 위원회와 영국제를 위해 특별히 결성된 과학 기술 위원회Council of Science and Technology에서 주관했다. 주제는 '토지와 사람들'이었고 돔 오브 디스커버리 같은 일련의 모더니즘 건물들이 세워졌다. 돔 오브 디스커버리는 하늘을 나는 접시받침같이 생긴 거대 알루미늄 구조물로, 내부에서는 영국의 최신 과학 기술을 보여 주는 전시가 열렸다. 또한 영국 국민들의 마음을 달랠 수 있는 유쾌하고 밝은 요소도 있었다. 예를 들면 전시장 구역들은 '해변 파빌리온Seaside Pavillion', '괴짜 코너', '사자와 유니콘 파빌리온' 같은 이름이 붙기도 했다. 축제의 미래적 비전을 완벽히 보여 주는 조각은 스카이론으로, 높이 300피트의 컴퍼스 침이 공기 중에 떠 있는 듯이 보이는 구조물이었는데, 사실 고장력 케이블로 받쳐지고 있었다. 이름은 현대적 삶의 상징적 합성물인 나일론을 상기하도록 지어졌다.

사우스 뱅크 전시회 기획 회의에서 마크 하틀랜드 토마스는 건축가 미샤 블랙Misha Black에게 패턴 디자인을 실험할 레스토랑이 있는지를 물었다. 하틀랜드 토마스는 이미 론스데일의 강연에서 본 헬렌 메고의 결정 구조 그림을 보고 메고와 연락을 주고받은 터였다. DRU사의 창립 멤버이기도 했던 블랙은 메고와 결정구조 패턴에 대해 이미 알고 있었으며, 그런 실험을 할 수 있는 공간으로 그 자신이 설계했던 레가타 레스토랑을 추천했다. 하틀랜드 토마스는 다른한편으로 분야별 영국 제조사 28개를 선정해 프로젝트에 참여시켰다. 그중에는 섬유, 카펫, 도기, 플라스틱, 리놀륨, 벽지 제조사들이 포함되어 있었다. 하틀랜드 토마스는 메고를 프로젝트의 과학 자문가로 영입하였고, 이 프로젝트를 위한 그룹을 페스티벌 패턴 그룹Festival Pattern Group(FPG)으로 명명했다.

두 문화

프로젝트에 필요한 결정 구조 이미지를 모으기 위해, 메고는 알고 지내던 명망 있는 과학자들에게 연락을 취했는데, 이 중에는 로렌스 브래그와 이후 노벨상 수상자가 되

CHAPTER 15. 원자에서 뽑은 패턴-미래를 디자인하다

는 막스 퍼루츠Max Perutz, 존 켄드류John Kendrew, 그리고 도로시 크로풋 호지킨Dorothy Crowfoot Hodgkin도 있었다. 이들이 발견한 분자 구조 중에는 과학사에서 매우 중요한 위치를 차지하는 것도 있었다. 호지킨은 인체에서 글루코오스 흡수를 돕는 인슐린의 세부 구조를 30여 년에 걸친 작업을 통해 1969년 드디어 완성하게 된다. 퍼루츠는 혈액 속에서 산소를 운반하는 헤모글로빈 단백질의 구조를 밝혀낸다. 단백질에는 수백, 수천 개의 원자가 있어 결정학적 방법을 통해서 구조를 파악하기에는 너무 복잡하다고 여겨져 왔었다.

동료들이 거둔 훌륭한 성과의 가치를 알았던 메고는 FPG의 첫 회의에서 "패턴의 장식적 특성에도 불구하고, 이것들은 당연히 과학 연구 성과이며 과학적 현실을 표현한 것이다."라고 강조했다. 하지만 섬유 회사 워너 앤 선스Warner and Sons의 대표였던 언스트 구데일 Ernest Goodale은 "과학적 정확성을 과도하게 강조하는 것은 실수가 될수 있다. … 가장 근본적으로, 패턴들은 각자 저 나름의 매력을 가지고 있어야 한다."[6]라고 했다. 프로젝트 팀 내부에서는 어떻게 좋은 디자인과 과학적 신뢰성 사이에 균형을 맞출 것인가에 대한 긴장 관계가 있었다. 메고는 이 이미지들이 어떻게 해석되어야 하는지를 설명하고자 했고, 어떤 부분이 중요하고 과학적 측면을 훼손하지 않게 어떤 컬러를 피해야 할지에 대해서도 의견을 냈다. FPG에서 낸 디자인은 헵워스의 조언에 따라 분자들 이름을 모두 유지했지만, 과학자 이름을 넣지는 않았고, 익명으로 남겨 두었다. 이것은 과학자로서의 명성에 해가 될까 봐 취해진 결정이었다.

FPG 디자인이 얼마나 과학적 정확도에 충실했는지는 디자인에 따라 정도의 차이가 있다. 메고는 후에 "그들이 한 일을 볼 때면, 나는 복합적인 감정을 느꼈다. 일부는 정당하고 아름답지만, 부당하고 추한 것도 있고, 그 사이 어디엔가 위치한 것들도 있었다."라고 기억했다.[7] 하지만 양쪽이 모두 전문성에 대한 존중을 갖고 협력에 임한 그 정신은 유지되었다. 드레스 업체인 자크마르Jacqmar의 수석 디자이너 출신으로 고급 패션 섬유의 제조업자가 된 아놀드 레버Arnold Lever는 그룹에 제출했던 2개의 디자인이 과학적 요소를 너무 고려하지 않았다면서 회수했다. 하지만 레버가 만든 헤모글로빈의 모양을 본뜬 디자인은 시장에서 '비행하는 접시받침flaying saucers'라는 이름을 달고 드레스 옷감으로 팔렸는데, '사랑의 여름Summer of love(1960년 말 샌프란시스코에 나타난 히피 공동체_역자 주)'이 등장하기 거의 20년 전에 특이한 패턴과 사이키델릭한 컬러를 사용한 것이었다. 메고는 레버의 개성 있는 스타일이 마음에 들었고, 무기물인 아프윌라이트afwillite 결정 구조에 바탕을 둔 디자인의 실크 블라우스를 주문해 입었다.

FPG의 눈부시게 다양한 디자인은 레가타 레스토랑 곳곳에 놓여 1951년 4월 17일 언론에 공개되었다. FPG 참여자들은 모두 베너스 앤 페넬Vanners and Fennel에서 만든 빨간색과 금색으로 된 헤모글로빈 문양의 타이를 하고 나타났다. 이 타이는 결정학자들 사이에서 크게 히트 쳤고, 이들은 재고를 모조리 사들였다. 레가타 레스토랑의 현관에는 이 모든 디자인들을 진열해 놓았는데, 중앙에는 녹주석beryl

과 첨정석spinel 결정 구조 패턴으로 장식된 식기와 커틀러리가 놓여 있었다. 이 패턴은 윌리엄과 로렌즈 브래그 부자가 직접 작업한 그림을 본뜬 것이었다. 레스토랑 장식의 메인이 되는 무늬는 입구 표지판과 메뉴판에 장식이 되었는데, 메고가 밝혀낸 하이드라질라이트hydragillite의 결정 구조에서 따온 것이었다.

FPG의 디자인들은 페스티벌 밖에서도 찾아볼 수 있었는데 그 대표적인 예가 돔 오브 디스커버리와 런던의 사우스 켄싱턴에 있는 과학전이었다. 결정학은 영국인이 주도했고 여전히 강세를 유지했던 분야였으므로, 과학 기술에 대한 국가적 위상을 뽐내기 위해 활용할 수 있는 분야 중 단연 으뜸이었다. 결정 패턴은 원자 시대의 시각적 아이콘이 되었다. "섬유 디자이너들이 눈으로 볼 수 없는 세계, 즉, 원자의 세계로부터 영감을 받은 것은 처음이다."라며 〈브리티시 텍스타일〉지는 열광했다. 사우스 뱅크 근처의 워털루Waterloo역의 소음을 막기 위해 '원자 스크린atomic screen'을 디자인한 에드워드 밀즈 Edward Mills는 "말하자면, 전시의 과학적 배경은 원자였다."라고도 했다.[8]

대중의 반응은, 공식적으로는 긍정적이었다. 〈더 타임즈〉지는 FPG의 디자인이 '기분을 즐겁게 한다'라고 평했고, BBC는 FPG참여자들을 라디오 프로그램에 초대하였다. 일반 방문객의 반응은 평가하기 힘들다. 많은 사람들에게 있어 전시회에서 본 현대식 디자인이나 결정학은 낯선 것이었고, 이것들을 받아들이기 위해선 노력이 필

사우스 뱅크의 레가타 레스토랑의 인테리어 디자인으로 현대
적인 분자 패턴이 사용되었다.

요했다. 패션 잡지 보그Vogue의 편집장 앨리슨 세틀Alison Settle은 전시회를 모호성을 유지한 채 열어야 한다면서 압력을 가했고, 흥미롭게도 성별을 반영한 듯한 말을 남겼다.

"테마는 당연히 좋은 디자인으로 귀결될 것이다. 하지만 원자라는 단어에 대해 여성들이 보일 차갑고 무서운 반응을 디자이너들이 어떻게 무시할 수 있단 말인가?"[9]

FPG의 일부 제품들은 산업 생산되었다. 찬스Chance라는 이름의 회사에서 만든 어안석apophyllite 결정 구조 무늬가 들어 있는 창유리는 'Festival'이라는 상품명으로 팔렸는데, 이 유리는 페스티벌 장소 곳곳에서 볼 수 있었고, 심지어 화장실에도 쓰였다. 로렌스 브래그의 아내 엘리스는 A. C. 길Gill에서 제작한 레이스를 샀는데, 이 레이스의 디자인은 남편이 판별한 녹주석 구조에 기반을 둔 것이었다. 매리앤 스트롭Marianne Straub의 '서리Surrey' 패턴은 워너 앤 선스에서 만든 아프윌라이트 디자인에서 딴 것이었는데, 클래식한 문양으로 자리 잡았다. 특히나 미생물과 분자 형태의 선형 패턴을 활용한 FPG의 디자인이 패션업계에 큰 영향을 주었는데, 1950년대에 크게 유행했다. 1976년 메고는 개인 소장품 다수를 과학박물관에 기증했으며, 샘플들 다수가 현재에도 전시되어 있다.

FPG의 유산은 패션과 디자인을 훨씬 뛰어넘으며, 결정학의 문화적 인지도를 훨씬 높은 수준으로 끌어올렸다. 1978년 헨리 무어는 도로시 호지킨의 손을 석판 드로잉으로 남겼고, 후대의 예술가들도 분자 구조의 상상도에 영감을 크게 받았다. 데미언 허스트Damien Hirst 가 1998년에 열었던 〈약국〉 식당은 영국제 기간 동안의 레가타에 빚진 것이 있었다. 오늘날처럼 활발하게 과학자와 예술가들이 서로에게 도움을 주면서도 공통점을 모색하는 협업이 과학제 기간에 최초로 나타났다고 보는 사람도 있다.

CHAPTER 15. 원자에서 뽑은 패턴-미래를 디자인하다

16. CHAPTER

경이로운 재료
일상을 바꾸다

그것은 산업계를 향한 풍자로 의도된 것이 아니었다. 이야기의 각 캐릭터들은 서로 다른 정치적 태도를 보여 주는 캐리커처였고, 거의 모든 정치적 입장을 대변하도록 했다. 중심적 인물 또한 무관심한 과학의 만화적 표현으로 의도된 것이었다.[1]

알렉산더 맥켄드릭(Alexander Mackendrick), 1951

보기 전에 듣게 될 것이다. 리듬 있게 꾸르륵거리며 괴이한 기구에서 나오는 저음의 소리를. 그런 다음 방에 있는 실험 도구들이 눈에 들어온다. 알코올을 증류하는 데 쓰이는 나선 모양의 콘덴서가 거꾸로 놓여 있고, 이 콘덴서 중간에는 반짝이는 램프와 튜브를 타고 규칙적으로 소리 내면서 밀려 들어오는 액체가 있다. 캐릭터가 밸브를 만지작거리면 공포스러운 소리를 내뿜으며 증기가 나온다. 우리는 이제 이것이 파멸적인 폭발을 일으키기 위한 물질을 만들려는 실험이라고 생각하게 된다.

이렇게 소리와 장면을 연결시킨, 알렉산더 맥켄드릭의 1951년 작품 〈흰 양복의 사나이The Man in the White Suit〉는 과학적 이상주의와 오만을 담은 영화로, 전후에 하이테크 국가로 변모하고자 했던 영국을 배경으로 한다. 배우 알렉 기네스Alec Guiness가 연기한 주인공 과학자인 시드니 스트래튼Sydney Stratton은 케임브리지를 졸업한 화학자로서 세계에서 제일가는 화학 섬유를 발명하겠다는 개인적인 야망을 가지고 섬유업계에 발을 딛는다. 결국 제목에 나오는 흰색 양복에 쓰인 닳지 않고 먼지가 묻지 않는 신섬유를 발명한다. 수많은 실패와 폭발 끝에 얻은 발명이었다.

이상주의는 여기서 끝난다. 얼마 지나지 않아 이 상품은 섬유 산업에 치명적인 영향을 끼친다는 사실이 드러난다. 옷이 더러워지거나 닳지 않는다면 새 옷감에 대한 수요가 쪼그라들 것이기 때문이다. 곧 시드니는 섬유업계 사업가들이 그의 발명품을 덮는 대가

강력한 섬유를 발명하는 '특별 임무'를 위해 실험 기구를 조사
하는 모습 〈흰 양복을 입은 남자 (1951)〉

로 제공하는 뇌물 공세와 곧 직업을 잃을 수도 있는 노동자들의 분노 사이에 놓이게 된다. 사업가와 노동자들과 손에 땀을 쥐는 추격전을 벌인 끝에 전통적인 데우스 엑스 마키나deus ex machina(고대 그리스 연극 결말에 해결될 가망이 없어 보이는 상황을 타개하기 위해 갑자기 나타나는 힘_역자 주)에 의해 구해지는데, 바로 그의 양복이 해체되기 시작한 것이다. 그가 발명한, 완전무결한 줄 알았던 섬유도 결국 결함이 있는 것이었고, 시드니의 과학 세계도 그랬던 것이다. 그럼 발명품이 초래한 이 모든 혼란 상황이 옷감처럼 갑자기 사라졌을까? 그렇지는 않다. 시드니가 이 섬유 산업 도시를 떠나면서 그의 실험 노트를 힐끗 보고는 영감을 얻는다. 그러고는 그가 발명한 섬유를 진정으로 닳지 않게 만드는 방법을 알아낸다. 이 시절은 속편이 필수적인 시절이었지만, 사실 속편이 필요하진 않았다. 이 작품 하나만으로도 과학을 단순히 사용하는 것이 어떤 위험을 초래할 수 있는지를 보여 주었기 때문이다.

〈흰 양복을 입은 남자〉는 1847년에서 1958년 사이에 마이클 벨컨이 일링Ealing 스튜디오에서 제작한 일련의 영화들 중 하나로, 소위 말하는 '일링 코메디'였다. 이들 영화는 모두 잘 만든 영화로 평가받았다. 능력 있는 감독이 연출하고, 일정 수의 프로그램을 번갈아 공연하는 레퍼토리 극단의 스타 배우들이 출연했으며, 영국의 계층 시스템과 전통에 대해 조롱하는 기발한 플롯을 가지고 있었다. 로버트 해머Robert Hammer가 만든 1949년 작 〈친절한 마음과 화관Kind Hearts and Coronets〉을 예로 들면, 기네스는 차례로 살해당한 귀족 가문의 일원

을 모두 연기한다. 이들을 살해한 이는 데니스 프라이스Denis Price
가 분한 영화의 주인공으로, 주인공 어머니는 이 귀족 가족에게서
상속권을 박탈당하고 가난에 시달리고 있었던 터였다. 〈흰 양복을
입은 남자〉에서는 세실 파커Cecil Parker가 앨런 번리Alan Birnly라는 주
요 역할을 맡았는데, 번리는 영화에 나오는 두 개의 공장 중 한 곳
의 공장장 역이었다. 그의 딸 다프니Daphne 역은 조앤 그린우드Joan
Greenwood가 맡았다. 이들 모두는 기네스와 함께 일링 영화의 충실한
지지자들이었다. 맥켄드릭은 그 전에 몇 개의 다큐멘터리 작품을 만
든 다음 1946년 일링 스큐디오에 합류하여 〈위스키를 가득히!Whiskey
Galore! (1948)〉라는 작품을 한 번 연출해 본 터였다. 맥켄드릭은 이후
세 개의 영화를 일링 스튜디오에서 만들고, 후대에 블랙 코미디의
정석으로 평가되는 〈레이디킬러The Ladykillers〉를 연출한다. 맥켄드릭
은 할리우드로 진출하여 〈성공의 달콤한 향기Sweet Smell of Success〉를
1956년에 연출한다.

　　〈흰 양복을 입은 남자〉의 가장 큰 특징으로는 잘 짜인 각본, 자
신감 있는 전개, 카리스마 넘치는 기네스를 위시한 배우들의 연기
에 더해 벤자민 프랭클Benjamin Frankel이 작곡한 신나는 영화 음악을
꼽을 수 있을 것이다. 벤자민 프랭클은 직조기 리듬을 이용해 영화
의 시작과 끝에 긴장감 있는 선율을 만들었다. 적절한 음악적 신호
는 플롯의 주요 지점에서 이야기를 더욱 흥미진진하게 만들었다. 시
드니의 화학 실험 기구에 나오는 소리는 영화 전체의 라이트모티프
leitmotif로 반복해서 나오는데, 글리세린과 물을 섞은 다음 빨대로 불

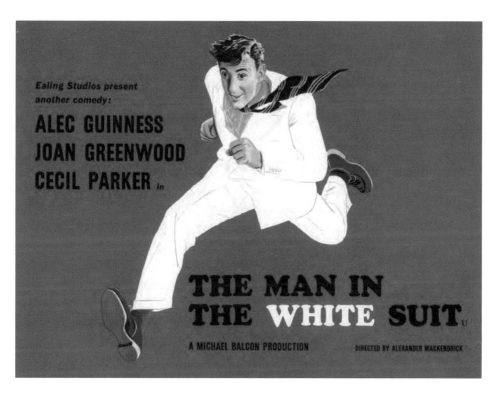

〈흰 양복을 입은 남자〉 포스터. 도망치는 중인 이 인물은 알렉 기네스가 연기한 시드니 스트래튼이다.

어 거품을 낼 때 나는 소리를 사용했다. 이 소리의 음악적 버전은 잭 파넬Jack Parnell이 만들어 〈흰 양복 삼바The White Suit Samba〉라는 제목을 달고 음반으로 출시되었다.

하지만, 영화가 진정으로 희화하려던 것은 무엇이었을까? 영화에서 중심적인 역할을 하지만 이름을 밝히지 않은 채로 나오는 이 섬유는 합성 섬유가 약속한 것들을 충실히 반영한 것으로 보인다. 기적의 재료로 만들어지고, 강하고, 값싸며, 믿을 수 있으며, 민주적인 특징을 가진 섬유. 그러나 현대에 와서는 플라스틱과 합성물이 환경에 끼치는 악영향과 낭비를 상징하는 대명사처럼 취급당하고 '자연스러움'을 모방하려는 저속하고 주제넘은 물질로 인식된다. 따라서 섬유패션 업계에 합성 섬유가 출시되었을 때를 기억하기는 힘들 수도 있겠다. 그 시절 합성 섬유는 멋진 현대성의 상징처럼 받아들여졌고, 사람들은 편리함에 찬사를 아끼지 않았다.

합성 섬유

전간기 동안 두 가지의 합성 섬유가 상업적으로 개발되었다. 하나는 레이온이었고, 다른 하나는 면이나 목재에서 뽑아낸 셀룰로오스로 만든 셀룰로오스 아세테이트였다(따라서 이것은 반-합성이라고 하겠다). 레이온은 싼 목재 펄프를 원재료로 썼기 때문에 수익성은 엄청났다. 코톨즈Courtaulds와 이전에 폭발물 제조업체였던 듀퐁DuPont이 레이온의 가장 큰 생산자였다. 1935년에는 세 번째로, 듀퐁사의 화학자 월레스 흄 캐러더스Wallace Hume Carothers가 완전한 합성 섬유인 나일론(원래의 이름은 나일론66이었다)을 개발했다. 듀퐁은 영국 거대 화학 업체인 임페리얼 케미컬 인더스트리스 Inperial Chemical Industries(ICI)와 특허권 공유 계약을 맺었고, 영국에서 나일론 발권은 ICI가 맡게 되었다. 하지만 ICI는 섬유 생산의 경험이 일천했다. 따라서 업계에서 오랫동안 자리 잡고 있던 코톨즈사와 협력하기로 하고 1928년에 '불가침' 계약을 맺는다. 두 회사는 합작으로 브리티시 나일론 스피너스British Nylon Spinners라는 계열사를 설립한다.

듀퐁은 나일론 개발을 마무리 지었다고 생각했다. 하지만 독일 거대 화학사인 IG 파르벤Farben 소속 과학자 폴 슐렉Paul Shlack이 1938년에 개발한 나일론6라는 다른 유형의 나일론을 시장에 출시하였다. 슐렉은 사실 허가받지 않은 연구를 하던 도중 우연히 나일론6을 만들었는데, 〈흰 양복을 입은 남자〉의 시드니 스트래튼이 떠오르는 대목이다. 1941년에는 맨체스터에 위치한 날염업체의 두 화학자가 완전히 새로운 종류의 합성 섬유인 폴리에스테르 -1950년대에는 테릴렌terylene으로 더 잘 알려졌던- 를 개발한다. ICI사는 폴리에스테르 생산권을 취득하여 듀퐁과 권리를 공유했지만 코톨즈는 배제했다. 합성 섬유 시장의 경쟁은 빠른 속도로 치열해졌다.

새로운 시장의 잠재성을 눈여겨보고 있던 ICI사는 1937년 또다시 완전히 다른 종류인 아딜Ardil이라는 인조 섬유를 개발한다. 나일론이 실크의 값싼 대용품이 되고 폴리에스테르가 면의 대용품으로 자리 잡은 것처럼, 땅콩 추출물로 만드는 아딜은 양모의 대용품으로 개발됐다. 당시 영국령이었던 동부 아프리카산 땅콩을 사용한 것을 생각해 보면 ICI사의 이름에 있는 '제국Imperial'이라는 단어가 잘 들어 맞는다고 할 것이다. 하지만 땅콩은 공급 부족 상태였기 때문에 가격이 높았다. 그 외에도, 아딜은 자르기가 어려웠고, 마치 스트래튼의 흰 양복처럼, 나중에는 쉽게 분해됐다. ICI사는 유명 물리학자이자 섬유 폴리머의 분자구조 전문가로 아딜 개발에 중추적인 역할을 했던 윌리엄 애스트버리William Astbury를 설득해 전쟁 중에 사용한 재료로 만든 코트를 입도록 했다. 애스트버리는 사실 1951년에 만든 아딜 양복을 가지고 있었으나 1년 뒤 옷이 해지고 있다고 회사에 알린 상태였다. ICI는 결국 1957년 아딜 생산을 중단하게 되고, 아크릴 섬유가 울 대체품으로 떠오른다. 아크릴 섬유는 두 회사가 각각 비슷한 시기에 개발하게 되는데, 듀퐁사가 개발한 아크릴 섬유의 최초 이름은 올론Orlon이었고, 독일 바이엘사가 개발한 것의 이름은 드랄론Dralon이었다.

나일론은 1935년에, 폴리에스테르는 1941년에 처음 개발되었지만, 상업화하는 데는 시일이 걸렸고, 전쟁으로 이 과정은 더욱 늦어져서 1949년이 되어서야 브리티시 나일론 스피너스가 폰티풀Pontypool에 있는 공장에서 생산을 시작하게 된다. 1950년에 ICI는 폴리에스테르 섬유를 티사이드Teesside에 위치한 윌튼Wilton에서 처음 생산한다. 〈흰 양복을 입은 남자〉가 제작되었을 즈음엔 새로운 종류의, 대량 생산되는 합성 섬유가 계속해서 나올 것이라는 생각은 매우 자연스러웠지만 놀랍게도 이것은 실현되지 않았다. 1938년에 개발된 새로운 플라스틱인 테플론Teflon은 영화 속 스트래튼이 개발한 섬유와 매우 유사한 성질을 가지고 있었다. 녹는점이 높고, 강하고 먼지가 묻지 않았지만, 섬유로 만들 수는 없었고, 코팅제로만 쓸 수 있었다.

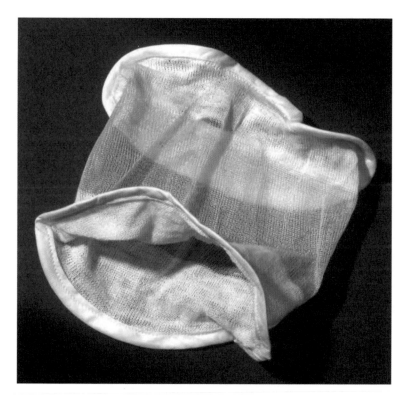

나일론으로 짠 튜브의 첫 샘플. 1935년에 만들어졌다.

CHAPTER 16. 경이로운 재료-일상을 바꾸다

합성 섬유에 대한 대중의 반응은 엇갈렸다. 어떤 것들은 나일론처럼 히트 상품이 되었는데, 특히 스타킹의 재료로 각광받았다. 다른 것들은 모방하려던 천연 섬유에 비해 열등한 것으로 취급되었다. 하지만 합성 섬유의 장점도 당연히 있었다. 이 당시는 일반적으로 의류 가격이 매우 비쌌던 시기였고, 합성 섬유는 면이나 실크에 비해 훨씬 쌌다. 더군다나 합성 섬유로 만든 옷은 세탁도 용이하고 건조도 빨랐으며, 오래갔다.

1950년대와 1960년대 초반에 나일론은 스타킹과 여성 속옷뿐 아니라 양말, 셔츠, 침대 시트에도 사용됐다. 브렌트포드 나일론스 Brentford Nylons사는 나일론 이부자리를 만들었는데, 특히 가공한 나일론으로 겨울에 쓰기 적합한 부드럽고 깃털 같은 텍스처의 제품을 선보였다. 한 남성이 나와서 이제 나일론으로 된 셔츠 한 벌만 필요하다며, 자기 전에 빨고 화장실에 걸어 두면 아침에 입을 수 있다고 말하는 나일론 광고도 있었다. 맥켄드릭의 영화에서 예상했듯이, 합성 섬유의 튼튼한 성질은 섬유 산업의 수요를 크게 줄일 수 있는 잠재적 문제를 내포하고 있었다. 양말을 사서 10년 이상 신는다고 생각해 보라. 이 문제는 1960년대 폴리에스테르-면, 폴리에스테르-모 같은 혼방 섬유 개발로 해결이 되었다. 그리고 영화에서 보여 준 것처럼 나일론과 폴리에스테르를 포함한 합성 섬유에는 또 다른 특징이 있었다. 염색이 잘 되지 않는다는 것이었다. 이 문제를 해결하기 위해서는 새로운 염색 방법을 개발해야 했다.

영화 속 스트래튼의 양복은 하얀색일 뿐 아니라 빛이 났는데, 이 것은 아마 스트래튼의 화학 공정에서 나오는 방사능 때문일 것이라 는 암시이다. 방사성 물질이 어둠 속에서 빛이 난다는 것은 매우 흔 한, 잘못된 오해이기도 했다. 일반적으로 방사성 물질은 빛나지 않 는데, 이런 인식은 아마도 야광인 라듐 시계 때문에 생겼던 것 같다. 영화 속에서 '형광 발광제optical brightner'라고 불리는 화합물과 화학 산 업의 또 다른 생산품을 사용하여 양복에 쓰이는 천이 빛나게 되는 데, 다름 아닌 자외선 조명이었다. 이 화합물은 자외선을 흡수하여 가시광선으로 전환시키는 것이었다. 이러한 화합물은 이때부터 현 재까지도 '흰색보다 더 희게' 만들어 주는 세탁 세제에 사용된다. 이 모든 것은 전후 세탁 물질의 혁명이었고, 비누는 합성세제로 대체되 었다. 새로 개발된 성분 중에는 표백제에 쓰이는 과산화물peroxide가 있었고(퍼실Persil이라는 제품명의 퍼per), 보충제builder라고 불리는 성분은 알칼리 합성물이었는데 탄산나트륨sodium carbonate이나 규산나트륨 sodium silicate(퍼실의 실sil)이 주로 쓰였다. 석탄 매연과 스모그가 일상적 이었던 시대였지만 오늘날보다 사람들은 목욕이나 샤워를 덜 했고, 밝은 흰색으로 세탁된 옷, 특히 셔츠는 매우 인기가 있었다. 다즈Daz 같은 세제의 광고에서는 이런 표백 성분에 대해 강조했다. 나일론은 특히 시간이 지날수록 누렇게 변하는데, 염소 표백제를 사용할 경우 이런 현상이 더 악화되었으므로, 합성 섬유의 보급과 함께 형광 발 광제의 사용이 늘었다.

ICI의 연구개발부서에서 1941년에 테릴렌을 발명
했고, 몇 년 후 프로토타입 야회복을 제작했다.

과학자 캐릭터

〈흰 양복을 입은 남자〉는 맥켄드릭의 사촌, 로저 맥두걸Roger Macdougall이 쓴 희곡을 새로 쓴 것이었다. 맥켄드릭은 맥두걸과 함께 몇 가지 프로젝트를 같이 진행했는데, 마무리는 시나리오 작가인 존 다이튼John Dighton이 했다. 연극용과 영화용 각본들 모두 닳지 않는 섬유의 발명과 그것이 시장에 미치는 여파라는, 동일한 주제를 가지고 있었다. 하지만 맥켄드릭은 이 이야기의 초점을 완전히 바꾸었다. 이후 그는 회상했다.[2]

"나는 약간 짓궂은 일을 했다. 로저의 주인공을 가져와 역할을 줄이고, 전체 이야기를 알렉 기네스가 연기한 인물 중심으로 바꾸었는데, 이 인물은 원래는 조연이었다."

맥켄드릭은 과학자를 이야기의 중심에 놓았다. 〈흰 양복을 입은 남자〉는 결국 과학에 대한 순진함이 가져올 수 있는 위험성과 전후 영국의 보수주의에 대한 고찰에 대한 이야기가 되었다.

다른 일링 스튜디오의 영화들처럼 〈흰 양복을 입은 남자〉는 1951년 당시 영국제 시간 즈음 영국 사회에 대한 신랄한 풍자이기도 했다. 영국제의 목적이 영국 기술력에 찬사를 보내는 것이었지만, 사실 기업인과 노동조합원들을 포함한 전반적으로 대중들은, 그들의 생계에 기술이 끼칠 영향에 대해서 두려워하고 있었다. 과학에 대한 대중적 이해가 부족했고, 그것의 성취에 대해서도 당혹스러워하는 이가 적지 않았다. 페스티벌 패턴 그룹(FPG)이 디자인한 섬유에 대

CHAPTER 16. 경이로운 재료-일상을 바꾸다

해서도 과학자와 디자이너들 간에 원자나 분자 스케일의 구조와 결정에 기반을 둔 협력이 이루어졌고, 이것을 평가하는 이들도 있었다. 그러나 너무 기이하다는 이유로 상업적으로는 크게 성공을 거두지는 못하였다.

맥켄드릭은 어둡고 틀어진 주제에 대한 취향이 있었는데, 스스로도 '나의 비뚤어지고, 악의적인 유머 감각' 때문이라고 했다.[3] 영화 내내 흐르는 과학적 오만함은, 맥두걸과 함께 핵폭탄의 도덕성에 대한 코메디를 만들고자 하는 의도 때문이기도 했는데, 영화 속에서도 이 의도가 약간 반영이 되어 있다. 스트래튼은 중수소와 방사성의 토륨thorium을 사용하면서 연쇄 반응을 우려하는데, 일련의 폭발이 일어나면서 실험이 성공하게 된다.

토륨을 이렇게 사용하는 것은 엄밀하게 화학적으로 봤을 때는 완전히 비논리적이다. 물론 코메디가 과학적으로 정확한가 따지는 것은 논점에서 벗어난 것이긴 하지만, 맥켄드릭은 다른 부분에 있어서는 과학적 신뢰성을 지키려고 노력했다. 연구실은 당시 섬유 연구소를 매우 정확히 복원한 것이었고, 영화 제작에는 과학 고문도 있었다. 과학고문은 웰윈 전원도시Welwyn Garden City의 ICI 파이버스Fibers 소속이었던 제프리 마이어스Geoffrey Myers로, 맨체스터 대학에서 섬유화학 학위를 가진 사람이었다. 마이어스는 화학 물질을 고분자 화합물로 바꾸어 섬유화하는 실험 장치 설계를 승인했다. 이 기구들 중에는 물리학자 앨런 월시Alan Walsh가 1949년 발명한 광원인 '토론토

호弧,Toronto arc’와 매우 비슷하게 생긴 것이 있다. 스트래튼이 묘사하는 본인의 연구는 그다지 과학적이지는 않지만, 그가 설명하는 ‘혼성 중합co-polymerization’이나 ‘아미노산 잔기amino-acid residues’는 어쨌든 겉으로나마 과학적으로 정확하다.

시드니 스트래튼은 이 시기 다른 영화에서 자주 등장했던 ‘매드 사이언티스트’와는 거리가 멀다. 하지만 외골수에 공상을 좋아하며, 보통 사람들이 이해하지 못하는 어려운 것에 대한 집착을 가지고 있는 등, 어느 정도 틀에 박힌 과학자의 성격을 보여 주고 있다. 영화 속 스트래튼은 MGM에서 제작한, 매독 치료법의 개발자 파울 에를리히Paul Ehrlich 박사의 전기 영화 〈에를리히 박사의 마법 탄환Dr. Ehrlich's Magic Bullet〉의 주인공과 같은 집착을 가지고 있었다. 하지만 스트래튼은 영화 속 에를리히 박사가 보여 준 사회적 연민은 부족한 것으로 나온다. 케임브리지를 졸업하고 펠로우로 재직했었지만, 스트래튼은 야간 학교에서 화학 학위를 받은 이가 많았던 업계에서 제거되기에 이른다. 과학자인 그가 아무리 친절하게 사람들을 대해도, 집 주인이나 공장 노동자 같은 보통 사람들은 그를 괴짜 취급한다.

스트래튼을 영화의 중심에 놓음으로써 맥켄드릭은 관객으로 하여금 말도 안 되는 자기 확신에 찬 주인공에게 동조를 할지 흔들리게 되는데, 당시 영화 비평가가 이것이 〈흰 양복을 입은 남자〉가 가지고 있는 단 한 가지의 심각한 약점이라고 평한 바 있다.[4] 하지만 결국 관객들은 배우 기네스의 열연 덕분에 주인공을 지지했다. 마지막 추격전이 펼쳐지는 영화의 클라이맥스 부분에서, 스트래튼은 그의 세탁부로서 생계를 겨우 이어 나가고 있는 집주인과 맞닥뜨리게 되고, 관객들은 스트래튼의 행동이 초래한 그에 대한 사회적인 반감을 엿볼 수 있다. 집 주인은 "왜 당신 같은 과학자들은 세상을 내버려 두질 않느냐? 세탁할 것이 더 이상 없으면 나는 무엇을 세탁하며 먹고 사느냐?"라며 그를 힐난한다.

이 장에서 보여 주는 장면들은 맥켄드릭의 풍자가 사실은 '공정한 과학Disinterested Science'보다 훨씬 더 넓은 범위를 향한 것임을 드러낸다. 맥켄드릭은 "영화 속 각각의 캐릭터가 여러 종류의 정치적 태도를 희화화하도록 의도가 되었다. 예를 들어 노동조합을 통해서 공산주의를 보여 주었고, 낭만주의적 개인주의, 자유주의, 계몽된 혹은 계몽되지 않은 자본주의, 강압적 반동주의까지 그려 내려 했다."라고 말한 적이 있다.[5] 이들 캐릭터 중 영화 속에서 긍정적으로 나온 사람은 거의 없는 것이 당연한지도 모르겠다.

반항적 모더니즘

랭커셔를 영화의 배경으로 설정한 것은 적절했다. 섬유 산업은 1920년대부터 침체기를 맞았고, 1930년대 면을 대체할 레이온이 발명되면서 약간의 숨통이 트였다. 영화 도입부에는 랭커셔의 산업 지대에서 합성 섬유를 방적, 직조하고 있다는 설명이 등장인물인 앨런 번리의 내레이션으로 나온다. 하지만 현실에서는 전쟁 직후 노후한 공장 설비나 노동조합의 등장으로 궁핍했던 5년 동안에도 섬유 산업은 신기술에 적응할 수 있었다. ICI 나 코톨즈 같은 거대 기업들은 합성 섬유의 전망에 대해 매우 적극적이었지만, (영화 속 가상의 도시인 코랜즈Corlands 나 번리스Birnleys처럼) 북부 잉글랜드, 주로 가족들이 경영하는 영세 업체들은 과거 섬유 산업의 근간을 이루어 왔음에도 불구하고, 이 기간 동안 어려움에 직면할 수밖에 없었다.

1940년, 섬유 산업에서 구조조정, 수출 시장 개척, 과학 연구, 선전을 통해 산업 전체의 이익을 위한 면화 이사회Cotton Board라는 자발적 기업인 단체가 설립된다. 전후 노동당 정부하에서, 면화 이사회는 법적 지위를 획득하게 된다. 협회의 홍보 영화로 도널드 알렉산더Donald Alexander가 연출한 〈면화의 귀환Cotton Comeback (1946)〉에서는 기업들이 새로운 시설 투자를 하면서 숙련 노동자들이 업계로 돌아오고 싶어 하는 모습을 그리고 있다.

〈흰 양복을 입은 남자〉는 영국이 전후 미래로 나아갈 수 있을지 사회 전체에 팽배했던 우려를 여과 없이 보여 준다. 영국의 제조업을 과연 적절히 현대화할 수 있을까? 노동자들은 기술 변화에 적응할까? 영국 전체가 미래 지향적인 걸까, 아니면 전통에 얽매여 과거에 갇힌 걸까? 공장의 연구실은 진보의 상징이기도 했지만, 천식환자면서 어딘가 악마적인 구석이 있는 노인 존 키어로John Kierlaw가 이끄는 기업인 패거리는 스트래튼이 발명한 것을 아예 사서 매장시키려는, 보수 반동주의를 대표하기도 한다. 한편으로 지칠 줄 모르는 스트래튼은 영국의 창의성과 결의를 상징한다고도 볼 수 있지만, 영화의 전체적인 분위기로는 영국의 산업이 기술 변화에 속도를 맞추어 나갈 능력이 될지에 대해서는 비관적인 듯 보인다. 이렇게 비뚤어진 시선은 맥켄드릭이 이 영화를 끝낸 후 얼마 지나지 않아 미국으로 진출한 이유를 간접적으로 설명한다고도 하겠다.

맥켄드릭의 회의주의는 어느 정도는 정당한 것으로 보인다. 영국 대중이 기술 혁신에 대해 반감을 가졌다고 말하는 것은 불합리할 수도 있으나, 영국이 신기술을 개발하고 포용한 과거의 이력은, 좋게 말해, 기복이 있다. 영국 항공기 사업British Aircraft Corporation이 개발한 군용 항공기 TSR-2는 1960년대 개발이 취소되었고, 드 하빌랜드사의 코멧Comet 항공기와 호버크라프트는 상업적으로 실패했다. 콩코드의 영광은, 우리가 제14장에서 보았듯 너무나 짧았다.

하지만 맥켄드릭 영화 배경의 중심이 된, 아마도 잉글랜드 북부 섬유 기업들의 운명이야말로 가장 슬픈 실패를 보여 주는 것이 아닐까 한다. 오늘날 이들은 모두 사라졌다. 값싼 노동력으로 무장한 아시아의 섬유 기업, 혹은 유럽 연합과 미국에서 보호를 받은 이 업계 기업들과는 달리, 이 영화에 나오는 가족 기업들은 신기술로 피해를 입고 오래전에 모두 사라졌다. ICI는 2008년 악조노벨AkxoNobel이라는 기업에 흡수되었다. 〈흰 양복을 입은 남자〉는 다른 일링 스튜디

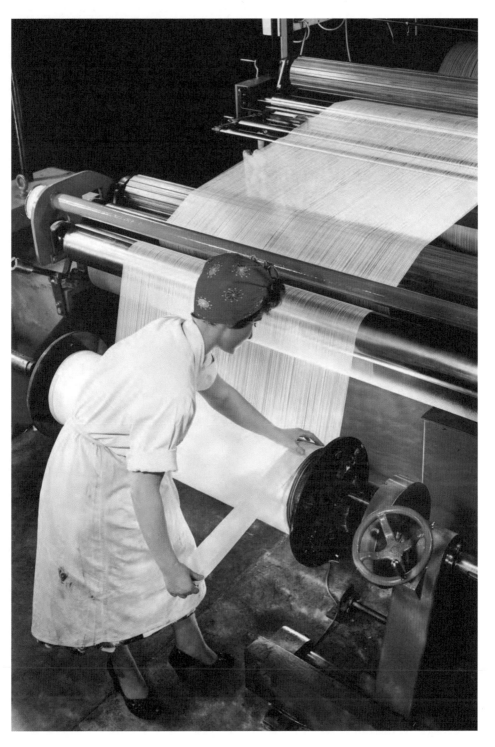

〈날실 준비(Preparing a Warp), (1964)〉는 사진작가 모리스 브룸
필드(Maurice Broomfield)이 작품으로, 영국 제조업계에서 일어
나고 있던 충격적인 변화를 보여 주려 했다.

오 영화들처럼, 오늘날 달콤하고도 씁쓸한 향수를 불러일으키는 영화로 남아 있다. 그 씁쓸함은 산업적, 기술적 기회를 놓친 이들이 강렬히 느끼는 감정일 것이다.

17. CHAPTER

폴라로이드적 인식

순간을 잡아내다

카메라야말로 내가 갑자기 깨달은 매체
이다. 그것은 예술도 아니고, 기술도 아
니고, 공예도 아니고, 취미도 아닌, 도구
이다. 그것도 아주 탁월한 드로잉 도구
이다. 마치 내가, 다른 보통 사진작가들
처럼, 연필이 점을 찍는 데에만 사용되
었던 오랜 문화의 부분이었다가, 선을
그을 수 있다는 것을 깨달았을 때 느낄
수 있는 해방감이 있다.[1]

데이비드 호크니, 1982

사진은 과학의 거의 모든 세부 분야에서 오랫동안 중요한 역할을 해 왔고, 다양한 형태의 예술에서 (논란의 여지는 있지만) 카메라를 사용하지 않고서는 도달할 수 없는 정확성과 객관성을 부여하기도 했다. 하지만, 초기 사진술은 부유층이나 직업 예술가의 취미 같은 것이었다. 사진을 찍기 위해서는 화학에 대한 기술적인 이해가 선행되어야 했고, 많은 값비싼 장비를 사야 했으며 암실을 만들 수 있어야 했다. 1900년, 이스트맨 코닥 Eastman Kodak사에서 사진에 문외한인 사람도, 돈이 모자랐던 사람도, 노하우가 없는 사람도 사진을 찍을 수 있는, 최초의 보급용 카메라인 브라우니Brownie를 선보였다. 판매가는 당시 1달러였고 (요즘으로 따지면 30달러쯤 된다), 사용하기가 매우 쉬웠으며, 암실도 만들 필요가 없었다. 브라우니 카메라 사용자들은 그냥 기성품으로 만들어진 롤 필름을 넣고 찍고 싶은 사진을 찍은 다음, 필름을 코닥사에 인화를 맡기면 되었다. 1910년까지 코닥사는 브라우니 카메라를 1,000만 대 팔았다.

1940년대 미국의 과학자이자 폴라로이드Polaroid Corporation사를 설립한 에드윈 허버트 랜드Edwin Herbert Land는 암실이 아예 없어도 되는, 폴라로이드 카메라로 코닥의 브라우니 카메라에 도전장을 내민다. 1948년 개발된 폴라로이드 카메라를 쓰면 사진이 즉석에서 인화되었다. 폴라로이드는 출시 후 일반 소비자 시장에서 대성공을 거두었고, 이에 더해 20세기 후반 많은 예술가들의 작업에도 큰 영향을 끼쳤다. 이들 중 일부는 열렬히, 창의적인 방법으로 폴라로이드를 사용했고, 이들 중 대표적인 화가가 바로 영국의 화가 데이비드 호크니다.

                                    카메라로 그리다
_____

                1982년 초, 파리 퐁피두센터Pompidou
Centre의 큐레이터 알렝 사약은 로스앤젤레스에 있는 데이비드 호크니의 집을 방문한다. 긴 토론 후에 사약은 마침내 호크니가 찍은 2만 개의 사진을 퐁피두에서 있을 전시회에 내도록 설득한다. 호크니의 사진 앨범은 그의 가족, 휴가, 작품 자료 등 인생 모든 면을 담은 것이었다. 호크니는 사진이 진정한 예술적 매체라고 믿지 않았으나 사약에게는 큐레이터가 전시에 쓰일 사진을 선택해야 한다고 말했다.

    호크니가 본 사진의 문제점은, 시간을 보여 줄 수 없다는 것이었다. 사진 속 이미지는 한 시점의, 그 찰나의 순간만 보여 줄 수 있는 것이었다. 따라서 모든 사진은 피상적인 순간의 시선 이상의 것을 받을 자격이 없다고 보았다. 호크니는 회화는 이와는 완전히 달라서, 작품을 완성하기 위해 화가는 수많은 시간을 쏟고, 이렇게 작품에 투자된 시간은 연구할 가치가 있다고 생각했다. 최종 완성품은 예술가가 작품을 구성한 그 긴 시간을 보여 줄 것이므로, 이러한 노력으로 인해, 해당 작품은 관객이 고찰하며 쏟는 시간을 받을 자격이 있다.

사약이 호크니를 방문했던 같은 해에 에드윈 랜드는 일흔넷의 나이로 폴라로이드사 회장직에서 은퇴한다. 1940년대에 즉석카메라와 필름을 개발한 랜드는 이후 30여 년 동안 인간이 색상을 인식하는 방식에 대해 더 깊이 이해하려 노력했다. 호크니가 사진에 인간이 세상을 보는 방식을 반영시킬 수 있는지 고찰하던 때인 1982년에도 랜드는 여전히 이러한 노력을 계속하고 있었다. 폴라로이드 카메라는 호크니의 탐구에 있어 열쇠 같은 존재였다.

호크니는 일단 카메라 자체와 사진술 간에 경계를 분명히 그었다. 수 세기 동안, 예술가들은 카메라 옵스쿠라camera obscura라고 하는 광학 기기를 사용해 왔다. 어두운 공간에 작은 틈을 통해 빛을 통과시키면 반대쪽에 있는 스크린에 사물의 이미지가 거꾸로 투사되도록 하는 것이었다. 이 기기는 광학에 관심 있는 과학자들도 사용했고, 때때로 마술사들도 사용했다. 하지만 예술가들에게 있어서 카메라 옵스쿠라는 장면을 정확하게 구현하는 수단이었다. 화가들은 캔버스에 이미지를 투사시켜 그것을 따라 그리기도 했는데, 이 방식은 시간이 오래 걸렸다. 이탈리아 화가 카날레토Canaletto가 카메라 옵스쿠라를 쓴 방식에 대해 호크니는 다음과 같이 말했다.[2]

"카날레토 작품 표면을 눈으로 죽 훑어보라. 그림의 각기 다른 부분은 각자 다른 시간이다. 각자 다른 순간에 그려졌기 때문이다. 캔버스에 표시를 하는 손은 시간에 따라 움직이고, 그것을 보는 관객은 의식하지 못하더라도 이것을 느낄 수 있다."

반대로 사진은 꼭대기 왼쪽 부분이나 밑바닥 오른쪽 부분이나 동일한 순간을 나타낸다. 시간적으로 말 그대로 찰나의 순간을 찍은 것이다.

사약이 호크니의 사진 중 100장을 최종적으로 골랐을 때, 호크니가 박스에 처박아 놓은 1,000장의 네거티브 필름들을 어떻게 찾으며, 또 찾는다 한들, 다시 사진과 일일이 어떻게 대조할지 막막해졌다. 그래서 사약과 호크니는 1만 2,000달러어치의 폴라로이드 필름을 샀고, 사약이 골라 놓은 사진을 찍었다. 사약은 이것들을 들고 가 전시를 구상하기로 했고, 호크니는 시간이 남을 때 네거티브 필름을 찾기로 했다. 사약은 파리로 돌아가면서 사용하지 않은 폴라로이드 필름을 호크니 집에 남겨 두었다. 호크니가 SX-70 폴라로이드를 가지고 실험을 시작하는 데는 오랜 시일이 걸리지 않았다.

사약과 나눈 사진의 장점에 대한 대화가 아직 호크니의 마음속에 생생하게 남아 있었다. 호크니는 폴라로이드 사진을 이용해 런던에서 작업하던 L. A. 집의 인테리어를 그린 그림을 재창조해 보기로 한다. 호크니는 거실에서 시작해 테라스 바깥쪽, 수영장까지 집 구석구석을 계속해서 사진을 찍었다. 몇 시간 뒤에는, 이렇게 찍은 이미지들은 함께 모아 〈나의 집, 몽캄 애비뉴, 로스앤젤레스, 금요일, 2월 26일, 1982My House, Montcalm Avenue, Los Angeles, Friday, February 26, 1982〉라는 제목의 폴라로이드 합성 작품을 만들었다.

이후 다섯 달 동안, 호크니는 폴라로이드 콜라주를 만드는 데 집착했고, 한밤중에 산책을 나가 아이디어를 얻기도 했다. 호크니는 이전에 사진 콜라주 작품을 만든 적이 있었다. 그때는 한 시점에서 일련의 사진을 찍었지만, 이제는 공간을 옮겨 가며 클로즈업된 부분적으로 잘린, 각기 다른 시점의 이미지를 찍었다. 따라서 합성 작품은 여러 시점을 겹쳐서 보여 주는 것이었고, 따라서 명백히 다른 시점과 공간을 나타내는 것이었다.

이 기간 동안 시간, 공간, 스케일은 호크니 작품의 핵심적 요소가 되었다. 폴라로이드 카메라는 휴대하기 간편했고, 주어진 장면에서 여러 다른 시점을 잡아낼 수 있었으며, 한 장면 내에 다른 대상물을 포착할 수도 있었다.

호크니는 다음과 같이 언급한 적이 있다.

"처음에 나는 공간이 아닌 시간에 대해서만 우려를 하고 있었다. 하지만, 공간을 시간 없이 인식하기란 불가능하다는 것을 깨달았다. 공간을 인식하려면 시간이 필요하고, 그렇다면 하나의 사진은 본질적으로 정태적static이라는 것을 다시 한번 확인시켜 주었다.[3] 왜냐하면 그 안에서 묘사하는 공간을 인식하기에 그 속에서의 시간이 충분하지 않기 때문이다."

호크니가 생각하기에 이러한 사진 작업 방식은 일반적인 사진 이미지보다 훨씬 사람들이 실제 세상을 바라보는 방식과 비슷했다. 호크니는 후에도 여러 번 자신이 찍은 사진들과, 복수의 시점이 담긴 큐비즘Cubism 작품들을 비교하곤 했다.

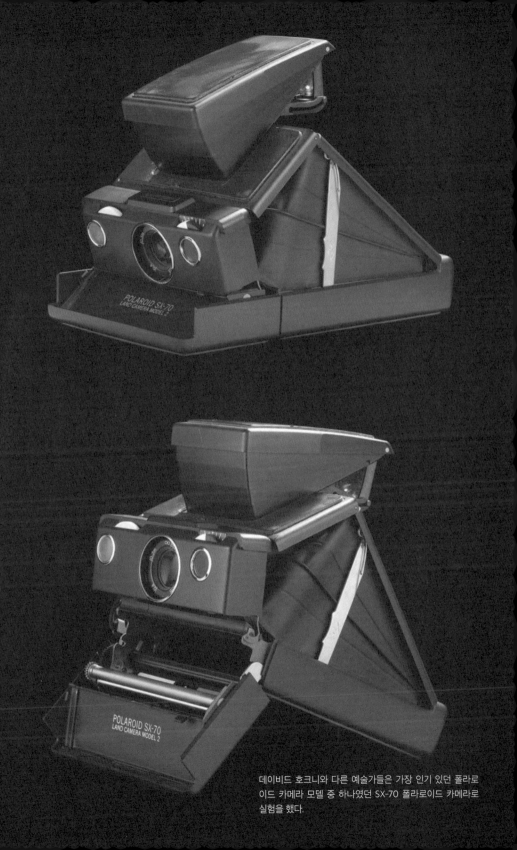

데이비드 호크니와 다른 예술가들은 가장 인기 있던 폴라로이드 카메라 모델 중 하나였던 SX-70 폴라로이드 카메라로 실험을 했다.

호크니는 또한 폴라로이드 카메라가 색깔과 관련해서 약간 이상한 효과를 낸다는 것을 깨달았다. 피사체와 사진 찍는 사람 간의 거리를 바꾸면, '색상에 강력한 효과를 낸다. 찍는 사람과 피사체 간 분위기가 줄어들면, 색깔은 진해진다.'[4]

〈햇빛이 비치는 로스앤젤레스 수영장에서, 4월 13일, 1981In Sun on the Pool Los Angeles April 13, 1981〉에서 호크니는 관객으로 하여금 수영장을 내려다보면서 전체를 조망한다는 느낌을 받게 해 준다. 보고 있으면 있을수록, 호크니가 수영장 주변을 움직이며 수영장과, 그림자와, 선 베드 의자를 클로즈업하여 찍는 장면을 더 잘 상상할 수 있다.

스케일 또한 매우 중요한 요소이다. 본인의 작품 〈뉴욕타임스를 읽고 있는 모리스 페인Maurice Payne Reading the New York Times in Los Angeles Feb. 28th 1982〉에 대해 논평하면서, 호크니는 스케일을 계속해서 의식적으로 조작해야 했다고 말했다. "페인 옆에 있는 벽에는 꽃이 있는 포스터가 있었다. 밝은 꽃 색깔 때문에 포스터를 사람들이 두 번 볼 것 같아 두 번 찍어 더 크게 만들었다. 내가 물체를 보면서 쓰는 시간을 고려하며 내가 물체를 보는 방식을 따라서 작업을 하려고 했다."라고 말이다.[5] 더 가까이 물체에 다가가면, 사실 그 물체를 보는 것은 더 어려워진다.

호크니는 이러한 작업 방식을 '카메라로 드로잉하는' 것이라고 칭

했다. 전체 과정은 수 시간이 소요되고, 호크니는 매 순간 그림을 그리듯 결정을 내려야 했다. 구성, 색상, 스케일, 그리고 잘못된 곳의 수정까지, 그림 그리는 작업과 비슷했던 것이다. 호크니는 다 찍은 사진들을 펼쳐 놓고 재배열하며 작품을 구성했는데, 이 과정에서 피사체를 다시 찍어야 하는 일도 많았다. 사진 기술은 마치 그림 붓 같은 도구가 되었다. 호크니는 폴라로이드 콜라주를 마치 여러 작업 방식을 시도해 보는 습작과 비슷하게 보았다. 호크니가 폴라로이드 콜라주를 시도한 다섯 달은 이후 그의 회화 및 콜라주 작품에 직접적인 영향을 끼쳤다.

찰나의 순간을 잡아내다

흥미롭게도, 호크니의 작업 방식은 에드윈 랜드가 집착적으로 수십 년 동안 색상에 대해 실험했던 과정과 매우 유사하다.

어려서 랜드는 열렬한 독서가였고, 만화경이나 입체 현미경 같은 과학적 장난감에 빠져 있었다. 1926년 랜드는 하버드에 진학해 화학을 전공했지만, 곧 실망하여 뉴욕으로 떠난다. 뉴욕에서 그는 '폴라로이드'라고 알려진 편광 필름 필터(편광이란, 특정한 방향으로만 전자기파가 진동하는 현상을 가리킨다)를 실험하기 시작한다. 사실 편광 필름은 오늘날, 선글라스, 휴대용 계산기, 3D 안경, 코닥 카메라 등 매우

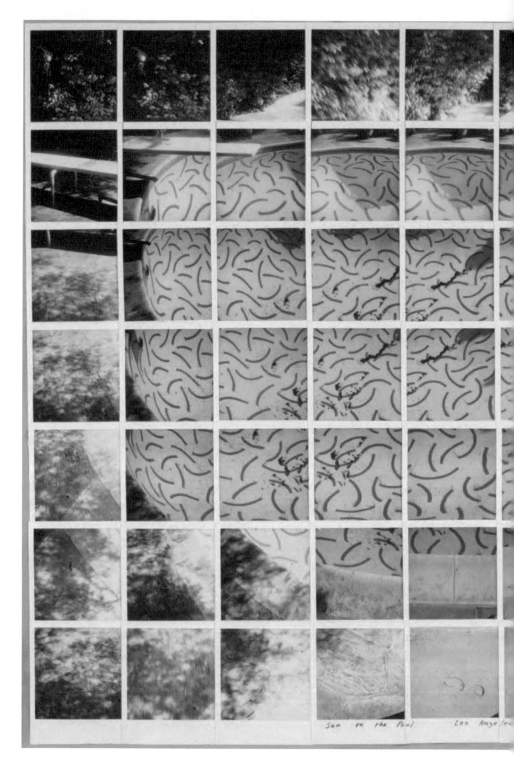

Sun on the Pool.   Los Angeles

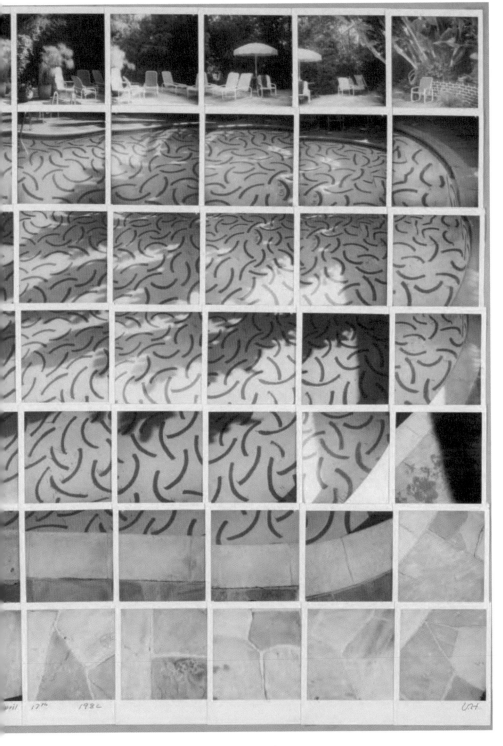

호크니의 폴라로이드 합성 작품들은 피카소와 큐비즘 작품들
로부터 영향을 받았다.

다양한 종류의 상품에 사용된다. 1929년, 랜드는 폴라로이드에 대한 첫 특허를 출원하고, 작은 실험실이 마련된 하버드로 돌아온다. 하지만, 1932년 다시 학교를 자퇴한 뒤, 자신만의 연구실을 세우고 1937년 폴라로이드사를 설립하기에 이른다.

랜드는 과학적 호기심이 매우 왕성했지만, 이런 호기심에서 비롯한 질문은 실질적인 도구나 기술로 결과를 얻어야 한다고 믿었다. 랜드는 1944년 즉석 사진 실험을 시작하고, 4년 뒤 폴라로이드사는 즉석 필름과 함께 첫 카메라인 모델95^{Model95}를 출시하여 보스턴에서 판매했다. 눈 깜짝할 사이에 모델95는 매진되었다. 사진을 찍고, 필름이 카메라에서 나온 지 정확히 60초가 지나면 네거티브 필름 같은 배경이 형성된 뒤 세피아 톤의 사진이 완성됐다. 사실상 랜드는 암실 전체를, 손 안에 있는 카메라 안에 넣은 것이었다.

폴라로이드사는 마케팅 재원이 부족했고, 시연과 입소문을 통해서 팔아야 했으므로 한 번에 한 도시씩만 공략했다. 처음에는 신기술을 플로리다 같은 휴양지 같은 곳에서 출시하여 휴가지에서 스냅샷을 찍어 집에 돌아가 주변 친구들에게 보여 줄 수 있다는 것을 강조했다. 얼마 지나지 않아 폴라로이드사는 TV 광고를 살 수 있게 되었고, 60초의 현상 시간같이 완벽한 광고 시간이 주어졌다.

1956년 새해 전날, 폴라로이드사는 100만 개째 카메라를 판매했다. 이 시기는 전쟁 후 소비자의 구매력이 왕성해지던 시기였고, 폴라로이드 카메라 같은 작은 사치품을 판매하기에 매우 좋은 시점이었다. 모두가 깔끔한 집, 빠른 자동차, 냉장고와 텔레비전을 원했다. 특별한 시간을 보내면 시각적 기록을 남기고 싶어 했고, 폴라로이드는 그 어느 것보다 그 일을 빨리 처리할 수 있었고, 이미지의 퀄리티도 나쁘지 않았다.

폴라로이드 즉석 필름을 이용해 호크니는 퍼즐을 맞추듯 실시간으로 작품을 구성하고, 부족한 부분을 다시 촬영하면서 콜라주를 만들 수 있었다.

하지만 이 이미지들은 여전히 흑백이었고, 총천연색 영화가 보급되면서 점점 더 입지가 약해진다. 컬러로 즉석 사진을 만들어 내는 일은 어마어마한 기술적 도전이었다. 랜드는 1940년대에 이 프로젝트에 착수하였고, 1953년 프로젝트의 수석 과학자 하워드 로저스 Howard Rogers는 컬러 염료를 사진 현상 물질을 하나로 결합하는 방식을 개발하는 데 드디어 돌파구를 찾는다. 컬러 폴라로이드Polacolar 필름은 1963년부터 시장에 출시되었다.

랜드는 창의성과 예술적 감각을 높이 평가하는 동료를 찾았다. "즉석 사진을 발명하는 목적 자체가 근본적으로는 미적인 것이다. 주변 세계에 대해 예술적 관심을 가진 수많은 개인들로 하여금 자신을 표현할 수 있는 새로운 매체를 제공하는 것이기 때문이다."라고 랜드는 말했다.[6] 그는 예술적인 탐구를 하면서 과학자나 기술자가 생각하지 못한 방향으로 제품을 만들 수 있다고 믿었다. 랜드 자신처럼, 폴라로이드사의 직원들 중 다수는 정식으로 과학 학위가 없었는데, 이것이 약점이 될 때도 있었지만, 연구소에는 항상 혁신적인 아이디어를 불어넣었다.

랜드는 전문적인 사진작가와 작업함으로써 기술 개발을 더 촉진할 수 있다고 보기도 했지만, 마케팅에도 실질적인 기여를 한다고 생각했다. 1948년 그는 풍경 사진작가인 앤설 아담스Ansel Adams를 컨설턴트로 고용하여 카메라와 필름 테스트와 분석을 맡겼다. 아담스는 아마 폴라로이드사의 모든 카메라 모델과 모든 타입의 필름을 테스트했을 것이다. 수십 년이 흐른 후 아담스는 심지어 〈폴라로이드 풍경 사진Polaroid Land Photography (1981)〉이라는 매뉴얼까지 썼다. 이 파트너십은 폴라로이드사가 사진가들에게 무료로 제품을 제공하여 사진 작품을 받은 수많은 프로젝트의 전형적인 예였다. 결과적으로 폴라로이드사는 척 클로스Chuck Close와 앤디 워홀Andy Warhol을 비롯한 수백 명의 예술가의 작품을 축적하게 되었다.

색의 인식

즉석 컬러 필름 제작에 도전하면서, 랜드는 색과 시각에 대한 전체적인 연구하게 된다. 이 연구는 색상의 생산과 인식에 대한 실험을 수반했는데, 그중 한 실험은 랜드 자신의 30여 년에 걸친 여정의 마무리를 앞당겼고, 그 결과는 현대 색채 이론에 영향을 미치게 된다.

1955년 랜드는 흑백 이미지를 두 개의 프로젝트를 통해 투사시킨다. 한 프로젝터에는 녹색 필터를 장착하고, 다른 하나에는 빨간 필터를 장착했다. 이렇게 투사된 두 이미지를 중첩시키면, 중첩된 이미지에서는 모든 종류의 색상이 다 보이게 된다. 이 결과는 스코틀랜드의 수학자이자 물리학자인 제임스 클럭 맥스웰James Clerk Maxwell 이 1955년에 이루어 낸 발견에 비추어 보면 매우 당연한 것이었다. 하지만 그렇다 해도, 랜드는 실험을 여러 가지로 변형해 보면서 녹색 필터를 제거해 보았는데, 투사된 이미지는 한 번은 흰색 스펙트럼의 전 영역을 보여 주었다. 그다음 붉은 빛이 있는 이미지를 다른 프로젝터로 투사시켜 섞어 보았다. 이 경우, 랜드는 중첩된 이미지는 분홍색을 띨 것이라 예상했다. 하지만, 계속해서 모든 색상이 보였다. 처음에 랜드는 인체의 시각이 이전 색깔에 적응을 한 탓이라 생각했다. 시각은 다른 종류의 밝기와 색상을 볼 때 원래의 색상에 맞춰 인식하기 때문이다. 예를 들어 밝은 빛 아래에 놓인 다 익은 바나나의 파장과 어두운 방 안에서의 다 익은 바나나의 파장은 다르지만, 우리는 그냥 두 경우 모두 노란색으로 인식하는 것이다. 하지만 랜드는 이것이 전부가 아니라고 생각하고 실험을 계속한다.

랜드는 다시 프로젝터 두 개를 놓고, 하나에는 빨간 필터를 장착하고, 다른 하나에는 필터를 아예 장착하지 않았다. 그런 다음 흰색 빛의 강도를 낮추어 빨간 빛에 맞추었더니 그의 '인생에서 가장 놀라운 일'이 일어났다. 스크린에 투사된 것은 '생생하고 지속적인'[7], '놀라울 정도로 다양한 색상들'이었던 것이다. 그 후 몇 년 동안 랜드는 이것의 원리를 알아내기 위해 거의 집착적으로 매달렸다. 랜드의 전기 작가 중 한 명은 "랜드가 특별한 것은 실험을 임할 때의 그의 열정이다. 여기에 더해 그는 모든 것에 대해 질문을 하길 좋아하는 두뇌 회전이 빠른 사람이었고, 특히 그가 직접 세운 가설을 대할 때는 그 열정이 얼마나 대단했는지 말할 필요가 없을 것이다. 그에게 무엇인가 새로운 것을 알려 줄 실험을 진행하고 있을 때 랜드는 잠을 이루지 못하기도 했다."라고 적었다.[8]

랜드는 이러한 현상을 수용할 수 있는 색각色覺에 대한 새로운 이론을 세웠고, '레티넥스 이론retinex theory'라 불렀는데, 이것은 망막retina과 (대뇌)피질cortex의 합성어로 만든 것이다. 랜드는 눈과 뇌 사이의 상호 작용으로 색상을 인식할 수 있게 된다고 믿었다. 이것은 사실 아이작 뉴턴 경이 17세기에 세운 이론과는 매우 다른 관점이다. 뉴턴의 이론에 따르면, 각각의 색은 고유한 파장 영역을 가지고 있고, 이 특정 파장이 눈에 보이는 색깔을 결정하는 것이었다. 랜드는 실제로는 눈에 보이는 전체적인 장면의 맥락에 따라 그 장면 속 색상이 결정된다는 주장을 했다.

사실 랜드의 주장이 완전히 새로운 것은 아니었고, '색순응色順應, color adaptation'이라는 현상으로 이미 알려져 있었다. 19세기 초반의 독일 작가 요한 볼프강 괴테는 색상의 인식에 심리적 측면이 있다는 점을 지적한 바도 있었다. 하지만 랜드는 특정적으로, 서로 다른 빛 조건하에 있는 물체에서 반사되는 서로 다른 파장의 상대적인 강도가 인식되는 색상의 차이를 가져온다고 제안한 것이었다. 랜드는 눈과 뇌의 레티넥스 체계에서는 장파장, 중파장, 단파장을 감지할 수 있다고 보았다. 따라서 눈에 보이는 색상은 물체 주변의 평균적인 빛의 강도와 함께, 물체로부터 나오는 파장 영역의 반사율을 측정하여 예측할 수 있을 것이었다. 랜드와 그의 동료 존 맥켄John McCann은 이 비율을 이용해 컴퓨터 알고리즘을 만들어 사람들이 보는 색상의 모형을 만들었다. 오늘날 인간의 색각은 이 이론에서 제시하는 것보다 조금 더 복잡하다는 것이 밝혀졌지만, 이 알고리즘은 여전히 사용되고 있다.

1985년에 랜드는 레티넥스 이론을 이렇게 설명한 바 있다.

던져야 할 질문은 바로 이것이다. 어떻게 우리는 사과가 빨간색인 것을 알까? 왜 빨간색으로 보이는 것일까? 어쩌면, 특히 정오즈음에 사과에 있는 빨간 빛보다 더 많은 푸른 빛이 들어올 수도 있지 않을까? 어떤 이들은 우리가 이런 변화에 익숙해져 있는 것일 수도 있다고 하고, 우리 눈 안의 색소가 변해서 그것이 익숙해져 있는 것일 수도 있다고 한다. 하지만, 카메라 셔터를 누른다고 생각해 보자. 카메라를 통해 세상을 바라보며 셔터를 누르면 세상을 10분의 1, 혹은 100분의 1이나 1,000분의 1초 동안에 세상을 보는 것이다. 이 경우 눈은 어딘가에 적응할 시간 같은 것은 없지만, 눈은 여전히 같은 방식으로 보고 있다. 색을 인식하는 데 있어 어딘가에 익숙해지는 일이나, 적응하는 일은 수반되지 않는다.[9]

이러한 현상을 측정하기 위해 랜드는 여러 색상으로 이루어진 콜라주를 만들었는데, 콜라주는 네덜란드 화가 피에 몬드리안Piet Mondrian의 작품과 비슷한 면이 있어 '몬드리안mondrians'으로 이름 붙였다. 실험에 참가한 사람은 두 개의 몬드리안을 다른 조명 조건에서 먼저 본다. 그런 다음 한쪽 몬드리안 콜라주 안에 들어간 하나의 패치 색깔과 다른 쪽 몬드리안 콜라주에 들어간 패치 색깔을 맞추도록 조명의 밝기를 조절한다.

　랜드는 색각에 대한 실험과 이론에 접근할 때 보통의 과학 분야와 다른 방법을 썼다. 1959년 색각과 관련된 실험에 대한 논문을 처음 썼을 때, 즉각적으로 비판가들이 생겨났다. 그들 중 일부는 랜드가 이전 과학자들의 연구를 제대로 이해하지 못했다고 비판했다. 다른 이들은 랜드가 제시한 것에 새로운 것이 없다고 하더니, 랜드의 연구 결과를 단순히 믿을 수 없다고 했다. 랜드가 레티넥스 이론의 가장 핵심적인 부분을 명확히 정리하는 데에만 20년이 걸린 것을 고려해 보면, 그의 실험과 그 결과가 과도하게 복잡한 것은 사실이다. 하지만 1980년대 말에는 신경 과학자들 대부분이 랜드의 색각 이론을 받아들이게 되고, 랜드의 레티넥스 이론은 디지털 컬러를 생성하기 위한 컴퓨터 알고리즘에 아직도 쓰이고 있다.

보는 것에 대한 생각

　호크니가 폴라로이드 기술을 이용하여 사진을 통해 인간이 물체를 바라보는 방식에 대해 고민하고, 이것을 그의 작품에서 모방하려 했던 시도는 랜드의 탐구 여정과 매우 비슷한 면이 있다. 호크니는 "내가 지난 몇 달만큼 인간이 세상을 보는 방식이나 시각이 작동하는 방식에 대해 고민했던 적은 없었던 것 같다. 이 콜라주 작품들을 작업하면서, 본다는 것에 얼마나 많은 생각이 수반되는지 깨닫게 되었다. 끊임없이 디테일의 시퀀스를 배열하고, 재배열하면서 우리의 눈에서 머릿속으로 장면을 전달하는 방식을 배웠다."라고 작업 당시 말했던 적이 있다.[10]

즉석 사진에 얽힌 이야기는 다시 한번 예술가와 과학자가 긴밀히 협업한 사례를 보여 준다. 호크니와 랜드 모두 인간이 주어진 장면을 바라볼 때 개개인의 관점이 가지는 중요성을 인식하였고, 둘 다 새로운 기술이 제공하는 기회를 놓치지 않고 포용하였다. 랜드가 폴라로이드사에서 창조한 기술을 통해, 두 사람 모두 사진과 시각에 대한 자신들의 편견과, 그때까지 사람들이 가졌던 믿음에 도전하였고, 열정적으로 실험하고, 연구했다. 기술을 사용하게 되면서, 호크니의 예술 세계는 단 한 가지의 진실을 주장하지 않게 되었고, 다수의 동적인 관점을 포괄하며 수많은 의미를 담아내게 되었다.

에드윈 랜드는 '몬드리안'을 이용하여 인간의 색각을 탐구했다.

Then what is the creature like that is looking at this guitar? It's got one eye and it's got one fixed point:

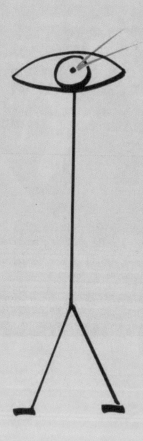

Well, let's alter this diagram, let's make it closer to what *we* are like. The next diagram is a far more accurate picture of human perception - our eyes move about and there are many points of focus and many moments:

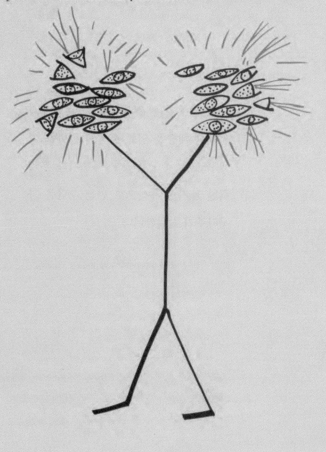

호크니는 폴라로이드 콜라주 작업을 하면서 어떻게 사진이
인간의 감각을 끌어올릴 수 있는지 연구하게 되었다.

지구를 보호하다

스크린 속 정치적 염세주의

나는 핵무기를 우리에게 준 과학계가
위대한 재능을 인류와 세계 평화를 위
해 쓰도록 촉구합니다. 핵무기를 무기
력한 과거의 유산으로 만들 수단을 가
져다주기를 원합니다.

로널드 레이건(Ronald Reagan) 대통령, 1983년 3월 23일

과학과 신기술이 우려스러운 방향으로 인류를 이끌고 있는 듯 보였던 1970년대는 불안과 불확실성의 시대였다. 핵무기의 발전으로 인한 공포와 함께 핵무기가 환경과 지구의 미래에 끼칠 위협에 대해서도 우려가 높아지고 있었다. 이런 불안은 1983년, 로널드 레이건 대통령이 TV에 출연해 전략 방위 구상Strategic Defense Initiative(SDI)을 국민들에게 소개할 때 즈음 절정을 이루었다. 레이건 대통령은 이 새로운 구상을 위해 더 높은 수준의 정부지출이 필요함을 대중에게 설득해야 했고, 이 과정에서 과학자들에게는 이 비전을 현실화하게 도와줄 것을 요청했다.

이 시기 전까지 초강대국 미국과 소련은 둘 다 상호확중파괴mutually assured destruction라는 핵전략을 가지고 있었다. 상호확중파괴 전략이란, 어느 쪽에서든 다른 쪽으로부터 핵무기를 사용하면, 즉각적이고 재앙적인 복수를 받게 될 것이 분명하기 때문에 서로 애초에 공격하지 않는다는 것을 의미한다. '스타워즈Star Wars'라는 별명이 붙은 레이건의 새로운 구상을 천명함으로써 '적의 전략 탄도 미사일이 미국이나 미국 동맹국의 영토에 도달하기 전에 요격할 수 있는' 미사일 시스템을 개발하면 상호확중파괴 원칙하에 위태위태하게 이루어진 균형을 깨트릴 것이라는 위협을 제기한 것이었다.

레이건의 연설은 막대한 비용과 불명확한 개발 기간에도 불구하고, SDI를 평화를 위한 바탕이자 새로운 형태의 안보 기제로 묘사하여 개인에게 호소하는 방식으로 쓰였다. 하지만 모든 사람들이 이

애매모호한 기술적 도전이 화합을 이끌어 낼 것이라 믿은 것은 아니었다. 한쪽의 힘이 일방적으로 커지게 되면 냉전 핵 경쟁이 격화된다고 보일 수 있었다. 이것은 또한 핵전쟁이 일어나도 살아남을 수 있고, 전쟁에서 이길 수 있다는 생각을 심어 주게 되어 전쟁 가능성을 높일 수도 있다는 것을 의미했다. 더군다나, SDI는 환경에 대한 우려가 높아지고 있던 시점에 발표되었는데, 핵무기에 대한 프로메테우스적 야심은 많은 사람들이 지구를 지켜야 한다고 목소리를 높이던 시대적 상황과 모순되어 보이기도 했다.

대서양 너머의 호전적이고 오만한 정책은 불확실성과 모순이 가득한 대전환기를 맞은 영국으로도 건너왔다. 한편에서는 다채로운 색깔로 가득한 달콤한 광고의 대중문화가 자리 잡고 있었지만, 다른 한편에서는 정치에 대해서 잘 아는 분노한 대중의 암울한 시위가 지속되고 있었다. 마가렛 대처Margaret Thatcher의 보수당 정부는 사회 전반에 있어 근본적인 구조 변화를 시도하고 있던 중이었다. 시장 경쟁과 경제적 자유주의를 촉진하는 대처 정부의 정책은 미국 레이건 정부 정책과 동일 선상에 있었는데, 더 강하고, 더 많이 성장하는 경제를 가져올 것으로 기대되었다. 하지만 정책의 이행 과정에서 국유화된 산업을 민영화하고 제조업과 광업의 중심지에서 폐업이 줄을 이으면서 분열, 빈곤, 실업이 심각한 문제로 떠올랐다. 이렇게 양극화된 시기에는 누구나 거리낌 없이 주제가 인종주의 반대든, 더 큰 성적 자유든, 환경에 대한 자각이나 행동주의든 관계없이 의견을 강력히 피력할 수 있었다. 패션업계도 이런 정치화의 예외가 아니었다. 디자이너인 캐서린 햄닛Katherine Hamnett은 1984년 한 리셉션 자리에서 '58%가 퍼싱Pershing 미사일을 원치 않는다'라는 문구가 새겨진 티셔츠를 입고 대처 총리에게 다가가 말을 걸었다. 이 문구는 미국의 신형 미사일을 유럽에 배치할 것을 제안하는 논란에 대한 대중의 반응이었다.

이 반핵 시위 포스터는 에너지 운동가 월터 패터슨(Walter Patterson)이 1980년대에 모은 컬렉션의 일부이다.

이렇게 불안감이 팽배하면서, 복잡하고 갈등이 지배적인 사회적 맥락에서 TV 드라마 역사상 가장 놀라운 작품 중의 하나가 BBC에서 만들어진다. 과학적이고 정치적인 아이디어들이 다층적이고 예술적으로 혼합된 작품으로, 선풍적인 인기를 끌어 즉시 재방송되고, 각종 시상식에서 상을 휩쓸었다. 드라마의 제목은 〈엣지 오브 다크니스Edge of Darkness〉로, 분열적이고 편집증적인 시대의 분위기를 담아냈다는 평을 받았다.

핵보유국

레이건의 열정적이고 기술 관료적인 스타워즈 연설은 이단아적인 기질이 있던 극작가 트로이 케네디 마틴Troy Kennedy Martin에게 반짝이는 아이디어를 주었다. 트로이 케네디 마틴은 이미 BBC 인기 드라마 〈Z 카스Z cars〉를 공동 제작한 경험이 있었고, 상징적이고도 냉소적인 영화 〈이탈리안 잡The Italian Job〉과 〈켈리의 영웅들Kelly's Heroes〉의 각본을 쓰기도 했다. 케네디 마틴은 BBC가 당시 제작하던 프로그램에서 정치적 분위기가 거의 반영되지 않는다는 사실에 놀랐다. 미소 냉전의 긴장이 고조되면서 새로운 세대의 핵무기가 개발되었고, 이런 분위기는 다시 핵군축 캠페인Campaign for Nuclear Disarmament을 비롯한 새로운 평화 운동에 불을 지펴서 그린햄 커먼Greenham Common 여성 평화 캠프가 등장했다. 영국과 아르헨티나 간의 포클랜드 전쟁, 대처 총리의 경제 정책으로 인한 혼란, 영국 광부 조합National Union of Mineworkers과 정부의 대치 상황 등 모두가 온 나라에 불안감을 고조시켰다. 케네디 마틴은 이 불확실한 시대를 새로운 드라마 시리즈에 담아내고 싶어 했다.

〈엣지 오브 다크니스〉의 원래 제목은 영국 원자력 발전소에서 쓰이던 원자로의 이름을 따서 〈마그녹스Magnox〉였다. 드라마는 불쾌한 날것의 현실을 여과 없이 보여 주었다. 이뿐 아니라, 핵보유국의 비밀주의와 무력 사용, 전 세계적 환경운동으로 인한 희망과 공포, 개인적인 정치적 열망과 가족애에 이르기까지, 모순적이고 강렬한 주제를 포괄적으로 모색하는 세련된 스릴러로 완성되었다. 케네디 마틴은 이렇게 치열하고 불안하게 만드는 드라마가 규제 당국으로부터 방송 승인을 받을 수 있을 거라는 기대를 크게 가지지 않았었다. 하지만, 그가 작품에서 꼭 다루고 싶어 했던, 시급한 사회적 문제들이 있었고, 원하는 각본 방향대로 단호하게 밀고 나갔다.

경찰관이 철사 울타리를 넘어 국제조사照射 연료International Irradiated Fuels라는 핵에너지 회사 부지로 들어가 조사를 하자 불길한 알람이 저 멀리서 들려오는 장면으로 드라마는 시작한다. 관객은 핵연료 재처리 플라스크가 밤에 비밀리에 운송되는 것을 본다. 그런 다음 음울하고 불안해 보이는 로널드 크레이븐Ronald Craven(밥 펙Bob Peck 분), 아내와 딸 에마Emma(조앤 웰리Joanne Whalley 분)를 잃은 경찰관이 첫 회에서 총에 맞아 죽는다. 처음에 크레이븐은 그가 저격수의 목표였다고 믿었지만, 이후 그의 딸 에마Emma가 반핵 행동가 그룹인 가이아

GAIA의 일원이었으며, 핵무기에 쓰일 플루토늄을 저장한 곳이라고 생각되었던 저준위 핵폐기물 보관 시설 노스무어Northmoor에 침입했었다는 사실을 알게 된다. 이야기가 진행되면서 개인, 정치, 기업의 이야기들이 복잡하고 감정적인 플롯으로 구성된다. 정부 관료, 원자력 기업인들, CIA와 MI5 같은 정보기관들, 그리고 환경 및 정치 운동가 등 한 무리의 어두운 캐릭터들의 강렬하게 대립하는 힘도 명백해진다.

이 드라마는 전개의 속도감이나 이야기의 결이 시대를 훨씬 앞선다는 평을 받았고, 이에 더해 작곡가 마이클 카멘Michael Kamen과 기타리스트 에릭 클랩튼Eric Clapton이 만든 열정적이고 멜랑콜리한 배경음악이 작품성을 높였다. 드라마 첫 회에서 에마의 죽음 바로 직후 가슴이 뭉클해지는 장면에서, 크레이븐은 에마의 침실을 찬찬히 바라본다. 에마의 곰 인형을 움켜쥐고 딸의 삶이 기록된 딸의 물건들을 보면서, 그는 턴테이블로 윌리 넬슨Willie Nelson의 노래 '전도사의 시간The time of the Preacher'을 튼다. 에마의 침대에 걸터앉아 침대 옆 서랍을 열어 본 크레이븐은 서랍 안에 들어 있던 여성용 자위 기구를 발견하고, 그것을 입에 살며시 가져다 댄다. 곰 인형과 자위 기구의 대조는 어린 아이로서의 에마와 성인 여성으로서의 에마 사이의 대조와도 같다. 크레이븐의 반응은 딸에 대한 아버지의 사랑이자 딸이 가지지 못했던 미래에 대한 애도를 감성적으로 묘사한 것이다. 하지만, 같은 보관장 안에서 방사선 경보기와 총을 발견하고, 에마의 죽음이 비극적인 실수 이상의 것임이 명백해지며 드라마가 전개된다.

1985년 작 〈엣지 오브 다크니스〉의 로널드 크레이
븐이 딸 에마의 곰 인형을 잡고 있다.

이야기가 진행되면서 크레이븐과 에마는 생각이 깊고, 배려심이 있으며, 지적인 캐릭터로 묘사된다. 크레이븐은 분노와 슬픔으로 괴로워하고, 딸이 죽은 이유를 파헤치려고 몸부림치지만, 딸인 에마는 환경에 해악을 초래하는 것에 대한 진실을 파헤치겠다는 도덕적 정의감으로 행동하고 있었다. 크레이븐은 일련의 모호하면서도 강렬한 캐릭터들과 마주하게 된다. 도발적이고 교묘한 이중 행동을 하는 펜들턴Pendleton과 하코트Harcourt는 치안부대 소속이면서도 수수께끼처럼 총리실과 연관되어 있다. 자신만만하고 뻔하면서도 미묘한 구석이 있으면서 위험하기도 한 제드버러Jedburgh는 카우보이모자를 쓴 텍사스 출신 CIA 요원으로 놀랄 만한 연줄을 가지고 있다. 노동조합 간부로 우락부락하면서도 실망감이 역력히 드러나는 얼굴을 가진 골드볼트Goldbolt는 정치적 편의를 위해 높은 지위에 오른 이로, 탄탄하지 못한 지위와 노스무어 부지 내의 단단한 바위로 된 갱도 같은 모습을 동시에 보여 주는 인물이다.

줄거리는 전적으로 허구지만, 케네디 마틴은 이야기 속 과학적 요소의 정확성을 보장하려고 했고, 산업적, 정치적 맥락도 현실적으로 창조해 내고자 했다. 그는 핵 문제에 대해 영국 내 대표적 비판가이자 수많은 서적의 저자인 월터 패터슨Walter Patterson에게 전문가적 자문을 받았다.[1] 패터슨은 이후 제작진에게 꼭 필요한 기술적 도움을 제공했고, 그뿐만 아니라 플롯에 대해서도 근거가 탄탄한 비평을 하고 실질적인 제안을 하기도 했다. 예를 들어 그는 제작진에게 셀라필드Sellafield의 마그녹스 연료봉이 용수 탱크에 놓여 있으면서 침식된 이야기를 해 주었고, 노스무어 공장에 대한 현실감을 한층 높여 주기도 했다.[2] 드라마는 또한 기술적인, 그리고 인적인 세부 사항까지 꼼꼼히 검증했다. 레이건의 '스타워즈' 계획이 발표되는 소리가 라디오에서 흘러나오는 동안, 별로 상관없는 장면에서 핵에 대한 편집증적 공포와 새로운 세대의 핵무기의 등장이 소개되는데, 이 두 가지를 사람들이 연결시키기 훨씬 전의 일이었다.

〈엣지 오브 다크니스〉가 다른 정치 스릴러물보다 한층 더 높은 수준에 있도록 해 주는 것은 내러티브가 문화적, 정치적인 끈만 따라 가는 것이 아니라 과학 또한 고려 대상에 넣었다는 것이다. 케네디 마틴이 드라마를 썼던 가장 큰 동기는 핵폐기물이나 순항 미사일 배치, 포클랜즈 전쟁과 같은, 당시 이슈에서 비롯된 정치적 염세주의였다. 하지만, 정치에 참여하는 행동주의자의 네트워크가 넓어지고, 대안적인 환경 친화적 라이프스타일이 보급되면서 이러한 낙관주의는 정치적 상황과 대조를 이루었다. 케네디 마틴은 "사람들은 여러 가지를 반대했지만, 도대체 무엇에 찬성했던 것일까? 10년이 지나가면서 사람들은 중요한 것이 무엇인지 점차 깨닫기 시작했다. 바로 지구였던 것이다. 이를 정당화하는 가설은, 가이아 이론이다. 가이아 이론의 창시자는 그것을 인정하기 싫어하지만."이라고 말했다.[3]

가이아 이론은 이 드라마가 나오기 불과 몇 년 전 이단적이고 독립적이던 과학자 제임스 러브락James Lovelock이 책에서 제시한, 논란

이 되었으나 잘 알려지지 않았던 아이디어였다. 가이아 이론은 지구를 이해하는 데 있어 전체론적인 접근을 했고, 생물과 무생물이 모두 하나의 복잡계를 구성하는 요소로 간주되었다. 가이아 이론은 과학적 여론을 나누어 놓았으나, 이것은 오늘날 '지구 시스템Earth system'을 우리가 이해하는 방식으로 전환시키는 데 있어 씨앗을 뿌린 것이었다.

비전통적인 과학자

제임스 러브락은 어려서부터 전통에 도전했다. 학창시절에는 학교가 자신의 저녁 시간이나 주말에 대해 왈가왈부할 수 없다며 숙제를 하지 않았다. 러브락은 이후 어려서 과학은 브릭스턴Brixton 도서관에서 빌린 책에서 주로 배웠다고 회상했다. 그는 드로잉에 재능이 있었고, 부모님은 아들이 예술 쪽으로 진출하기를 원해 내셔널 갤러리나 빅토리아 앨버트 박물관에 데리고 다니고는 했다. 하지만 러브락은 과학박물관 전시실을 구석구석 다니는 것을 더 좋아했다.

그는 소설에서도 많은 영감을 얻었다. "나는 소설 말고는 별로 읽지 않았다. 교과서로 쓰이는 책들은 늘 뒤처진 것처럼 보였고, 세월이 흘러도 변치 않는 내용의 것들은 절판된 것 같았다."라고 1981년에 썼다.[4] 하지만 그는 스파이 스릴러와 공상 과학 소설은 물론 고전

로맨스 소설이나 시까지 고루 섭렵했고, 스스로 스파이 소설을 쓰기도 했다.

러브락의 과학 커리어는 런던 북부 밀힐Mill Hill에 있는 국립의학연구소National Institute for Medical에서 시작되었다. 러브락은 제2차 세계대전이 시작될 때부터 1960년대까지 이곳에서 일했다. 감기 감염에서부터 시작해서 동결된 햄스터를 해동시키는 방법에 이르기까지, 연구 분야는 다양했다. 그의 가장 유명한 발명품 중 하나인 전자 포획 검출기ECD를 만든 곳도 밀힐에서였는데, 러브락은 자신의 발명품이 '딱히 활용처는 없지만, 아주 재미난 오락거리'라고 묘사했다. 사실, 이 기기는 공기 속 화학물질을 매우 높은 민감도로 감지할 수 있었으며, 살충제나 클로로플루오르카본CFCs에 포함된 염소화 탄화수소라 불리는 합성물을 검출할 수 있었다. CFCs는 성층권의 오존층을 파괴하는 물질로 알려졌는데, 오존층은 태양으로부터 나오는 자외선을 흡수하여 지표면에 도달하지 못하게 막고, 지구상 생명체가 자외선으로부터 피해를 입지 않게 해 준다. 전자 포획 검출기는 대기 중 높아지는 CFCs의 농도가 높아지고 있던 사실과, 이로 인해 극지방의 오존층이 파괴되고 있다는 것을 밝히는 데 핵심적인 기기가 된다.

1960년대에 설립된 미항공우주국 나사NASA는 외계 생명체를 찾고, 화성의 표면이 생명체가 살기 적합한 조건을 가지고 있는지 알아내기 위해 화성에 우주탐사선을 보낼 계획을 수립한다. 1961년 3

CHAPTER 18. 지구를 보호하다-스크린 속 정치적 염세주의

월 나사는 러브락을 프로젝트에 참여하도록 초대하는 서한을 보낸다. 러브락이 개발하고 있던, 작고 사용하기 쉽지만, 매우 민감도가 높은 기기들은 이러한 탐사 임무에 꼭 필요한 것이었다. 러브락은 인류 최초의 달과 화성 참사 프로젝트에 기여해 달라는 이 초대를 받고 매우 놀랐고, 초대를 받아들였다.

나사에서 있는 동안 러브락은 우주 탐사선을 직접 다른 행성에 보내지 않고서도 그 행성의 대기를 측정하여 생명체가 존재하는지 여부를 알아낼 수 있는 방법이 없는지 고심했다. 러브락은 생명체가 살 수 있는 행성이라면 생명 활동의 결과로 생성된 기체 -예를 들면 메탄이나 산소- 가 있을 것이라 주장했다. 그 행성에 생명체가 존재하지 않는다면 그런 기체는 화학적 균형을 유지하기 위한 화학 반응에 의해 대기에서 금방 사라질 것이기 때문이었다. 따라서 러브락은 원격으로 생명체의 흔적을 찾을 수 있는 방법은 그 행성 대기층이 높은 수준으로 화학적 불균형 상태인가를 알아내면 된다고 제안했다. 이 주장의 강점은 매우 넓은 보편성이었는데, 예를 들어 외계 생명체의 생화학적 특징에 대한 특정 이론에 기반을 두지 않고도, 그 어떤 종류의 화학적 불균형이 대기에서 관측되기만 한다면 이것을 잠재적인(혹은 결정적이라고 할 수도 있을 것이지만) 생명체 존재의 증거로 볼 수 있다는 것이기 때문이다.

더군다나, 이 아이디어는 이후 러브락의 인생을 지배한 가이아 이론을 향한 큰 전진에 해당했다.

이 기기는 나사에서 제임스 러브락이 화성 표면 대기 측정기
의 기능성을 테스트하기 위해 개발하였다.

자기 조절 체계

　　가이아 이론에서는 지구가 생명에 유리한 조건을 유지하려는 자기 조절 기제를 가진 체계라고 본다. 이 이론은 과학 분야나 비과학 분야의 일부 사람들 사이에서 생명체, 광물, 해양, 대기를 사이의 상호 연결성을 강조하는 선지적인 개념으로 환영받았다. 하지만 반대편에서는 가이아 이론은 이미 수립된 과학적 정설과 어긋나며, 특히 다윈 진화론과 관련한 과학적 이론과 맞지 않다고 했다. 다른 이들은 가이아 이론이 엄밀히 과학적 이론이 아니라, 하나의 비유라고 보았다. 이 측면이 사람들에게 어필하는 부분도 분명히 존재한다. 환경주의자들에게 있어 상호 간의 피드백을 통해 스스로 항상성을 유지하는 '살아 있는 지구'라는 개념은 인류가 자원을 약탈하는 목적으로 지구를 바라볼 것이 아니라 존중할 존재로 보아야 한다는 그들의 주장을 강력히 뒷받침할 수 있었다. '가이아'라는 이름은 러브락의 이웃이자 친구였던 소설가 윌리엄 골딩William Golding이 제안했다.

　　러브락은 나사에 있을 때 가이아 이론 수립에 착수했지만, 이후 미국 미생물학자인 린 마굴리스Lynn Margulis와 합심하여 이론을 더 발전시켰다. 마굴리스는 이미 그로부터 몇 년 전, 인간의 세포처럼 복잡한 세포들은 먼 과거에 단순한 세포와 공생적 관계를 이루며 합쳐진 것이라는 이론을 내놓아 전부터 생물학계에 논쟁을 불러일으키고 있었다. 그녀의 이론도 따라서 체계 단위로 분석을 하는 경향이 있었던 것이다. 마굴리스의 가설은 현재 생물학계에서는 널리 받아들여지고 있다. 그녀는 미생물이 대기와 행성 표면에 끼치는 영향에 대한 연구에 크게 기여했으며, 가이아 이론의 증거를 찾기 위해서도 애썼다.

가이아 이론에 대한 러브락의 첫 과학 논문은 널리 읽히지 못했다. 러브락은 이 논문을 네이처Nature같이 명망이 있는 학술지에 게재하기를 원했으나, 심사를 맡은 일부 전문가들의 회의에 부딪혔다. 결국 이 이론에 대해 널리 알리는 최선의 방법은 대중 서적이라고 결론을 내렸다. 이런 전략은 다윈 시대에는 매우 정상적인 방법이었지만, 20세기 후반의 과학자들은 의심스러운 눈길을 보냈다. 1979년, 가이아 이론에 대한 첫 과학 논문을 쓴 지 11년 되던 해에 러브락은 아일랜드 어드리골Adrigole의 별장에서 쓴 《가이아: 지구상의 생명을 보는 새로운 관점Gaia: A New Look at Life on Earth》을 낸다. 격식에 얽매이지 않은 스타일의 이 책은 쉽게 읽힐 수 있어 대중에게 인기를 끌었으며, 지금까지 20만 부 이상 팔렸다. '가이아'라는 개념은 대중의 상상력을 자극하였고, 환경 운동가들과 뉴에이지 운동New Age movement (물질주의에 염증을 느낀 사람들이 영적 각성을 추구한 사회 운동_역자 주) 참가자들에게 빠른 속도로 받아들여졌다. 일부 과학자들은 불신의 눈으로 이 과정을 보았으며 이들이 가진 '살아 있는 지구'란 낭만화된 비전이라며 묵살했다. 하지만 러브락은 그의 생각을 특정적인, 과학적 가설과 모형으로 나타내고자 노력했고, 가이아 이론을 진지하게 받아들이는 사람들도 늘어났다.

CHAPTER 18. 지구를 보호하다-스크린 속 정치적 염세주의

지구를 모형화하다

　　가이아 이론의 비판가들은 이 이론이 의식적인 의도를 가지고 있으며 자기희생이 유기체의 일부임을 암시한다고 주장했다. 유기체의 합목적적인 행동은 자연 선택설에 따른 진화를 주장하는 신 다윈주의 모형에 설 자리가 없다고 보았다. 하지만 러브락은 이런 개념이 필요 없다고 주장했다. 그가 주장하는 자기 조절 체계하에서는 생물권biosphere(생명의 총 집합체), 대기, 기후 간 맹목적적인 피드백의 고리가 만들어지기 때문이었다. 1981년 러브락과 그의 박사 과정 학생이었던 앤드류 왓슨Andrew Watson은 이 기제가 작동할 수 있음을 보이기 위해 매우 단순하고 놀라운 컴퓨터 모형을 개발했고, 어떻게 생명체가 환경 조건을 안정화시키면서도 기존 진화 이론과 어긋남이 없이 행동할 수 있는지 보였다. 러브락과 왓슨은 이 모형을 '데이지의 세계Daisyworld'라고 명명했다.

　　데이지의 세계 모형은 매우 단순화된 세계로, 구름이나 해양이 없고 생물권에는 흰 데이지와 검은 데이지 두 종species만 있다. 데이지의 세계는 태양 주변을 돌고 수십억 년에 걸쳐 더워진다. 흰 데이지는 태양빛을 우주로 다시 반사시켜 지구의 온도를 낮추도록 돕고, 검은 데이지는 빛을 흡수하여 지구의 온도를 높인다. 지구의 나이가 적을 때는 태양은 희미하다. 하지만 검은 데이지가 늘어나면 희미한 태양으로부터 빛을 많이 흡수하게 되어 지구가 따뜻해진다. 태양이 더 달아오르면 흰 데이지가 늘어나기 시작하여 지구가 시원해지

제임스 러브락이 출력한 데이지의 세계 시뮬레이션 (1981) 사진. 흰 데이지와 검은 데이지의 상호 작용으로 생명체에 적합한 지구 환경이 조절된다.

고, 태양으로부터 오는 열이 커지더라도 상대적으로 일정한 수준의 온도를 유지할 수 있게 된다. 이 기제가 작동하게 하기 위해 필요한 것은 더운 조건에서는 흰 데이지가 늘어나게 하면서도, 두 종류의 데이지가 다르게 작동하여 최적의 온도 상승을 일어나게 하는 것이다. 기본적으로 이것이 러브락이 말한 피드백의 근원이다. 흰 데이지는 지구의 온도조절 장치이고, 따뜻한 상황에서는 검은 데이지를 이기고, 지구 표면으로 퍼져 온도를 낮추게 된다. 지구의 온도가 낮아지기 시작하면, 검은 데이지의 수가 늘어나고, 태양 빛을 흡수해 생명체에 적당한 밸런스를 유지하게 된다. 데이지의 세계가 꼭 우리 지구처럼 보이지는 않지만, 지구의 자기조절체계의 근본적인 원리를 설명해 준다.

과학, 그리고 영적인 것

'가이아'라는 용어는 〈엣지 오브 다크니스〉에서 유연하게 쓰인다. 에마 크레이븐이 소속된 가상의 환경운동주의 단체의 이름이면서도, 신비롭고 약간 이교도적인 느낌이 드라마 전체를 걸쳐 암시된다. 조금 더 직접적으로는, 데이지의 세계 모형의 흰 꽃, 검은 꽃, 그리고 하나의 균형을 이루는 체계로서의 지구에 대한 개념이 드라마의 마지막 에피소드 '융합Fusion'에서 언급된다. 이 에피소드에서 아버지가 치사량의 방사능 물질을 복용한 후, 에마는 유령으로 아버지 앞에 나타나 데이지의 세계 모형을 아버지에게 설명한다.

"아빠, 이 일은 이미 일어난 적이 있어요. 수백만 년 전에 지구가 추웠을 때, 지구상 생명체는 모두 살아남을 수 없는 것처럼 보였지만, 검은 꽃들이 늘어나면서 온 세상에서 피어났어요. 검은 꽃들은 천천히 태양의 열기를 흡수했고, 생명체는 다시 진화하기 시작했죠. 그게 가이아의 힘이에요."

그러자 크레이븐은 희미하게 답한다.

"이번에 우리를 구하기 위해서는 검은 꽃보다 많은 것들이 필요할 거야."

하지만 에마는 장기적으로, 최소 인류를 위해, 나아가 지구와 생물권 전체를 위해, 희망적인 전망을 한다.

"이번에 극지방의 빙하가 녹고, 수백만 명이 죽을 수도 있죠. 하지만 지구는 스스로를 보호할 거예요. 이것을 깨닫는 것이 중요해요. 인간이 적이라면, 지구는 인간을 죽일 거예요."[5]

이것은 사실 러브락의 결론이자, 경고이기도 했다. 가이아, 혹은 지구 시스템은 스스로를 보살피는 것이지, 인간을 보살필 의무를 가지고 있지는 않다는 것이었다.

〈엣지 오브 다크니스〉는 스코틀랜드 레드녹 호수Loch Lednock 옆에서 통렬하게 막을 내린다. 도난당한 플루토늄을 회수한 헬리콥터가 하늘 위에서 날아오르고, 크레이븐은 산꼭대기에서 에마의 이름을 외친다. 카메라는 마치 지구의 자기조절 시스템이 이미 시작된 것을 암시하는 듯, 언덕 위 눈밭에서 자라나고 있는 검은 꽃들을 비춘다.

월터 패터슨의 조언에 따라, 케네디 마틴은 핵 과학과 그에 수반되는 정치적 지형을 모두 담아냈다. 그는 또한 지구의 자기 조절 능력으로 인해 생명은 현재, 혹은 인류의 종말을 넘어서도 존재할 것이라는 가이아 이론의 아이디어도 비슷한 정도로 다루었다. 이 모든 요소들은 케네디 마틴에게 과학적이고도 정신적인 영감을 주었으며, 삶과 죽음 사이의 구멍이 많은 경계선을 채워 줄 비유적 요소를 제공했다. 에마가 죽은 자리에는 샘물이 솟는데, 이것은 고대로부터 반복되어 온, 부활되는 생명에 대한 상징이다. 원래의 각본은 결말이 조금 달랐다. 크레이븐이 나무 한 그루를 향해 돌아서서 딸의 권고를 상기하며 "에마, 나무처럼 강해져야 한다."라고 말하는데, 이것은 토속 신앙에서 나무가 가진 마술적인 속성을 나타내는 것이기도 하다.

러브락 자신은 사실 사람들이 자신의 이론 속에서 영적인 요소를 찾는 것에 대해 놀라워했다. 2012년에 러브락은 "나는 사람들이 이런 것에 대해 영적으로 관심을 기울여 본다는 사실에 혼란스럽기도 하고 놀랍기도 했다. 나는 요샛말로 하면 과학자고, 말하자면 구식인 사람이라, 내가 살아온 세계와 영적인 것들은 아주 거리가 먼 것으로 느껴졌다. 그래서 사실 처음에는 잘 이해가 안 됐다."고 말했다.[6]

〈엣지 오브 다크니스〉 속 에마 크레이븐과 동료 운동가들과 달리, 러브락은 여전히 핵에너지의 열렬한 지지자로 남아 있다. 그는 온실 가스를 배출하는 화석연료를 사용하여 지구를 위험에 처하게 하는 것보다는 핵에너지가 더욱 안전하고 확실하다고 믿는다. 러브락은 또한, 젊은 과학자들에게 자신의 세부 분야에 얽매이지 말고 창조적으로 일하라고 권한다.

"그런 작업 방식은 정말 놀라운 결과를 가져다줄 것이다. 나는 계속해서 과학자들이 예술가처럼 창조적이어야 한다고 말하고 다닌다. 예술가라면, 예술 학교에서 학자들과 다른 종류의 회화 스타일에 대해서 옥신각신하면서 시간을 보내겠는가? 그럴 시간에 차라리 다락방에서 자신의 걸작을 남기는 데 전념하고, 그 과정에서 돈이 필요하다면 관광객들에게 그림을 많이 팔아서 충당할 것이다. 나는 과학자로서 그렇게 살아왔다."[7]

생각의 패턴

인공지능과 알고리즘

숫자가 아닌 다른 요소로 작동하는 운영 기제를 만들 수 있다. … 예를 들어 높은 음조의 소리와 화음의 과학 간에 있는 근본적인 연관 관계를 정의하여 조정이 가능할 것인데, 그렇게 되면 해석기관은 그 어떤 복잡한 수준의 정교하고 과학적인 음악 작품도 작곡할 수도 있을 것이다.[1]

에이다 러브레이스, 1843

기계가 진정 인간적인 것을 모두 할 수 있는 세계를 상상해 보자. 자동화된 작업을 수행하는 데서 그치지 않고, 상상력 같은 매우 인간적인 특징을 사용해 예술적 시도를 하면서 한계에 도전한다고 하자. 우리는 가상의 세계를 창조하고, 예술 작품을 만들고, 음악 작품을 작곡하는 컴퓨터에 대해서 어떻게 느낄 것인가?

사실 일정 부분, 이 모든 것은 이미 실현되었다. 오늘날, 컴퓨터 프로그램으로 음악, 시, 미술 작품을 복잡한 알고리즘을 통해 생성할 수 있는데, 이것은 에이다 러브레이스의 추측과도 일치한다. 하지만 알고리즘은 문제를 해결하기 위해 만들어진 것이다. 문제 해결과 데이터 처리가 진정 예술을 생산해 낼 수 있는 것일까, 아니면 알고리즘적 접근이 예술적 창조를 흉내 내는 것일까? 데이터를 다루는 컴퓨터는 이미 존재하는 미술 작품들을 끌어와서 유사한 스타일로 작품을 생성하는 것이고, 이 과정은 모방 작품pastiche을 만들어 낸다. 이것들은 인간에 의해 창조된 것이라 우리를 속이기에는 충분하다. 예술 비평가 로버트 휴즈Robert Hughes가 현대 미술의 핵심 요소라고 한, '새로움의 충격shock of the new'을 진정으로 만들어 낼 수 있을 것인가? 컴퓨터 예술이 인간을 즐겁게 하기 위해 창조되는 것이 아니라, 다른 기계 지능을 만족시킬 수 있는 예술품을 만들어 내는 미래를 상상할 수도 있지 않을까?

1950년대 수학자이자 컴퓨터 분야의 예지자와도 같았던 앨런 튜

CHAPTER 19. 생각의 패턴-인공지능과 알고리즘

링^{Alan Turing}은 질문을 품었다. '기계는 생각할 수 있는가?' 일부 현대 예술가들은 '기계 지능^{machine intelligence}'이 무엇인지, 그리고 그것이 무엇을 생산해 낼 수 있는지, 그리고 이것이 우리가 생각하는 창조성, 기발함, 독창성, 상상력에 의미하는 바는 무엇인가? 알고리즘이 우리가 살고 있는 세계 구석구석에 미칠 수 있는 영향에 대해 조사하고 밝혀내려고 하는 사람들도 있다. 일상생활에서 수천 가지의 문제를 풀어내고 있는 디지털 기계의 도래로 인한 이동, 데이터, 일, 무역의 패턴이 변하고 있기 때문이다.

이 모든 것들을 고려하면, 에이다 러브레이스가 첫 디지털 전자 컴퓨터가 개발되기 한 세기 전에 썼던 노트 속에는 선견지명이 있다는 것을 보여 준다. 노트에 쓰인 내용도 그렇지만, 행간에서 알아볼 수 있는 상상력의 도약이 진정으로 놀랍다.

—————————————— **알고리즘을 상상하다**

기계 계산 장치 첫 발명은 오랜 세월을 거슬러 올라가는데, 바로 주판이다. 그 후 17세기 독일의 철학자이자 수학자 코트프리트 빌헬름 라이프니츠^{Gottfried Wilhelm Leibniz}는 단순하고 지루한 대수 계산의 짐을 덜어 줄 수 있는 계산 기계를 발명하였다. 하지만 거의 틀림없이 현대의 컴퓨터의 직계 조상 격인 계산 장치는 19세기 영국 수학자이자 철학자 찰스 배비지^{Charles Babbage}

가 고안한 '해석기관analytical engine'이라고 주장할 수 있을 것이다. 해석기관이 만약에 실제로 만들어졌다면, 아주 큰 방만 한 크기의 기계였을 것이다. 설계상으로는 증기기관을 동력으로 사용하여 계산을 수행하는데, 이를 위해서는 천공카드, 레버, 톱니바퀴가 사용된다. 이 가상의 기계 계산 장치는 배비지가 처음 고안한 '차분 기관difference engine'이었는데, 이를 바탕으로 한 경험과 지식을 이용하여 설계한 것이다.

배비지는 박학다식한 사람으로 유명했고, 제조업에 영향을 미치던 정치적, 도덕적, 경제적 이슈처럼 당대의 시급한 문제에 대한 해결책을 고안하기 위해 그의 어마어마한 지적 능력을 쏟아부었다. 그런데 그의 발명품들 중에는 엉뚱한 것들도 있었다. 물 위를 걷는 신발이라든가, 기찻길에 동물이 다니지 못하도록 하는 배장기cow catcher 같은 것들이다. 배비지는 케임브리지 대학에서 수학했고, 런던의 사교계와 지식인들 사이에서 유명 인사였으며, 사회적 영향력이 있는 엔지니어, 과학자, 수학자, 물리학자들과 자주 교류했다.

배비지는 친구였던 천문학자 존 허셜John Herschel과 함께 인쇄된 표에서 자신들의 계산 오류를 가득 발견한 것을 계기로 자동 계산 기계를 만들어 내기로 결심한다. 당시 그는 "이 표를 증기기관으로 계산했으면 좋겠다고 신에게 빈다."고 말했다고 한다. 1821년 배비지는 대수 계산을 할 수 있는 기계 장치를 만들기 시작한다. 이 프로젝트를 위해 영국 정부로부터 1만 7,000파운드가 넘는 돈을 보조받지만, 기계를 완성하지는 못했다. 이 실패로 배비지의 명성에도 타격을 입었다.

에이다 러브레이스는 배비지와 1830년대에 일을 같이 하기 시작했다. 그녀를 버린 방종한 아버지 바이런 경의 화려한 낭만주의와, 지적이고 헌신적이었던 어머니 앤 밀뱅크Anne Milbanke의 합리주의처럼 충돌하는 두 세계의 화신과도 같았다. 러브레이스는 10대 후반에 런던 맨체스터 스퀘어Manchester Square에 있는 배비지 집에서 열리던 저녁 사교 모임에 참석하기 시작하면서 배비지와 친구가 되었다. 처음엔 어머니와 모임에 가다가 이후엔 그녀의 멘토이자 수학자이자 과학 작가였던 메리 서머빌Mary Somerville과 같이 갔다. 1833년 러브레이스는 그녀의 어머니가 '생각하는 기계'²라고 불렀던 배비지의 미완성된 차분기관 일부의 시연을 보았다. 나이 차이가 스물세 살이나 되었지만, 불구하고 배비지와 러브레이스는 수학, 과학, 당시 급변하던 산업계의 지형에 대한 관심으로 우정을 쌓았다.

차분기관을 완성하지 못했던 배비지는 절치부심하여 새로운 기계 계산 장치를 개발할 야심을 품고 실현하고자 하는데, 장치의 이름을 '해석기관'이라고 붙였다. 그는 덧셈 뺄셈 정도만 하던 차분기관보다 훨씬 더 다양한 계산이 가능한 장치를 개발하고 싶어 했다. 해석기관은 곱셈, 나눗셈을 실행할 수 있었고, 시스템 구성의 설계가 오늘날 컴퓨터와 유사한 점이 있었다. 예를 들어, '저장 장치store' 혹은 메모리 부분이 있었고, '공장mill' 혹은 프로세서가 있었으며, 1980년대 전자 컴퓨터처럼 천공카드를 이용한 입출력 장치가 있었다.

1840년 찰스 배비지는 이탈리아 토리노Turin에서 해석기관에 대한 강연을 하게 되고, 젊은 이탈리아 엔지니어인 루이지 메나브레아 Luigi Menabrea는 해석기관에 대한 설명을 불어로 써서 출판한다. 러브레이스는 메나브레아의 설명을 다시 영어로 번역하고, 이 과정에서 해석기관 기능과 가능성에 대해 조금 더 자세한 주석을 추가한다. 러브레이스는, 아마도 배비지가 미처 생각하기도 전에, 이 기계가 단순한 계산만 수행하는 것이 아니라 그 이상의 것을 할 수 있을 것이라고 깨달은 듯하다. 원칙적으로, 숫자뿐 아니라 양을 조절할 수 있기 때문이었다.

러브레이스는 이 장치에 투입된 숫자가 기호, 글자, 혹은 음표 같은 추상적인 항목을 나타낼 수 있다고 생각했다. 예를 들어 기호 논리의 문제 또한 다룰 수 있을 것이고, 그렇게 된다면 기계 계산 장치 이상으로 일반적인 작업을 할 수 있다는 말이 된다. 러브레이스가 직접적으로 이 표현을 쓴 것은 아니지만, 말하자면 프로그래밍을 통해 수많은 작업을 실행할 수 있다고 생각했다.

해석기관은 단지 '계산 장치'로 그저 보통의 위치에 놓이는 기계가 아니다. 해석기관은 독보적이다. 또한 생각건대, 해석기관의 특성상 훨씬 더 흥미로운 결과를 낳을 것이다. 기계로 하여금 연속적인 일반적 기호를 무수한 변형으로 조합할 수 있을 것이

찰스 배비지는 1870년경, 해석기관을 위한 입력 도구로 천공
카드를 개발했다.

다. 이렇게 하면 수학의 가장 추상적인 세부 분야에서의 정신적
인 처리 과정과 문제 해결의 작동 방식을 연결할 수 있을 것이
다. 단지 정신적이고 물질적인 것인 것뿐 아니라, 수학 분야의
이론적이고 실용적인 것도 서로서로 더욱 효과적으로 연결시킬
수 있을 것이다.[3]

배비지는 이러한 통찰력에 깊은 인상을 받았고, '해석기관에 대한
감탄할 만하고 철학적인 고찰'이라며 기뻐했다.[4] 배비지의 열정에
더욱 용기를 얻은 러브레이스는 해석기관을 이용하여 베르누이 수
Bernoulli numbers -다양한 공식에 등장하는 유리수 수열- 를 계산할 수
있는 가능성에 대해 설명을 주석에 넣었다. 배비지는 베르누이 수가
어떻게 계산될 수 있는지를 설명했다면, 러브레이스는 이 계산 과정
을 세분화하여 기계에 투입할 수 있는 논리적 단계로 표현했는데,
오늘날 우리가 알고리즘이라고 부르는 것과 같은 원리이다.

러브레이스는 자신이 한 일을 자랑스러워했고, 출판하기를 원하
였으나 당시에는 과학과 수학 분야에서 여성이 들어갈 자리는 없었
다. 따라서 러브레이스는 메나브레아가 배비지의 강연을 토대로 쓴
설명의 번역을 출판하면서, 통찰력이 넘치는 방대한 주석을 포함시
켰고, 그녀 이름의 이니셜인 A. A. L(어거스타 에이다 러브레이스Augusta
Ada Lovelace)을 사용하였다. 또한 그녀는 이 주석을 여러 사람에게 보
냈는데, 당시 왕립 연구소장이었던 마이클 페러데이에게도 익명으
로 보냈다. 페러데이는 이 편지가 배비지로부터 왔다고 생각했고,

배비지에게 답장을 보냈다. 배비지는 1843년 9월 페러데이에게 편지를 썼다.

「이제 자네는 가장 추상적인 과학의 분야에 주문을 던진 여자 마법사에게 편지를 써야 할걸세. 최소 영국에 있는 남자 지성인들이 죽도록 노력을 해도 이해 못 하는 일을 그녀가 꿰뚫어 봤으니.」[5]

러브레이스는 배비지와 완전히 협력하기를 원했고, 그의 작업을 돕고 다른 일도 관리해 줄 수 있다고 생각했다. 하지만 배비지는 이런 제안을 거절했다. 그렇게 하기엔 러브레이스가 너무 독립적이었음을 알았고, 결국 배비지 자신의 일부가 되고 싶어 하지 않을 것이며,[6] 그럴 필요도 없을 것이라고 생각했기 때문이다. 이 두 사람은 이후 같이 일을 하지는 않았지만 친구로 남았고, 1851년 세계박람회도 같이 방문했는데 이미 이 당시에 러브레이스는 건강을 잃고 쇠약해진 상태였다. 다음해 겨우 서른여섯의 나이에 러브레이스는 암으로 사망했다.

인간으로서의 기계, 기계로서의 인간

에이다 러브레이스는 컴퓨터 시대를 예견한 선지자였다. 그녀는 다양한 문제를 해결할 능력이 있고, 이전에는 인간만이 할 수 있던 작업을 수행할 기계의 잠재적 능력을 보았다. 하지만 러브레이스도 기계 계산 장치가 인간에게 감정을 불

Number of Operation.	Nature of Operation.	Variables acted upon.	Variables receiving results.	Indication of change in the value on any Variable.	Statement of Results.	Data.				
						$^1V_1$ O 0 0 1 [1]	$^1V_2$ O 0 0 2 [2]	$^1V_3$ O 0 0 4 [n]	$^0V_4$ O 0 0 0 []	$^0V_5$ O 0 0 0 []
1	×	$^1V_2 \times {}^1V_3$	$^1V_4, {}^1V_5, {}^1V_6$	$\left\{ \begin{array}{l} ^1V_2 = {}^1V_2 \\ ^1V_3 = {}^1V_3 \end{array} \right\}$	$= 2n$	...	2	n	$2n$	$2n$
2	−	$^1V_4 - {}^1V_1$	$^2V_4$	$\left\{ \begin{array}{l} ^1V_4 = {}^2V_4 \\ ^1V_1 = {}^1V_1 \end{array} \right\}$	$= 2n-1$	1	...	...	$2n-1$	
3	+	$^1V_5 + {}^1V_1$	$^2V_5$	$\left\{ \begin{array}{l} ^1V_5 = {}^2V_5 \\ ^1V_1 = {}^1V_1 \end{array} \right\}$	$= 2n+1$	1	...	...	...	$2n+1$
4	÷	$^2V_5 \div {}^2V_4$	$^1V_{11}$	$\left\{ \begin{array}{l} ^2V_5 = {}^0V_5 \\ ^2V_4 = {}^0V_4 \end{array} \right\}$	$= \dfrac{2n-1}{2n+1}$	...	...	...	0	0
5	÷	$^1V_{11} \div {}^1V_2$	$^2V_{11}$	$\left\{ \begin{array}{l} ^1V_{11} = {}^2V_{11} \\ ^1V_2 = {}^1V_2 \end{array} \right\}$	$= \dfrac{1}{2} \cdot \dfrac{2n-1}{2n+1}$	...	2	...	...	
6	−	$^0V_{13} - {}^2V_{11}$	$^1V_{13}$	$\left\{ \begin{array}{l} ^2V_{11} = {}^0V_{11} \\ ^0V_{13} = {}^1V_{13} \end{array} \right\}$	$= -\dfrac{1}{2} \cdot \dfrac{2n-1}{2n+1} = A_0$	...	...	...	...	
7	−	$^1V_3 - {}^1V_1$	$^1V_{10}$	$\left\{ \begin{array}{l} ^1V_3 = {}^1V_3 \\ ^1V_1 = {}^1V_1 \end{array} \right\}$	$= n-1 (= 3)$	1	...	n	...	
8	+	$^1V_2 + {}^0V_7$	$^1V_7$	$\left\{ \begin{array}{l} ^1V_2 = {}^1V_2 \\ ^0V_7 = {}^1V_7 \end{array} \right\}$	$= 2+0 = 2$	...	2	...		
9	÷	$^1V_6 \div {}^1V_7$	$^3V_{11}$	$\left\{ \begin{array}{l} ^1V_6 = {}^1V_6 \\ ^0V_{11} = {}^3V_{11} \end{array} \right\}$	$= \dfrac{2n}{2} = A_1$	...	...	...		
10	×	$^1V_{21} \times {}^3V_{11}$	$^1V_{12}$	$\left\{ \begin{array}{l} ^1V_{21} = {}^1V_{21} \\ ^3V_{11} = {}^3V_{11} \end{array} \right\}$	$= B_1 \cdot \dfrac{2n}{2} = B_1 A_1$	...	...	...		
11	+	$^1V_{12} + {}^1V_{13}$	$^2V_{13}$	$\left\{ \begin{array}{l} ^1V_{12} = {}^0V_{12} \\ ^1V_{13} = {}^2V_{13} \end{array} \right\}$	$= -\dfrac{1}{2} \cdot \dfrac{2n-1}{2n+1} + B_1 \cdot \dfrac{2n}{2}$ ...	...	...	...		
12	−	$^1V_{10} - {}^1V_1$	$^2V_{10}$	$\left\{ \begin{array}{l} ^1V_{10} = {}^2V_{10} \\ ^1V_1 = {}^1V_1 \end{array} \right\}$	$= n-2 (= 2)$	1	...	...		
13	−	$^1V_6 - {}^1V_1$	$^2V_6$	$\left\{ \begin{array}{l} ^1V_6 = {}^2V_6 \\ ^1V_1 = {}^1V_1 \end{array} \right\}$	$= 2n-1$	1	...	...		
14	+	$^1V_1 + {}^1V_7$	$^2V_7$	$\left\{ \begin{array}{l} ^1V_1 = {}^1V_1 \\ ^1V_7 = {}^2V_7 \end{array} \right\}$	$= 2+1 = 3$	1	...	...		
15	÷	$^2V_6 \div {}^2V_7$	$^1V_8$	$\left\{ \begin{array}{l} ^2V_6 = {}^2V_6 \\ ^2V_7 = {}^2V_7 \end{array} \right\}$	$= \dfrac{2n-1}{3}$	...	...	...		
16	×	$^1V_8 \times {}^3V_{11}$	$^4V_{11}$	$\left\{ \begin{array}{l} ^1V_8 = {}^0V_8 \\ ^3V_{11} = {}^4V_{11} \end{array} \right\}$	$= \dfrac{2n}{2} \cdot \dfrac{2n-1}{3}$	...	...	...		
17	−	$^2V_6 - {}^1V_1$	$^3V_6$	$\left\{ \begin{array}{l} ^2V_6 = {}^3V_6 \\ ^1V_1 = {}^1V_1 \end{array} \right\}$	$= 2n-2$	1	...	...		
18	+	$^1V_1 + {}^2V_7$	$^3V_7$	$\left\{ \begin{array}{l} ^2V_7 = {}^3V_7 \\ ^1V_1 = {}^1V_1 \end{array} \right\}$	$= 3+1 = 4$	1	...	...		
19	÷	$^3V_6 \div {}^3V_7$	$^1V_9$	$\left\{ \begin{array}{l} ^3V_6 = {}^3V_6 \\ ^3V_7 = {}^3V_7 \end{array} \right\}$	$= \dfrac{2n-2}{4}$	...	...	...		
20	×	$^1V_9 \times {}^4V_{11}$	$^5V_{11}$	$\left\{ \begin{array}{l} ^1V_9 = {}^0V_9 \\ ^4V_{11} = {}^6V_{11} \end{array} \right\}$	$= \dfrac{2n}{2} \cdot \dfrac{2n-1}{3} \cdot \dfrac{2n-2}{4} = A_3$	...	...	...		
21	×	$^1V_{22} \times {}^5V_{11}$	$^0V_{12}$	$\left\{ \begin{array}{l} ^1V_{22} = {}^1V_{22} \\ ^0V_{12} = {}^2V_{12} \end{array} \right\}$	$= B_3 \cdot \dfrac{2n}{2} \cdot \dfrac{2n-1}{3} \cdot \dfrac{2n-2}{3} = B_3 A_3$	...	...	...		
22	+	$^2V_{12} + {}^2V_{13}$	$^3V_{12}$	$\left\{ \begin{array}{l} ^2V_{12} = {}^0V_{12} \\ ^2V_{13} = {}^3V_{13} \end{array} \right\}$	$= A_0 + B_1 A_1 + B_3 A_3$	...	...	...		
23	−	$^2V_{10} - {}^1V_1$	$^3V_{10}$	$\left\{ \begin{array}{l} ^2V_{10} = {}^3V_{10} \\ ^1V_1 = {}^1V_1 \end{array} \right\}$	$= n-3 (= 1)$	1	...	...		
					Here follows a rep[etition]					
24	+	$^4V_{12} + {}^0V_{24}$	$^1V_{24}$	$\left\{ \begin{array}{l} ^4V_{13} = {}^0V_{13} \\ ^0V_{24} = {}^1V_{24} \end{array} \right\}$	$= B_7$	...	...	...	...	
25	+	$^1V_1 + {}^1V_2$	$^1V_3$	$\left\{ \begin{array}{l} ^1V_1 = {}^1V_1 \\ ^1V_3 = {}^1V_3 \\ ^5V_6 = {}^0V_6 \\ ^5V_7 = {}^0V_7 \end{array} \right\}$	$= n+1 = 4+1 = 5$ .... by a Variable-card. by a Variable card.	1	...	$n+1$	...	

			Working Variables.			Result Variables.			
${}^{0}V_{8}$	${}^{0}V_{9}$	${}^{0}V_{10}$	${}^{0}V_{11}$	${}^{0}V_{12}$	${}^{0}V_{13}$	${}^{1}V_{21}$ B_1 in a decimal fraction.	${}^{1}V_{22}$ B_3 in a decimal fraction.	${}^{1}V_{23}$ B_5 in a decimal fraction.	${}^{0}V_{24}$...
0 0 0 0	0 0 0 0	0 0 0 0	0 0 0 0	0 0 0 0	0 0 0 0				0 0 0 0
☐	☐	☐	⬚	⬚	⬚	B_1	B_3	B_5	B_7
...	...	...	$\dfrac{2n-1}{2n+1}$						
...	...	...	$\dfrac{1}{2}\cdot\dfrac{2n-1}{2n+1}$						
...	...	...	0	....	$-\dfrac{1}{2}\cdot\dfrac{2n-1}{2n+1}=A_0$				
...	...	$n-1$							
...	...	...	$\dfrac{2n}{2}=A_1$						
...	...	...	$\dfrac{2n}{2}=A_1$	$B_1.\dfrac{2n}{2}=B_1A_1$	....	B_1			
...	...	...	....	0	$\left\{-\dfrac{1}{2}\cdot\dfrac{2n-1}{2n+1}+B_1\cdot\dfrac{2n}{2}\right\}$				
...	...	$n-2$							
$\dfrac{-1}{3}$ 0	...	...	$\dfrac{2n}{2}\cdot\dfrac{2n-1}{3}$						
...	$\dfrac{2n-2}{4}$ 0	...	$\left\{\begin{array}{c}\dfrac{2n}{2}\cdot\dfrac{2n-1}{3}\cdot\dfrac{2n-2}{3}\\=A_3\end{array}\right\}$						
...	...	...	0	B_3A_3	....	......	B_3		
...	...	...	....	0	$\left\{A_3+B_1A_1+B_3A_3\right\}$				
...	...	$n-3$							

...ns thirteen to twenty-three.

....	...	...	....	....	....	......	......	......	B_7

에이다 러브레이스가 해석 기계를 이용한 베르누이 수 계산법을 설명한 주석, 1843.

러일으킬 것이라고는 상상하지 못했을 것이다. 디지털 전기 컴퓨터가 약 100여 년간 진화를 거듭한 지금, 우리 사회 깊이 파고든 후에야 우리는 이 문제에 대해 생각하기 시작했으니 말이다.

인간과 기계의 경계, 창조성과 알고리즘 계산의 경계를 탐구한 이단아가 있으니, 예술가이자 음악가인 젬 피너Jem Finer이다. 락 밴드 더 포그스The Pogues의 멤버인 피너는 사진, 영화, 음악에 이르기까지 여러 예술적 매체로 작업해 왔다. 컴퓨터로 만든 곡 〈롱플레이어 Longplayer〉는 반복되는 구간 없이 수천 년 동안 재생될 수 있는 곡으로, 최근 주목을 받은 피너의 작품이다.

〈롱플레이어〉는 음악 작품인 동시에 런던 템스강의 트리니티 부이 워프Trinity Buoy Wharf에 위치한 설치예술이기도 하다. 이 작품은 단순하고 결정적인 규칙에 따라 음악을 생성하는 알고리즘에 따르는데, 시작 부분의 배열과 겹치는 사이클이 나오기까지 1,000년이 걸린다. 〈롱플레이어〉는 1999년 12월 31일 자정부터 재생이 되기 시작했고, 1,000년 동안 재생될 의도로 설치되었다. 음악은 컴퓨터에서 생성되고, 티벳 싱잉볼로 연주되며, 듣는 사람들에게 고요하고 마치 천상에 온 듯한 느낌이 나는 경험을 선사한다. 관객들에게는 음악을 들으며 시간의 흐름에 대해 고찰해 보도록 권한다. 시간에 대한 감각을 100년, 1,000년 단위에서 생각해 보도록 함으로써 음악은 지질학적, 우주론적 시간에 대해 깨닫도록 한다. 반대로 우리 삶 속에 분, 시간, 일 단위로 측정되는 데드라인이 덜 중요할 수 있다는

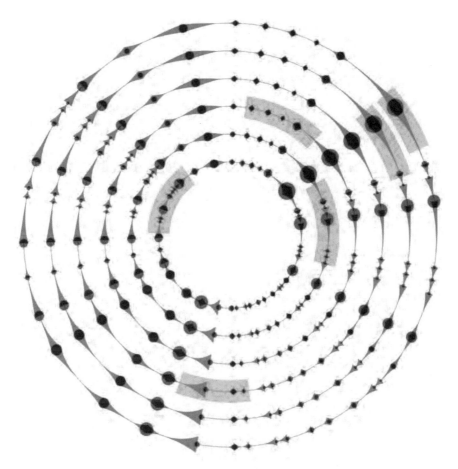

작곡가 젬 피너의 〈롱플레이어〉는 알고리즘을 활용하여
만들어졌고, 감상자로 하여금 시간의 본질에 대해
질문하도록 이끈다.

생각을 하도록 해 준다.

〈롱플레이어〉는 이런 감동적인 경험이 컴퓨터 알고리즘에 의해 촉발된다는 사실에 대해 생각해 보도록 암시한다고도 볼 수 있다. 스포티파이나 넷플릭스에서 작품을 추천하고, A지점에서 B지점까지 최단 경로를 알려 주고, 영화나 비디오 게임에 쓰일 시각자료를 생성하고, 집으로 소포를 효율적인 방법으로 배달하게 해 주는 오늘날 우리 생활에서 보는 알고리즘은 평범하다. 그것들은 일상적인 것으로, 존재하는 데이터를 이용해 추론하는 것이 주된 기능이다. 진정으로 새로운 것을 창조하지는 못하며, 인간의 마음에 공감하는 산출물을 형성하지는 못한다. 알고리즘은 예술성이나 미학에는 무관심하기 때문이다. 알고리즘은 감정적 의도를 포함, 그 어떤 의도도 가지지 못한다.

하지만 미래에 기계가 우리의 취향과 감성에 맞는 맞춤 노래를 창작하거나, 인간으로 하여금 특정한 감정을 적정한 강도와 정확성으로 불러일으킬 수 있다면 어떨까? 존재하는 데이터로 훈련된 뒤, '경험'을 바탕으로 스스로 '배우는' 머신 러닝machine learning 알고리즘이 완전히 새로운 예술적 형태를 창조해 내면 어떨까? 수학자 해나 프라이Hannah Fry가 선보인 대로, 요한 제바스티안 바흐Johann Sebastian Bach 같은 유명 작곡가의 스타일을 모방해 음악 작품을 만드는 컴퓨터 프로그램도 있다. 이 프로그램이 만들어 내는 작품을 듣는 관객은 진짜 바흐의 작품과 '머신 바흐' 작품을 구별하기가 힘들 정도가 되었다.**7** 이런 컴퓨터 프로그램은 언젠가 모방의 수준을 넘어서지 않을까? 그렇게 되면 컴퓨터 프로그램에는 진정한 창조성이 없다고 하는 것은 비뚤어진 것이 아닐까?

오스트레일리아 출신 뮤지션이자 작곡가인 닉 케이브Nick Cave는 미래에 컴퓨터로 작곡된 음악은 인간의 감정에 크게 호소하게 될 것이며, 인간에 의해 작곡된 음악보다 훨씬 강렬할 수도 있다고 믿는다. 하지만, 다행히도 케이브는 알고리즘이 음악을 창작하는 데 있어 인간적 요소를 완전히 대체할 수는 없을 것이라고 생각한다. 케이브는 인간이 음악을 들을 때는 감정 이상의 것을 경험한다고 생각한다. 우리는 한계나 실패를 비롯하여, 인간으로서의 완전하지 못함 또한 경험하는 것이다. '위대한 노래는 사람들로 하여금 경외감을 갖게 한다'고 하면서, 다음과 같이 말한다.

경외감은 인간으로서 예상되는 한계로부터 오는, 독특한 감정이다. 그것은 우리의 인간으로서 잠재력을 넘는 곳에 닿고자 하는 용기와 관련이 있다. … 우리가 듣는 것은 인간의 한계이자, 동시에 그것을 초월하고자 하는 용기이다. 인공지능은 무제한적인 잠재력 때문에, 이런 인간의 능력이 아예 없다.**8**

독일의 사진 예술가 안드레아스 거스키Andreas Gursky는 이런 관점을 뒤집어 생각했다. 그는 기계를 이용해 새로운 예술적 형태를 생성하려 하지 않고, 인간 행동 그 자체의 패턴과 규칙성을 찾으려 했다. 그의 사진은 인간적인 것의 의미가 무엇인지를 탐구하고, 인간과 기계간의 구별을 복잡하게 한다. 세계화의 이슈를 다루면서, 그의 사진들은 인간 사회의 대량성과 아름다움을 강조한다. 거대한 도로, 획일적인 빌딩, 대형 가게, 광란의 파티에 이르기까지, 거스키의 대형 사진 작품들은 관객들이 인간의 뒤쫓는 것에서 형태와 패턴을 찾도록 유도하는데, 이것은 마치 알고리즘이 작동하는 방식과도 비슷하다.

〈아마존 (2016)〉이라는 작품에서, 거스키는 온라인 쇼핑 중개회사 아마존의 창고를 보여 주는데, 아마존에서는 물류 센터를 '풀필먼트 센터fulfillment center'라고 부른다(고객의 주문을 이행한다는 뜻_역자 주). 상품의 위치는 알고리즘으로 정해지는데 기능이나 크기와는 아무런 관련이 없는 것으로 보인다. 마치 도서관에 진열된 책들이 그러하듯, 아마존 풀필먼트 센터에서도 함께 보관되는 제품들 간에 명백한 유사성 같은 것은 없다. 상품의 보관 장소는, 대개 얼마나 자주 그것이 필요한지에 따라 결정된다. '열심히 일하자', '재미있게 보내라', '역사를 만들자' 같은 어딘가 불길해 보이는 메시지가 머리 위에 붙어 있는데, 어딘가 모르게 조지 오웰 소설에 나오는 디스토피아 같은 느낌이 들 정도이다. 하지만 이곳에서 사람은 보이지 않는다. 이 세계는 완전히 알고리즘에 의해 지배되는 것처럼 보이고, 사람은 기계의 노예일 뿐이라는 인상이 들기도 한다.

피너와 거스키의 작품들 모두 우리가 살고 있는 모호성의 시대를 반영한다. 인간은 점점 더 컴퓨터에게 의지하여 삶에서 도움을 받으며 나아갈 길을 찾고 있지만, 기계가 얼마나 인간의 삶을 통제할 것인지에 대해서 우려도 한다. 예술가들은 인간 행동과 인식의 패턴을 가지고 놀이하듯 작업하기도 하지만, 이것은 알고리즘을 반영하고, 그 영향을 받은 것이다. 피녀는 예술의 한계에 도전하는 알고리즘을 만들어 낸 반면, 거스키는 인간 행동의 알고리즘적 특성을 탐구했다. 〈롱플레이어〉와 〈아마존〉 모두 관객의 감정적 반응을 이끌어 내지만, 이 두 작품에는 이상하게도 인간이 없다. 트리니티 부이 워프에서 흐르는 느리면서 명상적인 음악은 인간 개인이 경험할 수 있는 시간의 길이를 훨씬 뛰어넘는다. 사람이라면 이 곡의 아주 일부만 들을 수밖에 없다. 거스키의 창고에는 사람이 보이지 않으며, 그들의 존재는 단지 대량 소비의 산물인 대량의 물건이 정리된 장면에서 암시되어 있을 뿐이다. 인간의 물리적 부재는 우리의 세계가 기계적 알고리즘과 얼마나 깊게 얽혀 있는지를 역으로 보여 주기도 한다.

러브레이스는 기계가 미적 산출물을 생성해 낼 수 있게 되는 날을 상상했다. "해석기관은 자카르 직기Jacquard-loom(직조기에 설치하여 직물의 패턴을 자동으로 만들어 내는 기구_역자 주)가 꽃이나 잎 패턴을 짜듯 대수학의 패턴을 짠다고 말할 수 있을 것이다."라고 했다.[9] 오늘날 컴퓨터 모델링과 머신 러닝은 과학 분야에서는 어디서나 볼 수 있는 흔한 것이 되었고, 예술과 인문학 분야에도 진출하고 있다. 아직까지는 이들은 기계적 계산에 머물러 있다. 기계가 언젠가 의식이라고 부르는 것을 담을 수도 있을지 우리는 알 수 없다. 다른 이들의

〈아마존(2016)〉이라는 대형 작품에서 사진작가 안드레아스 거스키는 온라인 쇼핑 업체의 창고의 패턴과 형태를 참고했다.

마음을 인식할 수 있는 능력을 갖고 진정한 창조성을 위한 잠재력을 가질지 여부도 아직은 알 수 없다. 우리는 기계에게 설령 그런 능력이 있더라도, 그 능력으로 기계가 무엇을 할지에 대해 전적으로 신뢰할 수 없어 그런 가능성에 대해 불편한 감정을 가지고 있는지도 모르겠다.

20. CHAPTER

물질을 상상하다

미지의 세계 가장자리에서

1919년 일식이 나의 직관을 증명했을 때, 나는 놀라지 않았다. 사실, 결과가 반대로 나왔다면 더 놀랐을 것이다. 상상력은 지식보다 중요하다. 지식은 한계가 있지만, 상상력은 모든 세계를 포괄하고, 진보를 촉진하고, 진화를 탄생시키는 원동력이다. 엄밀히 말하면, 과학 연구에 있어 핵심적인 요소인 것이다.[1]

알베르트 아인슈타인(Albert Einstein), 1931

아인슈타인이 1915년 발표한 일반상대성 이론은 오늘날까지도 가장 중요한 과학 이론 중 하나로서의 자리를 공고히 지키고 있다. 수많은 물리학자들이 이 이론을 중력과 시공간spacetime에 대해 새로운 시각을 제공한, 지극히 심오한 이론이라고 여길 뿐 아니라 아름답다고 말하기도 한다. 일반상대성 이론은 다른 과학 이론처럼, 먼저 관측에 의해 검증되었는데, 일반상대성 이론이 예측한 바와 같이, 태양 주변을 지나는 별빛이 진행하는 경로가 중력에 의해 휜다는 것을 천문 관측으로 증명했다. 하지만 이 이론은 실증적인 필요에 의해 개발된 것이 아니라, 아인슈타인의 창의적인 사고로부터 떠오른 것이었다. 그 과정은 예술만큼이나 과학에서도 전진하기 위해 상상력이 얼마나 중요한지 보여 주는 단적인 예라고 할 것이다.

예술은 과학을 시각화하는 데 자주 쓰여 왔고, 그 자체만으로도 추상적이고 신선한 아이디어를 떠올리는 방법을 제시했다. 예술가들은 과학적 아이디어에서 영감을 얻긴 했지만, 정확도에 대해 걱정할 필요가 없었으며, 과학을 설명할 의무에서도 자유로웠다. 하지만, 가끔은 예술이 과학적 사고 자체에 도움을 주는 경우가 있었는데, 과학자들로 하여금 새로운 관점으로 자신들이 작업하는 대상을 보게 하기 때문이었다. 예술가와 협업을 한 과학자들은 그런 경험이 원래 작업을 새롭게 해석하도록 이끌었다고들 했다. 특히, 개념을 상상하고 시각화할 때 늘 익숙한 방식으로만 하던 분야의 한계를 뛰어넘을 때, 아마도 과학은 신선한 상상력을 필요로 할 것이다.

개념적 물질주의자

　　일반적으로, 개념예술가로 여겨지는 코넬리아 파커Cornelia Parker는 물질을 매우 적극적으로 사용해 왔다. 악기를 납작하게 만들기도 하고, 세인트 폴 대성당의 먼지로 귀마개를 만들기도 했으며, 맨체스터 대학 소속인 물리학자이자 노벨상 수상자인 콘스탄틴 노바셀로프Kostya Novoselov의 도움을 받아 휘트워스 갤러리Whitworth Gallery 컬렉션에 있던 윌리엄 블레이크의 드로잉에서 흑연을 추출해 그래핀graphene으로 만들었고, 다시 이것으로 예술 작품을 만들었다. 그래핀이란 탄소 원자가 모여 평면을 이루고 있는 물질이다. 파커의 작업은 물질의 본성을 바꾸기 위해 무엇을 할 수 있는지, 그것의 의미는 무엇인지 탐구하는 과정이었다. 파커의 대표작 작품집의 서문에서 브루스 퍼거슨Bruce W. Ferguson은 이렇게 썼다.[2]

　"파커는 마치 아무도 예상하지 못한 다음 단계의 변형을 아는 것처럼, 그리고 그다음 또 다른 변환이 가능한 것처럼 모든 물질을 다룬다."

　파커는 물리학에서 아이디어를 얻었는데, 우주의 성질과 관련된 것에 있어서 특히 더 그랬다. 그녀는 현대 이론 물리학의 추상성을 이해하고 표현하려 애썼다. 특히 과학자들과 직접 협업을 하고, 과학 분야에서 인기 있는 해석에서 영감을 얻기도 했다. 〈운석의 착륙〉이라는 연작에서, 파커는 실제 운석을 높은 온도로 달군 뒤 지도의 주요 지점에 '충돌 분화구'를 그었다. 그런 다음 운석을 갈아서 그

가루를 불꽃놀이 폭죽에 넣고 지도에 표시된 장소에서 터뜨렸는데, 그중에는 버밍엄시의 불 링Bull Ring 쇼핑센터도 있었다. 〈아인슈타인의 추상Einstein's Abstracts〉이라는 작품은 그녀가 과학박물관 레지던스 작가이던 1999년에 제작했는데, 1931년 아인슈타인이 강의를 했던 옥스퍼드 과학사 박물관History of Science Museum에 보관된 칠판에 분필로 쓰인 글씨를 극도로 확대하여 사진을 찍은 것이다. 사실 이 칠판 자체가 옥스퍼드 과학사 박물관에서 가장 인기 있는 전시품이기도 했다. 확대한 사진을 보면, 검은 배경에 스쳐 지나간 분필의 가루는 마치 은하수와 같은 모습이다.

파커는 현미경을 통해 글자 사진을 찍는 작업이 아인슈타인 이론을 더 잘 이해하는 데 도움이 되었다고 말한 적이 있다. 비평가 이오나 블라즈윅Iwona Blazwick에게 "사실 나는 아인슈타인을 이해하려고 매우 고생했다. 하지만 어째선가 그가 쓴 분필 자국들을 보고 있으면 바람에 날리는 눈 더미나 우주의 이미지가 연상되고, 이전에는 이해할 수 없던 것들이 점차 이해가 되었다."라고 했다.[3] 파커가 이해하기 위해 밟은 길은 추상적이고 기술적인 디테일이 아닌, 아이디어의 물질적 표현을 통한 것이었다. 그녀는 아인슈타인이 분필을 부러뜨리는 장면을 연상시킨다고 하면서, 사실 그 분필 자체도 아주 오래전 살았던 동물의 유해로부터 왔다는 사실을 생각하게 된다고 했다. 블라즈윅은 파커의 조각품이나 설치 작품은 우리가 외부 세계를 어떻게 경험하는지에 대한 비유라면서, 우리는 의식을 통해 세상을 흡수하고 주관성과 기억을 통해 사고한다고 지적했다. 또한 파커

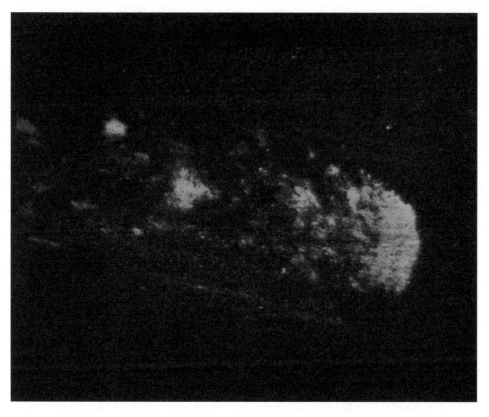

코넬리아 파커는 아인슈타인이 1931년에 사용하고 옥스퍼드
과학사 박물관에 보관된 칠판을 작품 소재로 삼았다.

는 존재론적 과정을 예술적 추상화의 과정을 통해 물질적으로 표현하는 것이라고 했다.[4]

우주론적 문제

아인슈타인이 옥스퍼드 대학교에서 1931년에 한 강의는, 이후 윈스턴 처칠 총리의 과학 보좌관이 된 프레데릭 린드만Frederick Lindemann의 초대로 이루어진 것이었다. 이때즈음엔 벌써 아인슈타인은 근 10여 년째 세계적인 명사가 되어 있었다. 칠판 글씨는 깔끔하게 쓰여 있었는데, 거리와 시간 단위는 모두 독일어로 쓰여 있었다. 예를 들어, 1년에 빛이 갈 수 있는 거리를 뜻하는 광년light year은 독일어 'Licht Jahr'의 약자 L. J.로 되어 있다. 더 타임스 신문 기사에 따르면 '아인슈타인 교수는 자료를 보지 않고 독일어로 말했다. 칠판 2개에는 국제적으로 통용되는 수학 기호가 충분히 흩뿌려져 있었고, 아인슈타인 교수는 이것을 참고로 했다.'[5] 옥스퍼드에서의 두 번째 강의 때 쓰인 칠판에는 '우주론적 문제Cosmological Problem'라는 이름이 붙었다.

일반상대성 이론은 중력을 이해하는 새로운 방법을 제시했다. 17세기 아이작 뉴턴은 중력이란 거리가 떨어진 물체에도 작용하는 힘이라고 설명했다. 하지만 아인슈타인의 일반상대성 이론에서는 휘어진 시공간에서 중력이 나온다고 설명한다. 이 이론은 매우 수학적

PART 3. 모호성의 시대

이기도 하지만, '휘어진 시공간'을 이해하는 것이 우리의 직관에 매우 큰 도전이다. 미국 물리학자 존 휠러John Wheeler가 말했듯, '공간은 물질이 어떻게 움직일지를 정하고, 물질은 공간이 어떻게 휠지를 정한다.'[6] 미국의 이론물리학자 데이비드 스퍼겔David Spergel은 "우주론에 있어서 이것이 의미하는 바는 다음과 같다. 먼저 우주에 있는 물질의 기본적인 성질을 특정한다. 그러면 과거와 미래의 우주를 계산하여 예측할 수 있다."[7]라고 했다.

아인슈타인의 이론은 한 가지 미스터리를 즉각적으로 해소했다. 천문학자들은 수성이 태양을 공전하는 궤도가 뉴턴의 운동법칙으로 완전히 설명되지 않는다는 사실을 관측을 통해 알고 있었는데, 이러한 변칙적 움직임은 일반상대성 이론이 제시하는 대로 태양의 질량이 수성 주변 시공간에 미치는 영향을 고려하면 설명 가능한 것이었다. 태양과 가장 가까운 행성인 수성은, 태양으로 인한 시공간의 휘어짐에 가장 강력하게 반응할 수밖에 없다.

일반상대성 이론은 또한 실험으로 테스트할 수 있는 두 번째 예측을 내놓았는데, 아인슈타인의 표현에 따르면 '중력장의 작용으로 빛이 휘어진다'는 것이었다.[8] 질량이 매우 큰 물체를 가까이 지나는 빛은 직선으로 진행할 수 없는데, 그 주변 공간이 휘어서 왜곡되어 있기 때문이다.

아인슈타인은 일반상대성 이론을 1916년, 제1차 세계대전 중에 발표했다. 전쟁 중이었던 영국과 독일에 있던 과학자들 사이의 의사소통은 당연히 힘들었지만, 네덜란드 천문학자 빌럼 더 시터르Willem de Sitter가 아인슈타인의 연구 결과를 케임브리지 대학 천문학 및 실험 철학 교수였던 아서 스탠리 에딩턴Arthur Stanley Eddington에게 전했다. 에딩턴은 아인슈타인의 이론을 신속히 지지했고, 이론의 실험적 증거를 찾고자 했다. 태양에 의해 진로가 휘는 빛이 태양 바로 뒤에서 출발한다면 될 것이었다. 하지만 태양이 빛나고 있다면, 별에서 나오는 빛은 안 보일 것이 아닌가?

이에 대한 해법이 일식 때, 즉 태양의 빛이 달에 의해 가려졌을 때, 별로부터 나오는 빛을 관측하는 것이었다. 전쟁 중이었지만, 잉글랜드 왕실 천문학자였던 프랭크 다이슨Frank Dyson은 일식이 예측된 1919년 5월, 별에서부터 나오는 빛의 사진을 찍기 위한 탐험대를 모집하기 시작했다. 퀘이커 교도이자 양심적 병역 거부자였던 에딩턴은 국익에 필수적이라고 판단되는 천문학 연구를 이유로 군 복무를 면제받은 상태였다. 에딩턴은 일식 관측 탐험대가 독일 과학자의 이론을 영국 과학자가 테스트하는, 국가 간의 평화적 협업의 기회라고 보았다.

일식의 경로상, 가장 이상적인 관측점은 북부 브라질과 서아프리카 앞바다로 보였다. 1919년 봄, 전쟁이 끝난 직후 군대가 아직 해산 중이던 때, 탐험대가 떠났다. 왕립 그리니치 천문대 소속의 앤드류 크로믈린Andrew Crommelin과 찰스 데이비슨Charles Davison은 브라질 소브라우Sobral로 향했고, 에딩턴은 아프리카 해안의 프린시페섬으로 갔다. 도착 후 에딩턴은 섬과 그곳의 기후에 대해 기록을 남겼다.

산은 높이가 2,500피트나 되어 늘 무거운 구름이 많이 낀다. 원시림 일부를 빼면, 섬은 코코아 플랜테이션으로 가득 차 있다. 기후는 매우 습하지만, 건강에 나쁠 정도는 아니다. 식물은 풍성히 자라 있고, 경치는 너무도 아름답다. 우리는 우기의 끝 무렵에 도착했지만, 그라바나gravana라고 불리는 건조한 바람이 5월 10일쯤 불기 시작했고, 그때부터 일식이 있는 날 오전에 비가 내린 것 말고는 비가 오지 않았다. 5월 말 맑은 하늘을 기대하기는 어려울 것이라는 조언을 들었지만, 우리는 섬의 북쪽과 서쪽에서 최적의 기회를 기대하고 있다.[9]

일식 관측의 여건이 좋아 보이지는 않았다. 하지만 탐험대는 준비를 계속했다. 5월 29일 아침, 에딩턴은 이렇게 썼다.

오전 10시에서 11시 30분 사이에 어마어마한 뇌우가 몰아쳤는데, 1년 중 이맘 때 날씨치고는 놀라운 것이다. 해가 몇 분 동안 났다가 금세 다시 구름이 꼈다. 해가 완전히 가려지기 약 30분 정도 전에 초승달 모양의 태양이 이따금씩 보였다. 1시 55분에는 흐르는 구름 사이로 계속 해가 보이기 시작했다. 계산상 태양 전체가 가려지는 시각은 그리니치 표준시로 2시 13분 5초에서 2시 18분 7초였다. 사진의 노출은 준비된 프로그램대로 진행

되었고, 16개의 건판을 건졌다.[10]

결국, 2개의 건판에만 괜찮은 데이터를 낼 만큼 충분한 숫자의 별이 찍혔다. 한편, 브라질 소브라우로 파견된 팀도 문제점에 봉착했다. 브라질에서의 하늘은 맑았지만, 날씨가 너무 더워서 망원경에서 태양에 초점을 맞추기 위해 사용된 거울이 약간 휘어서 결과를 망쳐버린 것이다. 하지만, 운 좋게도, 작은 망원경을 이용해 촬영한 사진은 쓸 만했다.

관측 결과는 에딩턴과 다이슨에게 결론을 내리기에 충분한 데이터를 제공했고, 1919년 11월, 왕립학회의 회의에서 자신 있게 결과를 발표했다.

"소브라우와 프린시페섬에 파견된 팀의 관측 결과는 태양의 근처를 지나는 빛의 굴절이 일어나는 데 의심의 여지가 없으며, 굴절의 정도도 아인슈타인의 일반상대성 이론에서 요구하는 태양의 중력장으로 인해 생기는 수준과 일치한다."[11]

아인슈타인의 예측이 확인된 것이다. 이 회의는 언론에 널리 보도되었고, 아인슈타인은 국제적인 슈퍼스타가 되었다.

일반상대성 이론은 우주적 스케일에서도 다른 예측을 내놓았다. 아인슈타인이 전체 우주의 모양을 계산하기 위해 이론을 사용했을 때, 방정식의 해가 놀랍게도 정태靜態적이지 않았고, 우주는 팽창한다는 것을 암시하고 있었다. 이것은 당시 학계의 지배적인 견해와

1919년 5월 브라질 소브라우에서 찍힌 개기일식 사진은 아인
슈타인의 일반상대성 이론의 예측을 지지하는 관측 결과를
보여 주었다.

모순되는 것이었고, 아인슈타인은 팽창하지 않는 정태적 우주를 만들기 위해 방정식에 자의적으로 하나의 상수항을 추가했다.

하지만 알렉산더 프리드만Alexander Friedmann과 조지 르메트르George Lemaître 같은 이론 물리학자들은 팽창하는 우주를 지지할 준비가 되어 있었다. 1920년대 천문 관측의 결과는 일반상대성 이론의 원래 결론을 지지하고 있었다. 미국 천문학자 에드윈 허블Edwin Hubble이 당시에는 역사상 가장 컸던, 캘리포니아주 윌슨산 천문대의 후커 망원경Hooker Telescope으로 밤하늘을 관측했다. 허블과 동료들은 원거리에 있는 은하로부터 나오는 빛을 연구했고, 은하가 더 멀리 떨어져 있을수록, 우리로부터 멀어지는 속도가 빠르다는 것을 발견했다. 은하가 멀어지면서, 그 움직임으로 인해 도플러 효과Doppler effect가 생기면서 빛의 파장이 길어지는 것이었다(동일한 도플러 효과로 사이렌이 접근할 때와 멀어질 때 소리가 달라진다). 이 현상은 적색편이red shift이라고 불리는 것인데, 가시광선의 파장이 길어지면서 스펙트럼의 끝에 있는 붉은 빛이 되기 때문이다.

아인슈타인이 옥스퍼드 대학교에서 두 번째 강의를 했을 때, 오늘날 '우주 상수cosmological constant'로 불리는 항을 도입한 것을 언급하면서 -다른 곳에서는 '최대의 실수'라고 부르기도 했었다- 허블의 관측 결과가 옳으며, 굳이 방정식을 고칠 필요가 없었음을 확인했다.

우주가 팽창한다는 사실은, 과거에 우주는 훨씬 작았으며, 과거로 이어져 올라가면 무한으로 작은 점, 즉 특이점singularity으로 수렴한다는 것을 암시한다. 따라서 우주론자들은 우주, 즉, 공간, 시간, 물질 모두가 빅뱅Big Bang이라 이름 붙은 대폭발로 시작되었다고 결론지었다(애초에 빅뱅이라는 이름은 비판적인 뉘앙스의 명명이었다).

하지만 아인슈타인의 우주 상수항이 완전히 사라지진 않았다. 20세기 후반 천문학자들은 우주가 팽창할 뿐만 아니라 팽창이 가속되고 있다는 것을 발견한다. 이 현상을 설명하는 한 가지 방법은 암흑 에너지라는 개념을 도입하는 것인데, 암흑 에너지는 가설적 형태의 에너지로, 우주 전체에 퍼져 있고 중력의 당기는 힘과 반대로 작용한다. 암흑 에너지의 효과를 표현하는 한 방법이 우주 상수이다.

사실 암흑 에너지가 무엇인지는 아무도 모르지만, 암흑 에너지는 우주 에너지의 3/4을 차지하는 듯 보인다. 그런데 암흑 에너지만이 우주론의 미스터리가 아니다. 과학자들이 직접적으로 관측할 수 있는 물질 -즉 행성, 별, 은하- 을 모두 합쳐도 우주의 5퍼센트도 되지 않는다. 암흑 에너지가 나머지의 대부분을 차지한다는 것이다. 그런데 보이지 않는 물질이 보통의 물질이나 빛과 중력을 통해 상호작용하는 듯하여 이것을 암흑 물질dark matter이라고 부른다. 천문 관측 결과는 암흑 물질의 질량이 보이는 물질의 질량보다 4~5배 많음을 암시한다. 빅뱅 이후 우주가 어떤 형태를 하고 있는지 보여 주는 우주론 모형에서는 암흑 물질이 은하나 거대한 스케일의 우주적 구조를 형성하는 데 있어 중대한 역할을 한다. 하지만 아무도 암흑 물질이

CHAPTER 20. 물질을 상상하다-미지의 세계 가장자리에서

무엇인지 모르며, (아마도 새로운 형태의 기본 입자 같은 것일 수도 있는) 이것을 직접적으로 탐지하기 위한 노력이 계속되었지만, 아직까지 아무것도 발견되지 않았다.

코넬리아 파커의 가장 잘 알려진 작품 〈차가운 암흑 물질〉은 이러한 아이디어를 탐구한 결과물로, 1991년 런던 동쪽의 치즌헤일 Chisenhale Gallery에서 처음 전시되었다. 이 작품을 제작하는 동안 파커는 평범한 정원 헛간을 매일 다양한 일상 용품으로 채운 뒤 영국 군 출신 폭발물 전문가에게 헛간을 폭발시켜 날려 버리라고 부탁한다. 그런 다음, 파커는 잔해를 모아 다시 구성하는데, 잔해를 줄에 매달고 중간에는 전구를 놓았다. 이로 인해 주변 벽에 드라마틱한 모양의 그림자가 지게 되었다. 작품의 제목은 암흑 물질의 본질에 대한 이론적 아이디어를 반영한 것이다. 즉, 암흑 물질은 '차가운데', 다시 말하면 입자가 빛의 속도에 비교하면 천천히 움직인다는 것을 의미한다. 파커에게 있어, 차가운 암흑 물질은 '우리가 볼 수도, 계량화할 수도 없는 우주 속 물질'이다.[12] 파커는 1991년 이렇게 말했다.

〈차가운 암흑 물질〉의 아이디어는 매우 새로운 것이었다. 미디어에서 다루는 내용이었고, 나는 측정할 수 없는 어떤 존재에 대한 아이디어에 매료되었다. 그래서 이 작품에 빅뱅을 상징하는 폭발을 담았다. 이 작품은 폭발을 식으로 표현하고, 분류하고, 분명하게 정의하여 구조를 부여하려는 시도이다.[13]

과학적 개념인 암흑 물질에 영감을 받아, 코넬리아 파커는
1991년 정원의 헛간을 폭발시켰다.

이드워드 마이브릿지가 19세기 후반 순간을 포착하기 위해 사진을 사용한 것처럼, 〈차가운 암흑 물질〉은 빛과 그림자를 사용해 '빅뱅의 순간'을 포착하려 했다. 파커는 다음과 같이 썼다.

전구는 마치 우주의 중심같이 되었다. 작품이 진행되는 동안 나는 작은 조각들을 전구 옆에 달고, 중간 정도 크기의 것들과 나무 조각들은 가장자리에 달았다. 마치 내가 헛간을 다시 짓는 것과 같았다. 잔해들은 줄에 매달려 있고, 전구 주위를 별자리처럼 만든다. 마치 동결된 순간 같다.

파커는 폭발 그 자체를 재창조하고 있다. '조용히, 소리가 나지 않는 방법으로 다시 폭발하는 것이다.'[14]

_____ **우연한 예술**

파커는 언제나 과학적 아이디어에서 영감을 얻었다. 아인슈타인은 과학 연구에 상상력이 필요하다고 역설했고, 때로는 시각적 형태의 상상력도 포함되었다. 이 시각적 형태의 상상력은 파커 작품에 있어 출발점이 되기도 했다. 파커는 회상했다.[15]

"내가 20년대 혹은 30년대 과학에 대해 좋아하는 점은 당시에는 시각적 비유가 매우 흔했고, 과학자들은 시각적 예를 들어 설명하는 일이 많았다는 점이다. 이들이 내가 과학에 접근하는 지점이었다."

파커는 심지어 과학자들이 때때로 예술가보다 훨씬 아름다운 것을 무심코 창조한다고 말했다.

"나는 과학이 만들어 내는 우연한 예술과 예술가들이 만들어 내는 의도적 예술 간에 연결점이 있다고 생각한다. 하지만 과학이 만들어 낸 우연한 예술의 순수성은 힘을 가지고 있고, 예술가들이 호기심을 가지고 애써서 만들어 내는 미적인 작품들도 이에 견줄 만하다."16

우리는 그저 알아보기만 하면 된다.

─────────────── **감 사 의 말**

        이 책은 수많은 뛰어난 동료들과 전문가들의 지식을 동원해 제작한 라디오 시리즈와 전시회를 바탕으로 만들어졌다. 특히, 우리는 BBC 과학부 소속 데보라 코헨과 에이드리안 워시본, 라디오 4채널의 편집 책임자인 모히트 바카야, 엘리 커델, 판권 및 경영지원부에 감사를 표하고 싶다. 이들 모두 전문성을 발휘하고 귀한 시간을 내어 프로젝트에 기꺼이 참여해 주었다.

    또한 출판사 트랜스월드의 편집장인 안드레아 헨리와 교열 담당 질리언 소머스케일스에게 감사하고 싶다. 안드레아와 질리언은 이 책의 구상에서부터 출판에 이르기까지 모든 과정을 훌륭히 이끌어 주었으며, 저자로서 경험할 수 있는 것들을 더욱 풍부하게 해 주었다. 편집, 디자인, 마케팅에서 BBC와 과학박물관을 연결하여 큰 도움을 준 마리앤 이사 엘-커리, 카트리나 혼, 톰 힐, 에마 버튼, 바비 버출에게도 감사한다.

비평가 루이자 벅과 과학 기고가 필 볼은 이 프로젝트를 위해 끝 없는 열정과 전문성을 발휘하였다. 루이자는 라디오 시리즈에서도 이미 예술 분야와 관련된 뛰어난 통찰력을 보여 주었고, 필은 풍부 한 편집 경험을 십분 발휘해 책의 수준을 높여 주었다. 우리는 또한 조나단 버논, 존과 메리 맥캔 부부, 로잘린드 맥케버, 윌리엄 매너스 로부터도 지원을 받았다.

과학박물관 그룹의 수많은 동료들, 특히 런던의 과학박물관, 요 크의 국립 철도 박물관, 맨체스터의 과학 산업 박물관, 브래드포드 의 국립 과학 미디어 박물관에서 큰 기여를 했다. 특히나, 레이첼 분, 케이티 바렛, 애비게일 맥키논, 조이 팔파라만드, 로레인 워드, 마르타 클르로우, 로저 하이필드는 이 프로젝트를 성장시키고 실현 시킬 수 있도록 도와주었다. 또한 벤 러셀, 더그 밀라드, 알렉스 로 즈, 루퍼트 콜, 해티 로이드, 팀 분, 앤드류 맥린, 케이티 벨쇼, 제프 벨냅, 앨리 보일, 스투어트 에멘스, 케런 리빙스턴, 제인 베스로보, 토니 부스, 리처드 던, 켄드라 빈은 라디오 시리즈와 책, 둘 다 혹은 둘 중 하나에 큰 도움을 주어 감사하다고 말하고 싶다. 도서관과 아 카이브 조사와 지원에 있어 닉 와이엇, 프라바 샤, 엘리자베스 웨이 랜드, 실비아 드 베키, 베니타 브라이언트, 존 언더우드, 더그 스팀 슨, C. J. 크레넬이 지원을 아끼지 않았다. 행정 업무에 있어 제이드 커튼-본, 해리엇 애디, 마고 윙이 많은 도움을 주었다.

과학박물관의 과거 동료인 피터 모리스, 데이비드 루니, 보리스

감사의 말

자딘의 지식과 관대함에도 빚을 졌다.

끝으로 우리 파트너들, 제레미 로젠블랫과 앤드류 치티가 좋은 와인을 곁들여 해 준 응원과 끝없는 인내심 덕분에 무사히 책을 마칠 수 있었다.

들어가는 말

1. 윌리엄 블레이크William Blake, '지옥의 격언Proverbs of Hell', 〈천국과 지옥의 결혼*The Marriage of Heaven and Hell*〉 (Boston: John W. Luce, 1906), p. 16

2. 조지 고든 바이런George Gordon Byron, 〈바이런 경의 편지와 일기: 그의 생애에 주목하여*Letters and Journals of Lord Byron: With Notices of His Life*〉 vol. 2 (New York: J.&J Harper, 1831) p. 405

3. 얼 존슨Samuel Johnson 〈아비시니아 왕자 라셀라스 이야기*The History of Rasselas, Prince of Abissinia*〉 (1759), ed. J. P Hardy (Oxford: Oxford University Press, 1968), p. 144

4. 스틴 맥러드Christine MacLeod, 〈발명의 영웅들: 기술, 해방, 영국적 아이덴티티*Heroes of Invention: Technology, Liberation and British Identity 1750-1914*〉 (Cambridge: Cambridge University Press, 2007)

5. 드 홈즈Richard Holmes 〈경이의 시대: 낭만주의 세대, 그리고 과학의 미학과 공포의 발견*Age of Wonder: Romantic Generation and the Discovery of the Beauty and Terror of Science*〉 (London: Harper Collins, 2008), p. 323

6. 비시 셸리Percy Bysshe Shelley, 〈사슬에서 풀린 프로메테우스*Prometheus Unbound*〉 (1820) (Cambridge, Cambridge University Press, 2013), p. 200

7. Mass Observation, 〈과학에 대한 일상의 감정에 관한 보고서*Report on Everyday*

Feelings about Science⟩ (Oct. 1941), n.951. 인용. 대량 관측 아카이브 이사회를 대신 하여 커티스 브라운 그룹Curtis Brown Group Ltd, London 허가하에 재인쇄

8. 루이스 스트라우스Lewis Strauss, 미국 원자력 위원회United States Atomic Energy Commission장 자격 연설, 1954년 9월 16일, https://www.nrc.gov/docs/ML1613/ ML16131A120.pdf.

9. 나움 가보Naum Gabo, '예술에서의 구성주의적 아이디어The constructive idea in art', Ben Nicholson, Naum Gabo, Leslie Martin, eds, ⟨서클: 구성주의 예술의 국제 적 조사*Circle: International Survey of Constructivist Art*⟩ (London: Faber, 1937), p.8

10. 질리언 위틀리Gillian Whiteley, '사회적 공간에서의 예술: 전후 영국의 공공 조각 품과 도시 재생Art of social spaces: public sculpture and urban regeneration in post-war Britain', in ⟨영국을 디자인하다*Designing Britain 1845-75*⟩, https://vads.ac.uk/learning/ designingbritain/html/festival.html.

11. 야코프 보로노프스키Jacob Bronowski, ⟨과학의 상식*The Common Sense of Science*⟩, p.17

12. 프랭크 제임스Frank James, 로버트 버드Robert Bud '에필로그: 모더니티 이후의 과학 Epilogue: science after modernity', Robert Bud, Paul Greenhalgh, Frank James, eds, ⟨모 던하다는 것: 20세기 초 과학이 문화에 끼친 영향*Being Modern: The Cultural Impact of Science in the Early Twentieth Centry*⟩ (London:UCL Press, 2018), p. 392

13. 로레인 데스턴Lorraine Daston, 피터 갤리슨Peter Galison, '숙달된 판단력Trained judgement', ⟨객관성*Objectivity*⟩ (New York, Zone, 2007), pp. 309-61

PART 1. 낭만의 시대

CHAPTER 1. 과학적 숭고미-암흑으로부터 온 지식

1. 에라스무스 다윈이 매튜 볼튼에게 쓴 편지, 1778년 4월 5일, MS 3782/13/53/87, 소호 아카이브The archives of Soho, 버밍엄 중앙 도서관Birmingham Central Library

2. 에라스무스 다윈이 조셉 프리스틀리에게 쓴 편지, 1791년 9월 3일, ⟨에라스 무스 다윈의 편지*The Letters of Erasmus Darwin*⟩ed. 데스몬드 킹-힐Desmond King-Hele (Cambridge Cambridge University Press, 1981), p.216 인용 (이 편지는 더비 철학 협회

의 비서가 쓴 것이나, 협회장이었던 에라스무스 다윈의 글이었던 것으로 추정된다.)

3. 프랜시스 클링엔더Francis Klingender, 〈예술과 산업혁명Art and the Industrial Revolution〉 (London: Noel Carrington, 1947), p. 46

4. 〈새뮤얼 테일러 콜리지의 편지The Letters of Samuel Taylor Coleridge〉, ed. E. H. Coleridge (Boston, 1895), vol. 1 p. 152

5. 폴 듀로Paul Duro '도덕적으로 위대하고 고결한 아이디어Great and noble ideas of the moral kind: 더비의 라이트와 과학적 숭고미Wright of Derby and the scientific sublime', Art History, vol. 33, no. 4, 2010, pp. 660-79 중 p. 676 인용

6. 위의 글, p. 678

7. 제임스 퍼거슨James Ferguson, 〈천문학의 이해Astronomy Explained〉 vol. 1 (London, 1756), p. 1 인용

8. 조셉 애딩턴Joesph Addington, 《조셉 애딩턴 경의 작품들The Works of the Right Honourable Joseph Addington, Esq》 (London, Jacob Tonson, 1721), pp. 514-15

9. 〈조시아 웨지우드의 편지Letters of Josiah Wedgwood to 1770〉, ed. K. Farrer (Manchester, privately published, 1902), p. 105 인용

10. D. 솔킨Solkin, '조셉 라이트와 노동에 대한 숭고미의 예술Joseph Wright of Derby and the sublime art of labour', Representatives, vol. 83, no. 1, Summer 2003, pp. 167-94 중 p. 169 인용

11. 데이비드 제닝스David Jennings, 〈지구본과 태양계 모형 사용법An Introduction to the Use of the Globes and the Orrery〉 (London, 1752), p. iii 인용

12. 셀리나 팍스Celina Fox, 〈계몽주의 시대 산업의 예술The Arts of Industry in the Age of Enlightenment〉 (London and New York: Yale University Press, 2010), p. 6

13. 제니 어글로우Jenny Uglow, 〈월광협회 사람들The Lunar Men〉 (London: Faber, London, 2002), p. 10 인용

14. 폴 망투Paul Mantoux, 〈18세기 산업혁명The Industrial Revolution in the Eighteenth Centry〉, (London, Routledge, 2015), p. 206 인용

15. 데이비드 흄David Hume, 〈몇 가지 문제에 대한 에세이와 논문Essays and Treatises on Several Subjects〉(London: A. Millar, 1758), p. 91

16. 〈토링턴 일기The Torrington Diaries〉 ed. C. 브륀 앤드류스Bruyn Andrews, vol. 2 (New York, 1938), pp. 195-6

17. 〈미국 퀘이커 교도, 영국에 오다: 자베즈 모드 피셔의 여행 일기*An American Quaker in Britain, The Travel Journals of Jabez Maud Fisher, 1775-1779*〉, ed. Kenneth Morgan (Oxford: Oxford University Press, 1992), p. 253

CHAPTER 2. 스펙터클의 대가―슈롭셔Shropshire 제련소

1. 아서 영Arthur Young, 〈농업과 다른 유용한 기술에 대한 연대기*Annals of Agriculture and other useful Arts*〉, (1785), Barry Trinder, ed., 〈세계에서 가장 특별한 지역: 아이언 브릿지와 콜브룩데일. 방문객 문집*The most Extraordinary District in the World': Ironbridge and Coalbrookdale. An Anthology of Visitors*〉, 〈아이언 브릿지, 콜브룩데일, 슈롭셔 광산의 인상*Impressions of Ironbridge, Coalbrookdale and the Shropshire Coalfield*〉 (London Phillimore, 1977), p. 31

2. 이 장의 대부분의 자료는 스티븐 다니앨스Stephen Daniels의 글을 참조했다. '드 루테르브루의 화학적 극장: 콜브룩데일의 밤 Loutherbourg's chemical theatre: Coalbrookdale by Night', John Barrell, ed., 〈회화와 문화의 정치학: 영국 예술의 새로운 에세이*Painting and the Politics of Culture, 1700-1850*〉 (Oxford: Oxford University Press, 1992), pp. 195-230

3. 배리 트린더Barrie Trinder, ed., 〈콜브룩데일 1801: 동시대의 설명*Coalbrookdale 1801: A Contemporary Description*(아이언 브릿지 협곡 박물관 트러스트Ironbridge: Ironbridge Gorge Museum Trust, 1979), pp. 16-17

4. 캐서린 플리믈리의 일기, Shropshire Record Office 567, vol. 27, p. 41

5. 모닝 크로니클Morning Chronicle, 1776년 2월 17일, Christopher Baugh, 〈필립 드 루테르부르: 18세기 후반 기술 주도의 엔터테인먼트와 스펙터클*Philippe de Loutherbourg: technology-driven entertainment and spectacle in the late eighteenth century*〉, Huntington Library Quarterly, vol. 70, no. 2, 2007, p. 255

6. 헨리 앤젤로Henry Angelo, 〈회상*Reminiscences*, 2 vols〉 (London, 1828) vol. 2, p. 326

7. '아이도푸시콘 전경A view of the Eidopusikon', The European Magazine, 1782년 3월, pp. 80-1

8. 1838년에 쓰임, J. W. 올리버Oliver, 〈윌리엄 벡포드의 생애*The Life of William Beckford*〉

(Oxford: Oxford University Press, 1932), pp. 89-91

9. 윌리엄 헨리 파인William Henry Pyne, 〈와인과 호두*Wine and Walnuts*〉 (London, 1823), pp. 302-3

10. 찰스 딥딘Charles Dibdin, '잉글랜드 대부분 지역의 관찰기Observations on a Tour through almost the whole of England (1801-2)', p. 66

11. Science Museum Nominal File 8979/1/1

CHAPTER 3. 과학을 풍자하다-길레이Gillray와 웃음 가스

1. 로버트 서디가 토마스 서디에게, 1799년 7월 12일, 애덤 그린Adam Green, ed., 〈오 훌륭한 공기주머니: 아산화질소에 취해*Ob Excellent Airbag: Under the Influence of Nitrous Oxide, 1799-1920*〉 (Cambridge, PDR Press, 2016), p. 54

2. 1802년 5월 출판된 프린트는 불확실한 면이 있다. 토머스 가넷은 왕립연구소에서 1801년 강의를 그만두고 1802년 6월에 죽었다. 토머스 영Thomas Young이 1801년 7월 6일에 가넷의 후임이 된다. 그러나 데이비는 영의 조수로 일을 했거나, 영과 함께 강의를 한 것으로 보이지는 않는다. 가넷과 데이비는 아산화질소 시연을 같이 한 것으로 알려져 있다. 따라서 이 프린트는 가넷을 나타낸 것이다.

3. 〈험프리 데이비 경 전집*The Collected Works of Sir Humphry Davy*〉, ed. John Davy, 9 vols (London, 1839-40), vol. 1, p. 88

4. 〈오 훌륭한 공기주머니: 아산화질소에 취해〉, pp. 27-8

5. '아산화질소를 흡입하는 것에 관하여On breathing the Nitrous Oxide', 험프리 데이비의 노트Notebook of Humphry Davy, Royal Institution, London, RI MS HD/13c

6. 험프리 데이비Humphry Davy, 〈연구, 화학, 철학: 주로 아산화질소 혹은 탈플로지스톤 질소, 그리고 그것의 흡입에 관하여*Researches, Chemical and Philosophical: Chiefly Concerning Nitrous Oxide, or Dephlogisticated Nitrous Air, and its Respiration*〉 (1800)

7. Anti-Jacobin Review and Magazine, 1800년 6월, p. 109

8. 위의 책, p. 113

9. 리처드 갓프리Richard Godfrey, 〈제임스 길레이: 캐리커처의 예술*The Art of Caricature*〉 (London: Tate Gallery, 2001), p. 11

10. 〈엘리자베스 레이디 홀랜드의 일기*The Journal of Elizabeth Lady Holland (1791-1811)*〉, ed. Elizabeth Vassall Fox, Lady Holland (London: Longmans, Green, 1908), vol. 2, pp. 60-1

11. 에드먼드 버크Edmund Burke, 〈프랑스 혁명과 그와 관련된 런던의 일부 사교계에서의 행동*Reflections on the Revolution in France and on the Proceedings in Certain Societies in London Relative to that Event*〉, ed. 코너 크루즈 오브라이언Conor Cruise O'Brien (Harmondsworth: Penguin, 1968), p. 90

CHAPTER 4. 공기를 관찰하다-컨스터블의 구름

1. G. 레이놀즈Reynolds, '서론Introduction', F. Bancroft, ed., 〈컨스터블의 하늘*Constable's Skies*〉 (New York: Salander-O'Reilly Gallery, 2004), p. 19 인용

2. 루크 하워드Luke Howard, '구름의 변형, 생성, 정지 및 파괴에 관하여; 아스케시안 협회 낭독 에세이 자료On modifications of clouds, and on the principles of their production, suspension, and destruction; being the substance of an essay read before the Askesian Society in the session 1802-3, Part I', Philosophical Magazine, vol. 16, no. 62, 1803, pp. 97-107 중 p. 97 인용

3. Notebook in the London Metropolitan Archives, Acc. 1017/1517

4. 존 스론John Thrones, 〈존 컨스터블의 하늘: 예술과 과학의 결합*John Constable's Skies: A Fusion of Art and Science*〉 (Birmingham: University of Birmingham Press, 1999), p. 185 인용

5. R. 햄블린Hamblyn, 〈구름의 발명: 아마추어 기상학자는 어떻게 하늘의 언어를 만들었는가*The Invention of the Clouds: How an Amateur Meteorologist Forged the Language of the Skies*〉 (London: Pan Macmillan, 2010), p. 230 인용

6. 〈존 컨스터블의 하늘: 예술과 과학의 결합〉, p. 20 인용

7. A. Lyles 라일스, '이 영광스러운 하늘의 연회This glorious pageantry of heaven', 〈컨스터블의 하늘〉, p. 43 인용

1. H. G. 웰스Wells, 〈기계적, 과학적 진보에 대한 인간 생애와 사고의 반응에 대한 예측Anticipations of the Reaction of Mechanical and Scientific Progress upon Human Life and Thought〉, 4th edn (London: Chapman & Hall, 1902), p. 4 인용

2. British Library, Add MSS 44361 f. 278.

3. 이언 카터Ian Carter, '비, 증기, 그리고 무엇?Rain, steam and what', Oxford Art Journal, vol. 20, no. 3, 1997, pp. 3-4; J. 시몬스Simmons, 〈빅토리아 시대 철도The Victorian Railway〉 (London: Thames & Hudson, 1991)

4. 존 게이지John Gage, 〈터너: 비, 증기 그리고 속도Turner: Rain, Steam and Speed〉, (London: Allen Lane, 1972), p. 36

5. W. G. 호스킨스Hoskins, 〈잉글랜드 풍경의 제작The Making of the English Landscape〉 (Harmondsworth: Penguin, 1985), p. 256

6. '비, 증기, 그리고 무엇?', p. 10

7. 찰스 디킨스 〈돔비 부자〉 Globe Edn. (Cambridge: Riverside, 1880), p. 319

8. North Devon Journal, 1840년 10월 1일

9. 프랜시스 앤 켐블Frances Anne Kemble, 〈소녀 시절의 기록Records of a Girlhood〉 2nd edn (New York: Henry Holt, 1883), p. 283

10. 제임스 해밀턴James Hamilton, 〈터너: 생애Turner: A Life〉 (London: odder & Stoughton, 1997), p. 99

11. 〈돔비 부자〉, p. 319

12. 윌리엄 메이크피스 새커리William Makepeace Thackeray, 〈라운드어바웃 페이퍼스Roundabout Papers〉 (New York: Harper, 1863)

13. 아틀라스The Atlas, 1844년 5월 25일, p. 358

14. 새커리의 리뷰, Fraser's Magazine, 1844년 6월

15. 더 타임스The Times, 1844년 5월 8일

16. 프랜시스 윌리엄스Francis Williams, 〈우리의 철길: 역사, 건설, 사회적 영향Our Iron Roads: Their History, Construction and Social Influences〉 (London, 1852), p. 235

17. J. 시몬스Simmons, 〈영국의 철도The Railways of Britain〉, 2nd edn (London: Longman, 1986), p. 175

18. 사이먼 부인Lady Simon, 존 러스킨John Ruskin 〈딜렉타: 작품집*Dilecta: Works*〉, ed. 에드 워드 타야스 쿡Edward Tyas Cook, 알렉산더 워더번Alexander Wedderburn (London: 1903-12), pp. 599-601

19. 〈터너: 비, 증기 그리고 속도〉, p.16

20. 더 타임스The Times, 1843년 6월 13일, p.6

21. 〈딜렉타: 작품집〉, p.30

CHAPTER 6. 종이 위의 식물–식물학의 미술

1. 로버트 서디Robert Southey, 〈웨일스의 매덕*Madoc in Wales*〉, Part I, Sec. V-48

2. 리스터의 식물 표본은 과학박물관의 웰컴 트러스트Wellcome Trust 컬렉션의 일부 이다.

3. 애나 앳킨스Anna Atkins, 〈영국 조류 사진집*Photographs of British Algae*〉 (1843), 과학박 물관 그룹 소장, 1937-403, 서문, p.2r.

4. 로버트 헌트Robert Hunt, '예술에의 과학의 응용에 관하여. 사진 - 2부 On the Application of science to the fine and useful arts. Photography - second part', Art Union Monthly Journal, no.1 Aug, 1848, pp.237-8

5. 마리앤 노스 〈행복한 삶의 기억: 마리앤 노스 자서전*Recollections of a Happy Life: Being the Autobiography of Marianne North*〉 (London: Macmillan, 1892), p.231

PART 2. 열정의 시대

CHAPTER 7. 달에 닿다–사진술의 진실

1. 제임스 나스미스James Nasmyth가 조시아 크램튼Josiah Crampton에게 쓴 편지, 1853 년 11월 5일, J. Crampton, 〈달의 세계: 달의 풍경과 운동, 디자인적 관점에서*The Lunar World: Its Scenery, Motions, Etc., Considered with a View to Design*〉 (Edinburgh: Adam and Charles Black, 1863), p.130

2. 제임스 나스미스James Nasmyth, 샘 스마일스Sam Smiles, 《공학자 제임스 나스미스: 자서전James Nasmyth: An Autobiography》 p. 97

3. 《공학자 제임스 나스미스: 자서전》, p. 330-1

4. 《공학자 제임스 나스미스: 자서전》, p. 346

5. J. 노먼 로키어Norman Lockyer, '달The Moon', Nature, 1874년 3월 12일, p. 358

6. 《공학자 제임스 나스미스: 자서전》, p. 394 인용

7. 《공학자 제임스 나스미스: 자서전》, p. 394 인용

8. 제임스 나스미스, 제임스 카펜터James Carpenter, 《달: 행성으로서, 세계로서, 위성으로서의 고려The Moon: Considered as a Planet, a World, and a Satellite》 (London, John Murray, 1874) pp. xiii-ix

9. 《공학자 제임스 나스미스: 자서전》, p. 382

10. 《달: 행성으로서, 세계로서, 위성으로서의 고려》, p. 179

11. 《달: 행성으로서, 세계로서, 위성으로서의 고려》, p. 164

12. 로버트 풀Robert Poole, 《어스라이즈: 어떻게 인간은 지구를 처음 보았는가Earthrise: How Man First Saw the Earth》 (New Haven and London: Yale University Press, 2008), p. 2

CHAPTER 8. 전시를 위한 염색-다양성과 활력

1. '퍼킨의 보라색Perkin's Purple', 1년 내내: 주간지All the Year Round: A Weekly Journal, 1859년 9월 10일, p. 468

2. '모브 홍역The mauve measles', 펀치Punch, 1859년 8월 20일, p. 81

3. 요한 볼프강 폰 괴테Hohann Wolfgang von Goethe, 〈색상의 이론Theory of Colour〉 (London: John Murray, 1840), p. 55

4. 원문은 'Ce sont des soies violettes ou ponceau, des robes vertpré et à fleurs, des écharpes d'azur…': 이폴리트 텐Hippolyte Taine, 〈영국에 대한 노트Notes sur l'Angleterre〉(Paris:Hachette, 1872); 영문 번역은 원문과 약간 다름, 에드워드 하이얌스Edward Hyams, 〈Note on England〉 (London: Thames & Hudson, 1957), p. 46

5. 레지날드 스튜어트 풀Reginald Stuart Poole et al., eds, 〈고대 건물을 보호하기 위한 사회를 지지할 예술에 관한 강연Lectures on Art Delivered in Support of the Society for the

Protection of Ancient Buildings⟩ (London: Macmillan, 1882), pp. 174-232 중 pp. 212-13

6. C. F. A. 보이세이Voysey, '현대적 데커레이터의 목표와 조건The aims and conditions of the modern decorator', Journal of Decorative Arts, vol. 15, 1895, p. 82

7. 조슬린 모튼Jocelyn Morton, ⟨가족 섬유 기업의 삼대*Three Generations in a Family Textile Firm*⟩ (London: Routledge, 1971), p. 184

8. 오스카 와일드Oscar Wilde, ⟨도리언 그레이의 초상*The Picture of Dorian Gray*⟩ (1890) (Harmondsworth: Penguin, 2003), p. 99

CHAPTER 9. 시간의 포착—시각 vs. 현실주의

1. 아론 샤프Aaron Scharf, ⟨사진의 선구자들: 그림과 글의 앨범*Pioneers of Photography: An Album of Pictures and Words*⟩ (London BBC, 1975), p. 128

2. 윌리엄 드 위벨슬리 앱니William de Wiveleslie Abney, ⟨스냅 사진*Instantaneous Photography*⟩ (New York: Eastview, 1981), pp. 44-5

3. '영국 사진 저널 알마낙British Journal of Photography Almanac 1873', 브라이언 코Brian Coe, ⟨영화 사진의 역사*The History of Movie Photography*⟩ (New York: Eastview, 1981), pp. 44-5

4. Photographic News, vol. 26, no. 12228, 1882년 3월 17일

5. 조지 웨링 주니어George Waring Jr. '움직이는 말The horse in motion', The Century Art Illustrated Monthly Magazine, vol. 24, no. 3, July 1882, p. 388

6. W. G. 심슨Simpson, '예술 속 말의 속도The paces of the horse in art', The Magazine of Art, vol. 6, 1883, p. 203

7. British Journal of Photography, 1889년 8월 23일

8. British Journal of Photography, 1882년 7월 21일, p. 129

CHAPTER 10. 속도를 찬미하다—모빌리티와 모더니티

1. 맨체스터 가디언Manchester Guardian, 1895년 8월 21일, p. 8

2. W. E. 비커Bijker, 〈자전거, 베이클라이트, 전구: 사회기술적 변화에 대한 이론을 향하여Bicycles, Bakelite and Bulbs: Toward a Theory of Sociotechnical Change〉 (Cambridge, Mass: MIT Press, 1997), p. 59

3. 더 타임스The Times, 1898년 8월 15일, p. 7

4. W. K. 스탈리Starley, Journal of the Society for Arts, vol. 46, no. 2374, 1898, p. 602

5. '자신의 성을 위한 투사: 수전B. 앤서니가 넬리 블라이에게 말하는 놀라운 인생 이야기Champion of her sex: Miss Susan B. Anthony tells the story of her remarkable life to Nellie Bly', The World, 1896년 2월 2일, p. 10

6. 크리스토퍼 몰리Christopher Morley, 〈집시의 오점The Romany Stain〉 (New York, Doubleday, 1926), p. 35

7. '최초 미래주의 선언으로부터, 마리네티, 1909년 2월 20일, 캐롤라인 티스돌의 번역From the initial manifesto of Futurism, Marinetti, translated by Caroline Tisdall', 〈미래파: 이탈리아 미래주의 전시Futurismo 1909-1919: Exhibition of Italian Futurism〉 (Manchester: Northern Arts Council, 1973), p. 25

8. C. 살라리스Salaris, '계획적 아방가르드의 발명The invention of the programmatic avant-garde', 〈이탈리아 미래주의 1909-1944: 우주를 재구성하다Italian Futurism 1909-1944: Reconstructing the Universe〉 (New York: Guggenheim Museum, 2014), p. 23 인용

9. R. 험프리스Humphreys, 〈미래주의Futurism〉 (London: Tate Publishing, 1999), p. 24

CHAPTER 11. 합리성을 거부하다-항의의 수단으로서의 예술

1. 트리스탄 차라Tristan Tzara, '다다에 대한 강의Lecture on Dada', 로버트 마더웰Robert Motherwell 번역, ed., 〈다다 화가와 시인: 문집The Dada Painters and Poets: An Anthology〉 (Cambridge, Mass: Harvard University Press, 1989), p. 250

2. 앨런 영Alan Young, 〈다다, 그리고 그 후: 극단적 모더니즘과 영문학Dada and After: Extremist Modernism and English Literature〉 (Manchester: Manchester University Press, 1983), p. 14

3. 허버트 폴Herbert Fall, '기계의 도래: 유럽의 모더니즘 예술 The arrival of the machine: Modernist art in Europe, 1910-25', Social Research, v

4. 리처드 셰퍼드Richard Sheppard, 〈모더니즘-다다-포스트모더니즘*Modernism – Dada-Postmodernism*〉 (Evanston, Ill.: Northwestern University Press), p. 208

5. J. D. 버날Bernal, 〈세계, 육체, 그리고 악마: 합리적 정신의 세 가지 미래의 적에 대한 탐구*The World, The Flesh, and the Devil: An Inquiry into the Future of the Three Enemies of the Rational Soul*〉(1929)(London: Jonathan Cape, 1970), p. 38

CHAPTER 12. 산업 기계 속의 인간-솔포드Salford의 굴뚝

1. 휴 메이틀랜드Hugh Maitland 교수와의 인터뷰, 1970, 셸리 로드Shelley Rohde, 〈L. S. 로리Lowry: 전기*L. S. Lowry: A Biography*〉 수록

2. 아놀드 토인비Arnold Toynbee, 〈영국 산업혁명 강의*Lectures on the Industrial Revolution in England*〉 (London: Rivingtons, 1884), p. 8

3. 크리스 워터스Chris Waters, '일상생활의 재현:L. S. 로리와 전후 영국의 기억에 대한 풍경Representations of everyday life: L. S. Lowry and the landscape of memory in postwar Britain', Representations, no. 65, '영국 지역학에 대한 새로운 관점New perspectives in British Studies' 특별판, 1999 겨울호, p. 128

4. T. J. 클라크Clark, M. 앤 와그너Anne Wagner, 〈로리와 현대적 삶에 대한 회화*Lowry and the Painting of Modern Life*〉 (London: Tate Publishing, 2013)

5. T. G. 로젠탈Rosenthal, L. S. 로리Lowry, 〈예술과 예술가*The Art and the Artist*〉 (London: Unicorn, 2010), p. 49

6. 〈로리와 현대적 삶에 대한 회화〉, p. 37 인용

7. 지넷 윈터슨Jeanette Winterson, '로리의 기계에 대한 분노Lowry's rage against the machine', 가디언 온라인판Guardian, 2013년 6월13일, https://www.theguardian.com/artanddesign/2013/jun/13/ls-lowry-industrial-world.

8. 위의 글

9. 험프리 제닝스Humphrey Jennings, 〈판데모니움*Pandaemonium 1660-1886*〉 (London: Icon, 1985, new edn 2012), p. 184 인용

10. 위의 책

11. 프리드리히 엥겔스Friedrich Engels 〈영국 노동 계층의 조건*The Condition of the Working*

Class in England in 1844〉(1892) (Harmondsworth: Penguin, 1987), p. 128

12. 찰스 디킨스Charles Dickens, 〈어려운 시절*Hard Times*〉(London: Bradbury & Evans, 1854), p. 34

13. 새뮤얼 버틀러Samuel Butler, 〈에러혼*Erewhon*〉(1872) (Harmondsworth: Penguin, 2006), p. 82

14. 1921년 기사, '효율성Efficiency', The Engineer, 1921년 11월 11일, p. 513

15. '작업자의 신경 장애Workmen's nerve attacks', 맨체스터 가디언Manchester Guardian, 1934 년 11월 29일, p. 6

16. '섬유 산업의 합리화Rationalisation in textile industries', 맨체스터 가디언, 1937년 5월 15 일, p. 16

17. '리처드 존슨, 이윤 57% 상승시키다Richard Johnson up 57 per cent in profit', 가디언, 1971년 4월 27일, p. 23

18. 케빈 윗스턴Kevin Whitston, 〈영국에서의 과학적 접근법 관행: 역사*Scientific Management Practice in Britain: A History*〉, 출판되지 않은 박사 논문, University of Warwick, 1995, p. 312

19. 라운트리 협회The Rowntree Society, 〈라운트리의 유산*The Rowntree Legacy*〉(York, 2016), p. 17

20. 로버트 피츠제럴드Robert Fitzgerald, '영국의 고용 관계와 산업 복지: 비즈니스 윤리 vs. 노동시장Employment relations and industrial welfare in Britain: business ethics versus labor markets', Business and Economic History, vol. 29, no. 2, 1999, p. 177

21. 웬디 홀웨이Wendy Hollway, '효율성과 복지: 라운트리 코코아 웍스의 산업 심리학Efficiency and welfare: industrial psychology at Rowntree's cocoa works', Theory and Psychology, vol. 3, no. 3, 1993, p. 304

22. 〈하늘은 없다*No Sky*〉(1934)의 긴 줄거리, http://www.nigelmarlinbalchin.co.uk/books/no-sky/

23. 스튜어트 홀Stuart Hall, '제레미 델러의 정치적 상상Jeremy Deller's political imaginary', 제 레미 델러, 〈사람들 속 즐거움*Joy in People*〉(London, Hayward, 2012)

1. 바바라 헵워스Barbara Hepworth, '조각', 벤 니콜슨Ben Nicholson, 나움 가보Naum Gabo, 레슬리 마틴, eds, 〈서클: 구성주의 예술의 국제적 조사Circle: International Survey of Constructivist Art〉 (London: Faber, 1937), p. 115

2. K. 얼더Alder, 〈혁명을 엔지니어링하다: 무기와 프랑스의 계몽운동Engineering the Revolution Arms and Enlightenment in France, 1763-1815〉(Chicago, University of Chicago Press, 2010), p. 139

3. M. 해머Hammer, C. 로더Lodder, 〈모더니티의 구성: 나움 가보의 예술과 커리어 Constructing Modernity: The Art and Career of Naum Gabo〉(New Haven, Conn.: Yale University Press, 2000), p. 125

4. M. 해머, C. 로더, '헵워스와 가보: 구성주의적 대화Hepworth and Gabo: a constructive dialogue', D. 디슬우드Thistlewood, ed., 〈바바라 헵워스를 다시 생각하다Barbara Hepworth Reconsidered〉 (Liverpool: Liverpool University Press, 1996), pp. 115-16

5. A. 윌킨슨Wilkinson, ed., 〈헨리 무어: 글과 대화Henry Moore: Writings and Conversations〉 (London: Lund Humphries, 2002), p. 257

6. A. 발로Barlow, '바바라 헵워스와 과학Barbara Hepworth and science', p. 95

7. J. D. 버날Bernal, 〈바바라 헵워스 조각 작품 카탈로그Catalogue of Sculpture by Barbara Hepworth〉 머릿말, (London: Alex, Reid & Lefevre, 1937), p. 2

8. 바바라 헵워스, 〈바바라 헵워스: 그림으로 보는 자서전Barbara Hepworth: A Pictorial Autobiography〉 (London: Adams & Dart, 1970), p. 37

9. 가보, '예술에서의 구성주의적 아이디어The constructive idea in art', p. 2

10. J. D. 버날Bernal, '예술과 과학자Art and the scientist', p. 121

11. '예술과 과학자 Art and the scientist', p. 123

PART 3. 모호성의 시대

CHAPTER 14. 초음속-가능성 모색의 기술

1. Science Museum Technical File T/1985-423
2. 마이클 패리스Michael Paris, '1950년대 영화 속 영국 항공계 홍보Promoting British aviation in 1950s cinema', 이언 잉스터Ian Inkster, ed.,, 〈기술의 역사History of Technology〉, vol. 26 (London: Bloomsbury, 2010), pp. 63-78 중 p. 66
3. 버나드 베일Bernard Bale, 돈 샤프Don Sharp, 〈콩코드: 초음속 스피드버드 - 전모를 밝히다Concorde: Supersonic Speedbird – The Full Story〉 (Horncastle: Mortons Media Group, 2013) 머리말
4. 영국항공의 콩코드 소개 홍보 영상, 1976
5. 볼프강 틸만스Wolfgang Tillmans, '나의 사진들My photographs' 가디언Guardian, 2003년 10월 17일

CHAPTER 15. 원자에서 뽑은 패턴-미래를 디자인하다

1. 메리 밴험Mary Banham, 베비스 힐리어Bevis Hillier, eds, 〈영국에 바치는 토닉 한 잔: 영국제A Tonic to the Nation: The Festival of Britain, 1951〉 (London: Thames & Hudson, 1976), p. 183
2. 〈결정 디자인 기념 책자The Souvenir Book of Crystal Designs〉 (London: 산업디자인위원회 기념책, 1951), p. 2, Science Museum Group 1976-644/13
3. 헬렌 메고Helen Megaw의 출판되지 않은 에세이 '결정학의 패턴Pattern in crystallography' (1946), 레슬리 잭슨Lesley Jackson, 〈원자에서 패턴까지: 1951년 영국제의 결정 구조 디자인From Atoms to Patterns: Crystal Structure Designs from the 1951 Festival of Britain〉 (London: Welcome, 2008)
4. 〈원자에서 패턴까지: 1951년 영국제의 결정 구조 디자인〉, p. 5
5. 위의 책, p. 5
6. 위의 책, p. 16

참고 문헌

7. 위의 책, p. 17

8. 베키 커니킨Becky Conekin, '국가의 자서전The Autobiography of a Nation', 〈1951 영국제 The 1951 Festival of Britain*The 1951 Festival of Britain*〉 (Manchester: Manchester University Press, 2003), p. 51

9. 앨리슨 세틀Alison Settle, '여성의 관점Woman's viewpoint', 옵저버Observer, 1951년 4월 22일

CHAPTER 16. 경이로운 재료일상을 바꾸다

1. 필립 켐프Philip Kemp, 〈치명적 순수함: 알렉산더 맥켄드릭의 영화*Lethal Innocence: Cinema of Alexander Mackendrick*〉(London: Methuen, 1991), p. 46

2. 위의 책, p. 45

3. 위의 책, p. 65

4. 위의 책, p. 53

5. 위의 책, p. 46

CHAPTER 17. 폴라로이드적 인식-순간을 잡아내다

1. 데이비드 호크니 재단The David Hockney Foundation, https://thedavidhockney foundation.org/chronology/1982

2. 데이비드 호크니, 〈데이비드 호크니, 사진을 말하다*David Hockney on Photography*〉 (1983), (Bradford: National Museum of Photography, Film & Television, 1985), p. 9

3. 위의 책, p. 13

4. 위의 책, p. 14

5. 위의 책, p. 13

6. 데보라 마틴 카오Deborah Martin Kao, 바바라 히치콕Barbara Hitchcock, 데보라 클록코 Deborah Klochko, 〈혁신, 상상력: 폴라로이드 사진 50년*Innovation, Imagination 50Years of Polaroid Photography*〉(New York: Henry N. Adams, Inc., 1999), p. 8

7. 빅터 맥엘헤니Victor McElheny, 〈불가능한 것을 고집하다: 즉석 사진 발명가 에드윈 랜드의 생애Insisting on the Impossible: The Life of Edwin Land, Inventor of Instant Photography〉(New York, Perseus, 1998), p. 248

8. F. W. 캠벨Campbell, '에드윈 허버트 랜드Edwin Herbert Land, 1909년 5월 1일 - 1991년 3월 1일', 〈왕립학회 펠로우들의 전기적 회고록Biographical Memoirs of Fellows of the Royal Society〉, vol. 40, 1994년 11월, p. 206

9. 〈불가능한 것을 고집하다〉, p. 255

10. 로렌스 웨슐러Lawrence Weschler, 데이비드 호크니, 〈카메라워크Cameraworks〉 (London: Thames & Hudson, 1984), p. 16

CHAPTER 18. 지구를 보호하다-스크린 속 정치적 염세주의

1. 월터 패터슨Walter Patterson이 과학박물관에 기증한 1945년부터 1990년까지 출판된 단행본 컬렉션

2. 트로이 케네디 마틴Troy Kennedy Martin, 〈엣지 오브 다크니스Edge of Darkness〉(London: Faber, 1990), 부록 p. 192

3. 위의 책, 서론, p. ix

4. 제임스 러브락James Lovelock이 아놀드 코틀러Arnold Kotler에게 1981년 쓴 편지, Science Museum Archive, object no. 2012-118/44, 출처: 제임스 러브락

5. 〈엣지 오브 다크니스〉, 부록, p. 165

6. 짐 알카릴리Jim Alkhalili의 제임스 러브락 인터뷰, The Life Scientific, BBC Radio 4, 2012년 5월 8일 방송, https://www.bbc.co.uk/programmes/b01h666h

7. 위의 인터뷰

CHAPTER 19. 지구를 보호하다-스크린 속 정치적 염세주의

1. '노트Note A', 에이다 러브레이스Ada Lovelace가 번역한 루이지 메나브레아Luigi Menabrea의 글 '해석기관 스케치Sketch of the Analytical Engine', 리처드 테일러Richard

Taylor, 〈과학적 회고록*Scientific Memoirs*〉 (London, 1843)

2. 바이런 부인Lady Byron이 킹 박사Dr King에게 1833년 6월 21일 쓴 편지, Lovelace Byron Papers, 옥스포드 대학 보들레이안 도서관Bodleian Library, Box 77:f217-218. Paper Lion Ltd와 Lovelace Byron Papers 허가하에 복제

3. 각주 1의 글

4. 각주 2의 문서, 찰스 배비지Charles Babbage가 에이다 러브레이스에게 1843년 7월 2일 쓴 편지

5. 찰스 배비지가 마이크 패러데이Michael Faraday에게 1843년 9월 9일 보낸 편지, IET Archives, 영국 공학기술학회Institution of Engineering and Technology, London

6. 각주 2의 문서, 에이다 러브레이스가 바이런 부인에게 1843년 8월 8일 쓴 편지

7. 해나 프라이Hannah Fry, 〈안녕, 세계: 기계 시대에 인간이 되는 법*Hello World: How to be Human in the Age of the Machine*〉 (London: Transworld, 2018), pp. 188-9

8. 닉 케이브Nick Cave '인간의 상상력이 마지막 야생의 것이라 할 때, AI는 좋은 노래를 만들 수 있을 것인가?Considering human imagination the last piece of wilderness, do you think AI will ever be able to write a good song?', The Red Hand Files, no. 22, 2019년 1월, https://www.theredhandfiles.com/considering-human-imagination-the-last-piece-of-wilderness-do-you-think-ai-will-ever-be-able-to-write-a-good-song/

9. 각주 1의 글

CHAPTER 20. 물질을 상상하다-미지의 세계 가장자리에서

1. 알베르트 아인슈타인Albert Einstein, 〈우주적 종교에 관하여: 다른 견해와 경구*On Cosmic Religion: With Other Opinions and Aphorisms*〉 (New York, Covici, Friede, 1931), p. 49

2. 브루스 퍼거슨Bruce W. Ferguson, '서론', 이오나 블라즈윅Iwona Blazwick, 〈코넬리아 파커*Cornelia Parker*〉(London: Thames & Hudson, 2013), p. 11

3. 〈코넬리아 파커〉, p. 144

4. 〈코넬리아 파커〉, p. 106

5. '옥스퍼드에 온 아인슈타인 박사Dr. Einstein at Oxford', 더 타임스The Times, 1931년 5월 18일, p. 14

혁신의 뿌리

6. 찰스 미스너Charles W. Misner, 킵손Kip S. Thorne, 존 아치볼드 휠러John Archibald Wheeler, 〈중력*Gravitation*〉(San Francisco: W. H. Freeman, 1973), p. 5

7. 데이비드 스퍼겔David Spergel, '상대적으로 아인슈타인Relatively Einstein', BBC Radio 4, 2005년 1월 18일 방송

8. 알베르트 아인슈타인, 더 타임스The Times에 실린 서한, 1919년 11월 28일

9. F. W. 다이슨Dyson, A. 에딩턴Eddington, C. 데이비슨Davison, '1919년 5월 29일 개기 일식 관측으로 본 태양의 중력장에 의한 빛의 휘어짐 결정A Determination of the Deflection of Light by the Sun's Gravitational Field from Observations made at the Total Eclipse of May 29, 1919' 왕립천문학협회Royal Astronomical Society 발표문, 1919년 11월, Philosophical Transitions, vol. 2220, 1920, pp. 312-13

10. 위의 글, p. 314

11. 위의 글, p. 322

12. 테이트Tate 홈페이지 인용, https://www.tate.org.uk/art/artworks/parker-cold-dark-matter-an-exploded-view-t06949/story-cold-dark-matter

13. 각주 7의 방송

14. 각주 7의 방송

15. 각주 7의 방송

16. 조나단 글랜시Jonathan Glancey, 가디언Guardian, 1999년 3월 13일

들어가는 말

Lunardi's second balloon ascending from St George's Fields, by Julius Caesar Ibbetson, 1785-90:

Science Museum Group Collection © The Board of Trustees of the Science Museum.

Man Running, a chronophotograph by Étienne-Jules Marey, c. 1880: Science History Images/Alamy Stock Photo.

Christmas cards made by Jacob and Rita Bronowski and sent to Gritta Weil, 1951 and 1953-7: © Clare Bronowski/The Board of Trustees of the Science Museum.

Part 1. 낭만의 시대

Detail of Lunardi's second balloon ascending from St George's Fields, by Julius Caesar Ibbetson, 1785-90: Science Museum Group Collection © The Board of Trustees of the Science Museum.

A Philosopher giving that lecture on the Orrery, in which a lamp is put in place of the Sun, by Joseph Wright of Derby, 1766: Derby Museum and Art Gallery, UK/Bridgeman Images.

Astronomy Explained upon Sir Isaac Newton's Principles, by James Ferguson, 1785: Science Museum Group Collection © The Board of Trustees of the Science Museum.

Wooden pulley orrery, by James Ferguson, 1755-6: Science Museum Group Collection © The Board of Trustees of the Science Museum.

Coalbrookdale by Night, by Philippe-Jacques de Loutherbourg, 1801: Science Museum Group Collection © The Board of Trustees of the Science Museum.

Model of cast-iron bridge over the Severn at Coalbrookdale, by Thomas Gregory, 1784: Science Museum Group Collection © The Board of Trustees of the Science Museum.

Set model for Peak's Hole in The Wonders of Derbyshire; or, Harlequin in the Peak, by Philippe-Jacques de Loutherbourg, 1779: © Victoria and Albert Museum.

Philippe-Jacques de Loutherbourg's Eidophusikon during a Performance of Milton's 'Paradise Lost', by Edward Francis Burney, c.1782: © The Trustees of the British Museum.

Scientific Researches! - New Discoveries in Pneumaticks! - or, an Experimental Lecture on the Powers of Air, by James Gillray, 1802: Science Museum Group Collection © The Board of Trustees of the Science Museum.

Cloud Study: Cumulus and Nimbus Rainfall, by Luke Howard, 1803-11: Royal Meteorological Society/Science Museum Group.

Bottle and funnel from Luke Howard's original rain gauge, made by Richard & George Knight, 1818: Science Museum Group Collection © The Board of Trustees of the Science Museum.

Barograph clock, by Alexander Cumming, 1766: Science Museum Group Collection © The Board of Trustees of the Science Museum.

Autographic curve, Tottenham, London, 1817: © Science Museum Library/ Science & Society Picture Library.

컬러 사진 및 일러스트 제공

Cloud Study, by John Constable, 1822: © Tate, 2019.

A Cloud Index, by Spencer Finch, in situ at the Elizabeth Line station at Paddington, 2019: © Crossrail.

Rain, Steam and Speed: the Great Western Railway, by J. M. W. Turner, 1844: © The National Gallery 2019.

Cheffins's Map of the English & Scotch Railways, by C. F. Cheffins, 1845: Science Museum Group Collection © The Board of Trustees of the Science Museum.

The Railway Dragon from The Table Book, by George Cruikshank, 1845: Archivist/Alamy Stock Photo.

Sir Daniel Gooch's model of Great Western Railway 2-2-2 'Firefly' Class standard broad-gauge locomotive, by Joseph Clement, 1842: Science Museum Group Collection © The Board of Trustees of the Science Museum.

Herbarium sheet, by Joseph and Agnes Lister, 1883: Science Museum Group Collection © The Board of Trustees of the Science Museum.

Photoglyphic print of Adiantum capillus-veneris, by William Henry Fox Talbot, c. 1858: Science Museum Group Collection © The Board of Trustees of the Science Museum.

Detail of photoglyphic print of Adiantum capillus-veneris, by William Henry Fox Talbot, c. 1858: Science Museum Group Collection © The Board of Trustees of the Science Museum.

Cystoseira granulata from Photographs of British Algae: Cyanotype Impressions, by Anna Atkins, 1843: Science Museum Group Collection © The Board of Trustees of the Science Museum.

Himanthalia lorea from Photographs of British Algae: Cyanotype Impressions, by Anna Atkins, 1843: Science Museum Group Collection © The Board of Trustees of the Science Museum.

'Group of Droseras at Messrs. Veitch's', from Gardeners' Chronicle, by Worthington George Smith, July 1875: Image from the Biodiversity Heritage Library. Contributed by University of Massachusetts Amherst. www.

혁신의 뿌리

biodiversitylibrary.org.

Foliage, Flowers and Seed-vessel of the Opium Poppy (Painting 793), by Marianne North, c. 1870s: © The Board of Trustees of the Royal Botanic Gardens, Kew.

Part 2. 열정의 시대

Detail of Man Running, a chronophotograph by Étienne-Jules Marey, c. 1880: Science History Images/Alamy Stock Photo.

Lunar Formation: Craters under Tycho, by James Nasmyth, 1846: Science Museum Group Collection © The Board of Trustees of the Science Museum.

Detail of plaster model of lunar craters Maurolycus and Barocius, by James Nasmyth, 1844: Science Museum Group Collection © The Board of Trustees of the Science Museum.

Plate XXI, 'Normal lunar crater', from The Moon: Considered as a Planet, a World, and a Satellite, by James Nasmyth and James Carpenter, 1874: Science Museum Group Collection © The Board of Trustees of the Science Museum.

Plate XXII, 'Aspect of an eclipse of the Sun by the Earth, as it would appear as seen from the Moon', from The Moon: Considered as a Planet, a World, and a Satellite, by James Nasmyth and James Carpenter, 1874: Science Museum Group Collection © The Board of Trustees of the Science Museum.

Earthrise, by William Anders, 1968: NASA. Page 121: Mauveine acetate dye in a cork-stoppered glass bottle, prepared by Sir William Henry Perkin, 1906: Science Museum Group Collection © The Board of Trustees of the Science Museum.

The Perkin factory at Greenford Green, c. 1870: Science Museum Group Collection © The Board of Trustees of the Science Museum.

Silk skirt and jacket dyed with William Henry Perkin's mauveine aniline dye, 1862-3: Science Museum Group Collection © The Board of Trustees of the Science Museum.

컬러 사진 및 일러스트 제공

Detail of silk skirt and jacket dyed with William Henry Perkin's mauveine aniline dye, 1862-3: Science Museum Group Collection © The Board of Trustees of the Science Museum.

Double cloth woven with eight different colourway sample bands, designed by Charles Voysey, 1890-1910: © The Whitworth, The University of Manchester.

Le Moniteur de la Mode, June 1865: Courtesy of Los Angeles Public Library. Page 133: The Juggler, by Oscar Gustav Rejlander, c.1865: © Royal Photographic Society Collection/Victoria and Albert Museum.

Phases of movement of a man jumping a wall, by Étienne-Jules Marey, 1890-1: Science Museum Group Collection © The Board of rustees of the Science Museum.

'Dancing (fancy)', from Animal Locomotion; an Electro-Photographic Investigation of Consecutive Phases of Animal Movement, by adweard Muybridge, 1887: Science Museum Group Collection © The Board of Trustees of the Science Museum.

'Mr. Muybridge showing his instantaneous photographs of Animal Motion at the Royal Society', Illustrated London News, 25 May

1889: Science Museum Group Collection © The Board of Trustees of the Science Museum.

Rover 'Safety' bicycle, designed by John Kemp Starley, 1885: Science Museum Group Collection © The Board of Trustees of the Science Museum.

'The Chelmsford Bicycle Club', by Fred Spalding, c.1895: Reproduced by courtesy of the Essex Record Office.

Dynamism of a Cyclist, by Umberto Boccioni, 1913: Estorick Collection, London, UK/Bridgeman Images.

Kartenspieler (Card Players), by Otto Dix, 1920: © DACS 2019. Page 161: Die Hölle (Hell): Der Nachhauseweg (The Way Home), by Max Beckmann, 1919: © DACS 2019.

Wooden 'peg leg', c.1930: Science Museum Group Collection © The Board of Trustees of the Science Museum.

German disabled soldier (carpenter) using an artificial arm while at work at a workshop in Hindenburg's house at Königsberg, c.1915-18: © IWM. Pages 170-1: A Manufacturing Town, by L. S. Lowry, 1922: © The Estate of L.S. Lowry. All rights reserved, DACS 2019.

Hand press motion study photographs, by National Institute of Industrial Psychology, c.1930: Science Museum Group Collection © The Board of Trustees of the Science Museum.

Moorrees's form board chocolate-packing test used at Rowntree's chocolate factory, 1921-39: Science Museum Group Collection © The Board of Trustees of the Science Museum.

Double-dialled longcase clock from Park Green Mill, Macclesfield, made by E. Hartley, 1810: Science Museum Group Collection © The Board of Trustees of the Science Museum.

Detail of double-dialled longcase clock from Park Green Mill, Macclesfield, made by E. Hartley, 1810: Science Museum Group Collection © he Board of Trustees of the Science Museum.

Hyperbolic paraboloid string surface model, by Fabre de Lagrange, 1872: Science Museum Group Collection © The Board of Trustees of the Science Museum.

Conoid string surface model, by Fabre de Lagrange, 1872: Science Museum Group Collection © The Board of Trustees of the Science Museum.

Sculpture with Colour and String, by Barbara Hepworth, cast in bronze in 1961 from plaster of 1939: Courtesy of The Ingram Collection of

Modern British Art/Bridgeman Images. Page 191: Ideas for stringed figure sculptures, by Henry Moore, 1937: © The Henry Moore Foundation. All rights reserved, DACS/www.henry-moore.org 2019.

South Kensington - Model of a Cubic Surface, by Edward Alexander Wadsworth, 1936: © TfL from the London Transport Museum collection.

Christmas card made by Jacob and Rita Bronowski and sent to Gritta Weil, December 1956: © Clare Bronowski/The Board of Trustees of the Science Museum.

Supersonic, by Roy Nockolds, c. 1948-52: © Artist's Estate.

The Sound Barrier film poster, 1952: STUDIOCANAL Films Ltd. Page 209: BOAC Concorde, London Heathrow Airport, 1968: © Daily Herald Archive/National Science & Media Museum/Science & Society Picture Library.

Concorde Grid, by Wolfgang Tillmans, 1997: © Wolfgang Tillmans, courtesy Maureen Paley, London.

Sample designs for the 1951 Festival of Britain based on X-ray crystallographic patterns of haemoglobin, 1951: Science Museum Group Collection © The Board of Trustees of the Science Museum.

Crystal model of hydroxyapatite associated with Kathleen Lonsdale, 1960s: Science Museum Group Collection © The Board of Trustees of the Science Museum.

The Dome of Discovery and the Skylon at the Festival of Britain, 1951: © The National Archives/Science & Society Picture Library.

Modern molecular patterns being used in interior designs of the Regatta restaurant on the South Bank, 1951: Science Museum Group Collection © The Board of Trustees of the Science Museum.

The Man in the White Suit film still, 1951: STUDIOCANAL Films Ltd.

The Man in the White Suit film poster, 1951: STUDIOCANAL Films Ltd.

Sample of the first nylon knitted tubing, made by Du Pont de Nemours & Company, 1935: Science Museum Group Collection © The Board of Trustees of the Science Museum.

Prototype terylene nightdress, made by Imperial Chemical Industries, 1948-50: Science Museum Group Collection © The Board of Trustees of the Science Museum.

Preparing a Warp, by Maurice Broomfield, 1964: © Maurice Broomfield.

Polaroid SX-70 Land Camera Model 2, c.1974-7: Science Museum Group Collection © The Board of Trustees of the Science Museum.

Sun on the Pool Los Angeles April 13, 1982, by David Hockney, 1982: © David Hockney.

David Hockney poolside at his home in Los Angeles with Polaroids of David Stoltz and Ian Falconer, 1982: Photo by Michael Childers/Corbis via Getty Images.

Edwin Land portrait, by J. J. Scarpetti: Courtesy of The Rowland Institute at Harvard.

David Hockney on Photography, by David Hockney, 1985: © David Hockney.

It's Deadly Serious Mr Reagan, by Greenpeace, poster from Walt Patterson archive, 1985: Science Museum Group Collection © The Board of Trustees of the Science Museum.

Ronald Craven with his daughter Emma's teddy bear in Edge of Darkness, 1985: BBC © 2019.

Equipment to test the function of detectors in the surface atmosphere on Mars, made by James Lovelock for NASA, 1960s: Science Museum Group/James Lovelock.

Printout of data from the Daisyworld computer simulation, by James Lovelock, 1981: Science Museum Group/James Lovelock.

Details of punch cards for Charles Babbage's analytical engine, c.1870: Science Museum Group Collection © The Board of Trustees of the Science Museum.

Ada Lovelace's Note G showing the calculation of the Bernoulli numbers, 1843: Science Museum Group Collection © The Board of Trustees of the Science Museum.

The score of Longplayer, by Jem Finer, 2000 onwards: © Jem Finer.

Amazon, by Andreas Gursky, 2016: © Andreas Gursky/DACS, 2019; courtesy Sprüth Magers.

Einstein's Abstracts, by Cornelia Parker, 2000: Courtesy the artist and Frith Street Gallery, London.

컬러 사진 및 일러스트 제공